U0323065

高职高专规划教材

电机与电气控制技术项目式教程

主　编　陈　伟　杨　军

副主编　张　维　金洪吉　苗玉刚

参　编　李　荣　邓林昌　何玉辉　邱荣华

　　　　穆亚东　王海旭

主　审　王　刚

北　京

冶金工业出版社

2020

内 容 提 要

本书本着"工学结合""项目引导""教学做一体化"的原则编写而成，将电机与电气控制技术课程必须掌握的理论知识与实践技能分解到不同的项目和任务中，由浅入深、循序渐进地讲述了常用低压电器的认识、变压器的应用、直流电机的应用、三相交流电动机的应用、三相异步电动机基本控制线路的安装与调试等内容，以及与国家有关竞赛项目（现代电气控制系统安装与调试及智能电梯装调与维护）对特种电动机控制等理论知识与实践技能的深度融合，突出边学边做的教学理念，重视实践应用，强化学生技能培养。本书配有教学课件等教学资源，具有较强的可读性、实用性和先进性。

本书可作为高职高专院校电机与电气控制、电机与拖动、电气控制技术以及机床电气等课程的教材，也可供从事电气工程工作的技术人员学习和参考，还可作为学生参加电气控制方面竞赛的指导用书，并且适合初学者自学使用。

图书在版编目(CIP)数据

电机与电气控制技术项目式教程/陈伟，杨军主编. —北京：冶金工业出版社，2020. 9

高职高专规划教材

ISBN 978-7-5024-7762-2

Ⅰ. ①电… Ⅱ. ①陈… ②杨… Ⅲ. ①电机学—高等职业教育—教材 ②电气控制—高等职业教育—教材 Ⅳ. ①TM3 ②TM921. 5

中国版本图书馆 CIP 数据核字（2020）第 154674 号

出 版 人 陈玉千
地　　址 北京市东城区嵩祝院北巷 39 号 邮编 100009 电话 (010)64027926
网　　址 www. cnmip. com. cn 电子信箱 yjcbs@ cnmip. com. cn
责任编辑 王 颖 美术编辑 郑小利 版式设计 禹 蕊
责任校对 郑 娟 责任印制 禹 蕊
ISBN 978-7-5024-7762-2
冶金工业出版社出版发行；各地新华书店经销；三河市双峰印刷装订有限公司印刷
2020 年 9 月第 1 版，2020 年 9 月第 1 次印刷
787mm×1092mm 1/16；12. 25 印张；294 千字；186 页
39. 80 元

冶金工业出版社 投稿电话 (010)64027932 投稿信箱 tougao@cnmip. com. cn
冶金工业出版社营销中心 电话 (010)64044283 传真 (010)64027893
冶金工业出版社天猫旗舰店 yjgycbs. tmall. com

前言

高职教育要以就业为导向，因此在教学中应根据专业的要求将理论与实践、知识与能力的培养有机地结合起来。专业教学必须结合生产实际，学生的技能训练必须结合工业现场状况，因此在专业教学中应合理地调整实践教学在整个教学计划中的比重。在实际教学中，理论教学与实践教学应穿插进行，将理论与实践结合起来，使学生在做中学，在学中做，边学边做，教、学、做合一，并且按有关考证的要求对学生进行强化训练，在规定的时间内按规定的标准完成规定的任务。本书结合电机与电气控制技术的课程改革与建设，由学校、企业、行业专家组成教材编写组合进行开发，打破理论与实践教学的界限，在内容上为“双证融通”的专业培养目标服务，在方法上适合“教学做一体化”的教学模式改革。即在“双证融通”的专业培养目标指导下，将课程内容与技能认证的需要相融合，分为若干任务进行学习和探索。

本书具有以下几个突出的特点：

（1）本书作为按照项目引领、任务驱动模式编写的特色改革教材，将电机与电气控制技术课程必须掌握的理论知识与实践技能分解到不同的项目和任务中，由浅入深、循序渐进地讲述，注重学生职业能力的培养。

（2）本书将电机与拖动、低压电器、电气控制电路等理论知识学习与实践技能训练进行了融合，实现了电机拖动和电气控制内容的融合、理论分析与实践训练教学的融合，突出学以致用的教学理念。

（3）本书按照“边学边做”的教学理念组织教学任务，将理论学习与实践训练融入具体任务，进一步提高学生的学习兴趣和效率；每个任务都设有任务目标，注重学习与训练的针对性与有效性。

（4）本书注重社会发展和就业需求，以培养职业岗位群的综合能力为目标，充实课程训练任务的内容，突出实际应用，强化学生职业技能的培养，提升学生实际动手能力。

本书内容丰富，不同专业在选择时可根据本专业的教学计划及教学要求合理选用，参考学时为80学时。

四川信息职业技术学院承担了本书的主要编写及修订工作，成都纺织高等专科学校参与了本书编写大纲和内容的讨论。本书由四川信息职业技术学院的陈伟和杨军任主编，四川信息职业技术学院张维、金洪吉、苗玉刚任副主编。具体编写分工如下：项目1由李荣和王海旭共同编写，项目2由张维编写，项目3由邓林昌编写，项目4由杨军编写，项目5由陈伟和穆亚东编写，项目6由金洪吉和苗玉刚共同编写，项目7由何玉辉和邱荣华共同编写。全书由王刚教授担任主审。

由于编者水平有限，书中不妥之处，恳请广大读者批评指正。

编 者

2020年5月

目　录

项目1　常用低压电器的认识

学习本项目的主要目的是了解常用低压电器的基本结构及工作原理，熟悉常用低压电器的安全操作规范。要求学生在认识常用低压电器的基本结构的基础上，掌握安全操作的程序，树立良好的安全意识，为完成后续项目打下良好的基础。

【知识目标】

（1）了解常用低压电器的定义和分类；

（2）认识常用低压电器的结构和主要部件；

（3）熟悉常用低压电器的安全操作的步骤和注意事项；

（4）熟练掌握操作拆装常用低压电器的基本步骤；

（5）培养学生良好的安全意识和职业素养。

【能力目标】

能够正确地选择和使用常用低压电器，学生必须先对常用低压电器的结构和工作原理有基本了解。本项目根据这一要求设计了两个任务，通过完成这两个任务，可以使学生了解常用低压电器的整体结构及工作原理，掌握常用低压电器的维修与保养工作的基本安全操作规范，学会选择和使用常用低压电器，树立牢固的安全意识，养成规范操作的良好习惯。

任务1.1　低压电器的基础知识介绍

【学习目标】

应知：

（1）熟悉常用低压电器的定义及分类；

（2）了解电磁机构及触头系统的位置和作用。

应会：

（1）掌握常用低压电器的分类和功能的划分；

（2）能认识常用低压电器的主要部件；

（3）初步养成安全操作的规范行为。

【学习指导】

观察常用低压电器的结构，通过学习其分类方法及工作原理后进行拆装练习，充分了解常用低压电器的总体结构，并能学会选择和正确使用各类常用低压电器。

全面、系统地观察常用低压电器的基本结构，认识常用低压电器主要部件的安装位置以及作用。能够说出部件的主要功能、作用和安装位置。

【知识学习】

1.1.1　低压电器的分类

电器对电能的生产、输送、分配和使用起到控制、调节、检测、转换及保护作用，是所有电工器械的简称。我国现行标准将工作在交流50Hz、额定电压为1200V及以下和直流额定电压1500V及以下电路中的电器称为低压电器。低压电器种类繁多，它作为基本元器件已经被广泛用于发电厂、变电所、工矿企业、交通运输和国防工业等电力输配电系统和电力拖动控制系统中。

低压电器的用途广泛、功能多样、种类繁多、结构各异。下面是几种常用的电器分类方法。

1. 按工作电压等级分

（1）高压电器。用于交流电压1200V、直流电压1500V及以上电路中的电器。例如，高压隔离开关、高压负荷开关、高压断路器及高压熔断器等。

（2）低压电器。用于交流50Hz或60Hz，额定电压1200V以下、直流额定电压1500V及以下电路中的电器。例如，各类家用电器、电磁继电器、接触器等。

2. 按动作方式分

（1）手动电器。用手直接或借助机械力进行操作的电器，例如，手动刀开关、控制按钮、行程开关等。

（2）自动电器。借助于电磁力或某个物理量的变化自动进行操作的电器，例如，接触器、各种类型的继电器、电磁阀等。

3. 按用途分类

（1）配电电器。主要用于低压配电系统中。要求系统发生故障时准确可靠动作，在规定条件下具有相应的动稳定性与热稳定性，使电器不会被损坏。常用的电器有刀开关、转换开关、熔断器、断路器等。

（2）控制电器。用于各种控制电路和控制系统的电器，例如，接触器、继电器、电动机起动器等。

（3）主令电器。用于自动控制系统中发送动作指令的电器，例如，按钮、行程开关、各类转换开关等。

（4）保护电器。用于保护电路和用电设备的电器，例如，熔断器、热继电器、过电流继电器、欠电压继电器、避雷器等。

（5）执行电器。指用于完成某种动作或传递能量的电器，例如，电磁铁、电磁离合器等。

4. 按工作原理分

（1）电磁式电器。依据电磁感应原理来工作，例如，接触器、各种类型的电磁式继电器等。

（2）非电量控制电器。依靠外力或某种非电物理量的变化而动作的电器，例如，刀开关、限位开关、按钮、速度继电器、温度继电器等。

5. 按有无触头分

（1）有触头电器又分为动触头和静触头，利用触头的合与分来实现电路的通断。

（2）无触头电器没有触头系统，主要利用晶体管的导通与截止来实现电路的通断。

1.1.2　电磁机构及触头系统

低压电器一般都有两个基本组成部分，即感受部分和执行部分。电磁机构是各种电磁式低压电器的感受部分，其主要作用是将电磁能量转换成机械能，带动触头系统动作。

1. 电磁机构

电磁机构一般由线圈、铁心及衔铁等部分组成。其中线圈和铁心是静止的，而衔铁是可动的。按通过线圈的电流种类分为交流电磁机构和直流电磁机构；按电磁机构的形状分为 E 形和 U 形两种；按衔铁的运动形式分为拍合式和直动式两大类，如图 1-1 所示。图 1-1（a）为衔铁沿轴棱角转动的拍合式铁心，铁心材料为电工软铁，主要用于直流电器中。图 1-1（b）为衔铁沿轴转动的拍合式铁心，主要用于触头容量大的交流电器中。图 1-1（c）为衔铁直线运动的双 E 形直动式铁心，多用于中、小容量的交流电器中。

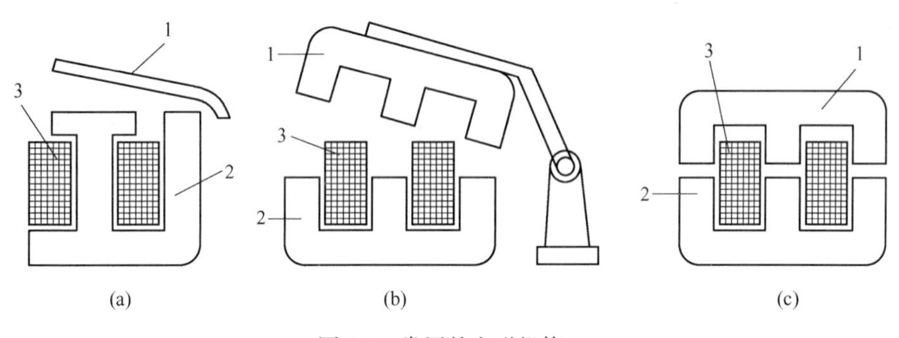

图 1-1　常用的电磁机构

1—衔铁；2—铁心；3—线圈

（1）铁心。

交流电磁机构和直流电磁机构的铁心有所不同。直流电磁机构的铁心为整体结构，以增加磁导率和增强散热；交流电磁机构的铁心采用硅钢片叠制而成，目的是减少铁心中产生的涡流损耗。此外交流电磁机构的铁心配有短路环，以防止电流过零时电磁吸力不足使衔铁产生振动。

（2）线圈。

线圈是电磁机构的心脏，按接入线圈电源种类的不同可分为直流线圈和交流线圈。根据励磁的需要，线圈可分为串联和并联两种，前者称为电流线圈，后者称为电压线圈。从结构上看，线圈可分为有骨架和无骨架两种。交流电磁机构多为有骨架结构，主要用来散发铁心中的磁滞和涡流损耗产生的热量；直流电磁机构的线圈多为无骨架结构。

1）电流线圈。电流线圈通常串接在主电路中，如图1-2所示。电流线圈常采用扁铜条带或粗铜线绕制而成。匝数少、线粗、电阻小。衔铁动作与否取决于线圈中电流的大小，衔铁动作不改变线圈中的电流大小。

2）电压线圈。电压线圈通常并联在电路中，如图1-3所示。电压线圈常采用细铜线绕制而成，匝数多、阻抗大、流过线圈的电流小。

3）交流电磁机构的线圈。交流电磁机构的线圈形状做成矮胖形。

4）直流电磁机构的线圈。直流电磁机构的线圈形状做成瘦长形。

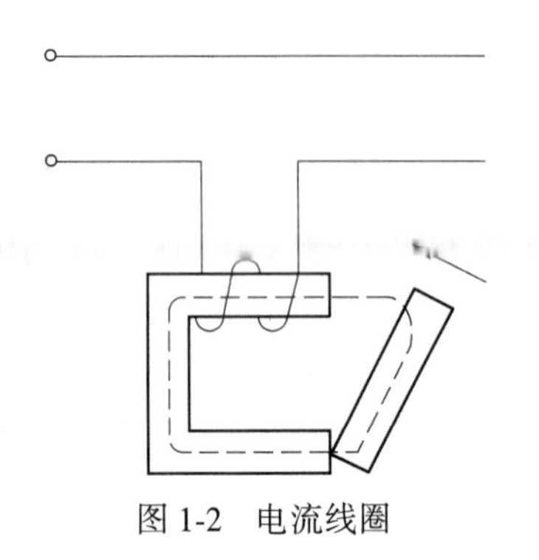

图1-2　电流线圈

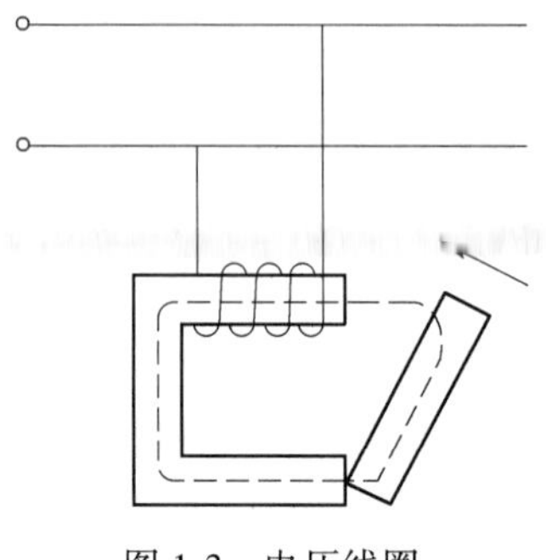

图1-3　电压线圈

（3）工作原理。

当线圈中有工作电流通过时，通电线圈产生磁场，于是电磁吸力克服弹簧的反作用力使衔铁与铁心闭合，由连接机构带动相应的触头动作。

（4）短路环的作用。

交流电磁机构一般都有短路环，其作用是将磁通分相，使合成后的吸力在任一时刻都大于反力，消除振动和噪声。

2. 触头系统

触头也称为触点，是电磁式电器的执行部分，用来接通或断开电路。因此，要求触头导电、导热性能好，通常用铜、银、镍及其合金材料制成，有时也在铜触头表面电镀锡、银或镍。对于一些特殊用途的电器（如微型继电器和小容量的电器），触头采用银质材料制成。

触头闭合且有工作电流通过时的状态称为电接触状态。电接触状态时触头之间的电阻称为接触电阻，其大小直接影响电路工作情况。若接触电阻较大，电流流过触头时造成较大的电压降，这对弱电控制系统影响较严重。同时电流流过触头时电阻损耗大，将使触头发热导致温度升高，严重时可使触头熔焊，这样既影响工作的可靠性，又降低了触头的寿命。触头接触电阻的大小主要与触头的接触形式、接触压力、触头材料及触头表面状况等有关。

（1）按其接触形式分。

触头按其接触形式分为点接触、线接触和面接触三种，如图1-4所示。图1-4（a）为点接触的桥式触头，图1-4（b）为面接触的桥式触头，图1-4（c）为线接触的指形触头。点接触由两个半球形触头或一个半球形与一个平面形触头构成，常用于小电流的电器中，如接触器的辅助触头和继电器触头。线接触常做成指形触头结构，它们的接触区是一条线用于中等容量的电器中，面接触触头一般在接触表面镶有合金，允许通过较大电流，中小容量的接触器的主触头多采用这种结构。

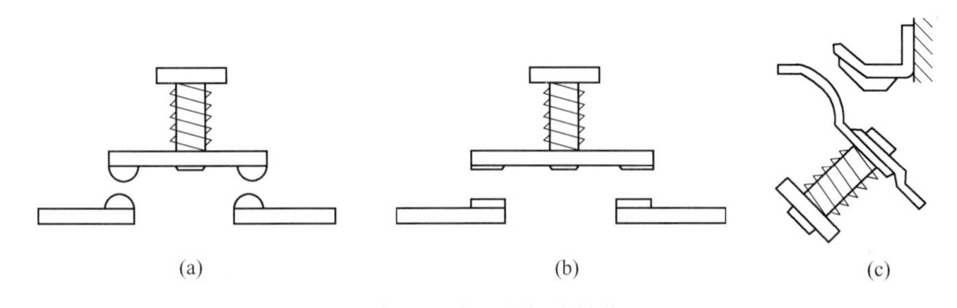

图 1-4　常见的触头结构

（a）点接触；（b）面接触；（c）线接触

（2）按控制的电路分。

触头按控制的电路分为主触头和辅助触头。主触头用于接通或断开主电路，允许通过较大的电流。辅助触头用于接通或断开控制电路，只允许通过较小的电流。

（3）按原始状态分。

触头按原始状态分为常开触头和常闭触头。当线圈不带电时，动、静触头是闭合的称为常闭触头；当线圈不带电时，动、静触头是分开的称为常开触头。

3. 电弧的产生与熄灭

（1）电弧的产生。

当动、静触头分开瞬间，两触头间距极小，电场强度极大，在高热及强电场的作用下，金属内部的自由电子从阴极表面逸出，奔向阳极，这些自由电子在电场中运动时撞击中性气体分子，使之激励和游离，产生正离子和电子，这些电子在强电场作用下继续向阳极移动，同时撞击其他中性分子。因此，在触头间隙中产生了大量的带电粒子，使气体导电形成了炽热的电子流即电弧。电弧产生高温并有强光，可将触头烧损，并使电路的切断时间延长，严重时可引起事故或火灾。

（2）电弧的分类。

电弧分直流电弧和交流电弧。交流电弧有自然过零点，故其电弧较易熄灭。

（3）电弧产生的原因。

1）强电场放射。

触头在通电状态下开始分离时，其间隙很小，电路电压几乎全部降落在触头间很小的间隙上，使该处电场强度很高。强电场将触头阴极表面的自由电子拉出到气隙中，使触头间隙的气体中存在较多的电子，这种现象称为强电场放射。

2）撞击电离。

触头间的自由电子在电场作用下，向正极加速运动，经一定路程后获得足够大的动能，在其前进途中撞击气体原子，将气体原子分裂成电子和正离子。电子在向正极运动过程中将撞击其他原子，使触头间隙中气体电荷越来越多，这种现象称为撞击电离。

3）热电子发射。

撞击电离产生的正离子向阴极运动，撞击在阴极上使阴极温度逐渐升高，并使阴极金属中电子动能增加，当阴极温度达到一定程度时，一部分电子有足够动能将从阴极表面逸出，再参与撞击电离。由于高温使电极发射电子的现象称为热电子发射。

4）高温游离。

电弧间隙中的气体温度升高，使气体介子热运动速度加快，当电弧温度达到或超过3000℃时，气体分子发生强烈的不规则热运动并造成相互碰撞，使中性分子游离成为电子和正离子。这种因高温使分子撞击所产生的游离称为高温游离。

由以上分析可知，在触头刚开始分断时，首先是强电场放射。当触头完全打开时，由于触头距离增加，电场强度减弱，维持电弧存在主要靠热电子发射、撞击电离和高温游离，而其中高温游离作用最大。但是在气体分子电离的同时，还存在消电离作用。消电离是指正、负带电粒子相互结合成为中性粒子的同时，又减弱电离的过程。复合消电离只有在带电粒子在运动速度较低时才有可能，因此冷却电弧，或将电弧挤入绝缘的窄缝里，迅速导出电弧内部热量，降低温度，减小离子的运动速度，才能加强复合过程。同时，高度密集的高温离子和电子，要向周围密度小、温度低的介质中扩散，使弧隙中的离子和电子浓度降低，电弧电流减小，使高温游离大为减弱。

（4）灭弧的基本方法。

1）快速拉长电弧，以减弱电场强度，使电弧电压不足以维持电弧的燃烧，从而熄灭电弧。

2）用电磁力使电弧在冷却介质中运动，降低弧柱周围的温度，使离子运动速度减慢，离子复合速度加快，从而使电弧熄灭。

3）将电弧挤入绝缘壁组成的窄缝中以冷却电弧，加快离子复合速度，使电弧熄灭。

4）将电弧分成许多串联的短弧，增加维持电弧所需的临极电压降。

交流电弧主要是电流过零点后如何防止重燃的问题，因此交流电弧比较容易熄灭；而直流电流没有过零的特性，产生的电弧相对不容易熄灭，因此一般还需附加其他的灭弧措施。

（5）常用的灭弧装置。

低压电器常用的灭弧装置中，双断口电动力灭弧如图1-5所示，该方法简便且无须专门的灭弧装置，多用于10A以下的小容量交流电器；灭弧栅灭弧如图1-6所示，金属片既可吸入、分割电弧并降低起弧电压，又可导出电弧的热量，该装置一般为容量较大的交流电器采用；磁吹式灭弧如图1-7所示，该方法利用电弧与弧隙磁场相互作用而产生的电磁力实现灭弧，实际上就是利用电弧电流自身来灭弧，电弧电流越大，磁吹线圈产生的磁场越强。该方法广泛应用于直流电器作为灭弧装置；此外，还有灭弧罩灭弧，是利用灭弧罩的窄缝隔弧并降低弧温，直流接触器上广泛采用这种灭弧装置。

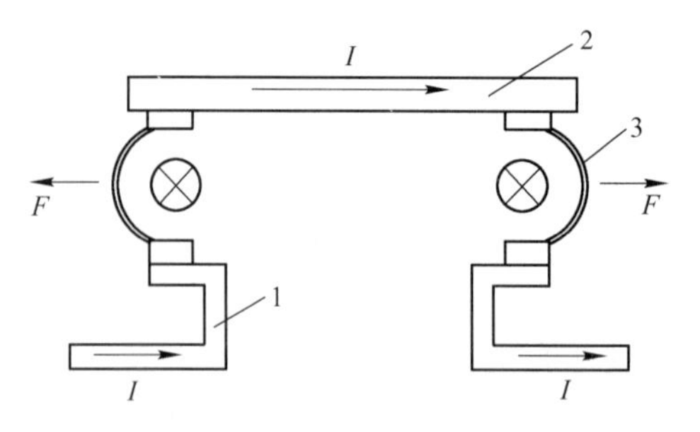

图1-5　双断口电动力灭弧

1—静触头；2—动触头；3—电弧

实际中，为加强灭弧效果，通常不是采用单一的灭弧方法，而是采用两种或多种方法。

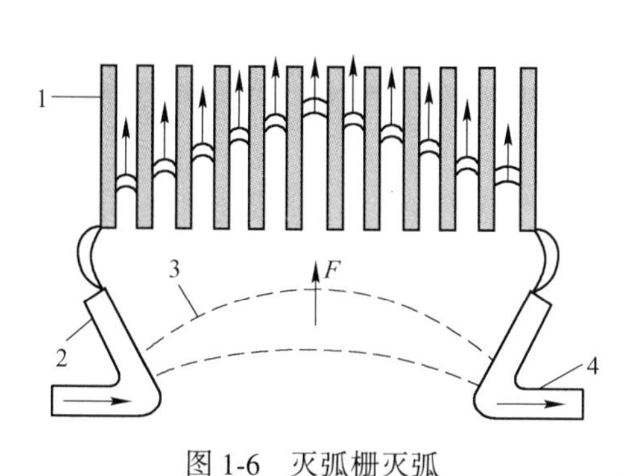

图 1-6　灭弧栅灭弧

1—灭弧栅；2—静触头；3—原始电弧；4—动触头

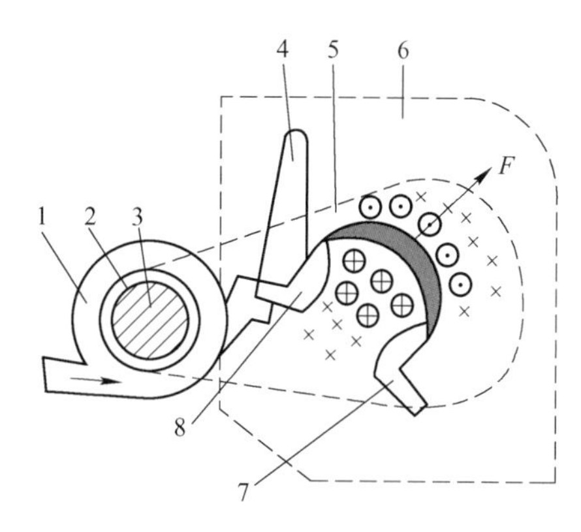

图 1-7　磁吹式灭弧

1—磁吹线圈；2—铁心；3—导磁夹板
4—引弧角；5—灭弧罩；6—磁吹线圈磁场；
7—电弧电流磁场；8—动触头

【知识小结】

常用低压电器的品种、规格很多，作用、结构及工作原理各有不同，因而有多种分类方法，结构也各有差异。其主要技术数据有额定电流、额定电压及绝缘强度、机械和电气寿命等。通过完成本任务，对常用低压电器的基本结构主要有一个整体的感性认识，并对一些主要部件的功能、作用及安装方法有初步的认识。

任务 1.2　电磁式低压电器及主令电器的研究

【学习目标】

应知：

(1) 熟悉交直流电磁式低压电器的组成结构；

(2) 了解常用交直流电磁式低压电器的工作原理。

应会：

(1) 掌握常用低压电器的识别和功能划分方法；

(2) 能对常用低压电器的主要部件进行检测、拆装和故障维修；

(3) 初步养成安全操作的规范行为。

【学习指导】

观察常用低压电器的结构，通过学习其组成结构及工作原理后进行拆装练习，充分了解常用低压电器的总体结构，并能学会选择和正确使用各类常用低压电器。

全面、系统地观察常用低压电器的基本结构，能够说出部件的主要功能、作用和安装位置。对交直流低压电器能进行正确的检测、接线和故障维修操作。

【知识学习】

1.2.1　电磁式低压电器的结构与原理

接触器属于控制类电器，是一种适用于远距离频繁接通和分断交、直流主电路和控制电路的自动控制电器。其主要控制对象是电动机，也可用于控制其他电力负载，如电热器、电焊机等。接触器具有欠压保护、零压保护、控制容量大、工作可靠、寿命长等优点，它是自动制系统中应用最多的一种电器，其实物图如图1-8所示。

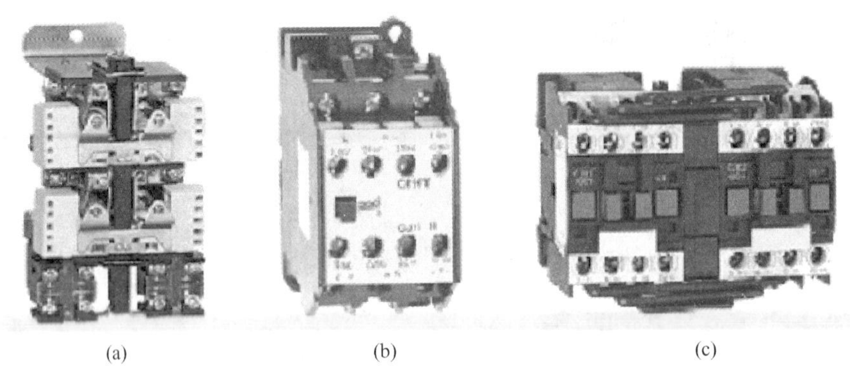

(a)　(b)　(c)

图1-8　接触器实物图

(a) CZ0直流接触器；(b) CJX1系列交流接触器；(c) CJX2-N系列可逆交流接触器

接触器按操作方式分为电磁接触器、气动接触器和电磁气动接触器，按灭弧介质分为空气电磁式接触器、油浸式接触器和真空接触器等，按主触头控制的电流性质分为交流接触器、直流接触器，按电磁机构的励磁方式可分为直流励磁操作与交流励磁操作两种。其中应用最广泛的是空气电磁式交流接触器和空气电磁式直流接触器，简称为交流接触器和直流接触器。

1. 交流接触器

(1) 交流接触器的结构。

接触器由电磁系统、触头系统、灭弧系统、释放弹簧及底座等几部分构成，如图1-9所示。

1) 电磁系统。

电磁系统包括线圈、铁心和衔铁。铁心用相互绝缘的硅钢片叠压而成，以减少交变磁场在铁心中产生的涡流和磁滞损耗，避免铁心过热。铁心上装有短路铜环，以减少衔铁吸合后的振动和噪声。

线圈一般采用电压线圈。交流接触器起动时，铁心气隙较大，线圈阻抗很小，起动电流较大，衔铁吸合后，气隙几乎不存在，磁阻变小，感抗增大，这时的线圈电流显著减小，交流接触器线圈在其额定电压的85%~105%时，能可靠地工作。电压过高，则磁路趋于饱和，线圈电流将显著增大，线圈有被烧坏的危险；电压过低，则吸不牢衔铁，触头跳动，不但影响电路正常工作，而且线圈电流会达到额定电流的十几倍，使线圈过热而烧坏。因此电压过高或过低都会造成线圈发热而烧毁。

2) 触头系统。

触头系统包括用于接通、切断主电路的主触头和用于控制电路的辅助触头。中小容量的交流接触器的主、辅助触头一般都采用直动式双断口桥式结构，大容量的交流接触器的主触头采用转动式单断口指形触头。辅助触头在结构上通常是常开和常闭成对的。交流接

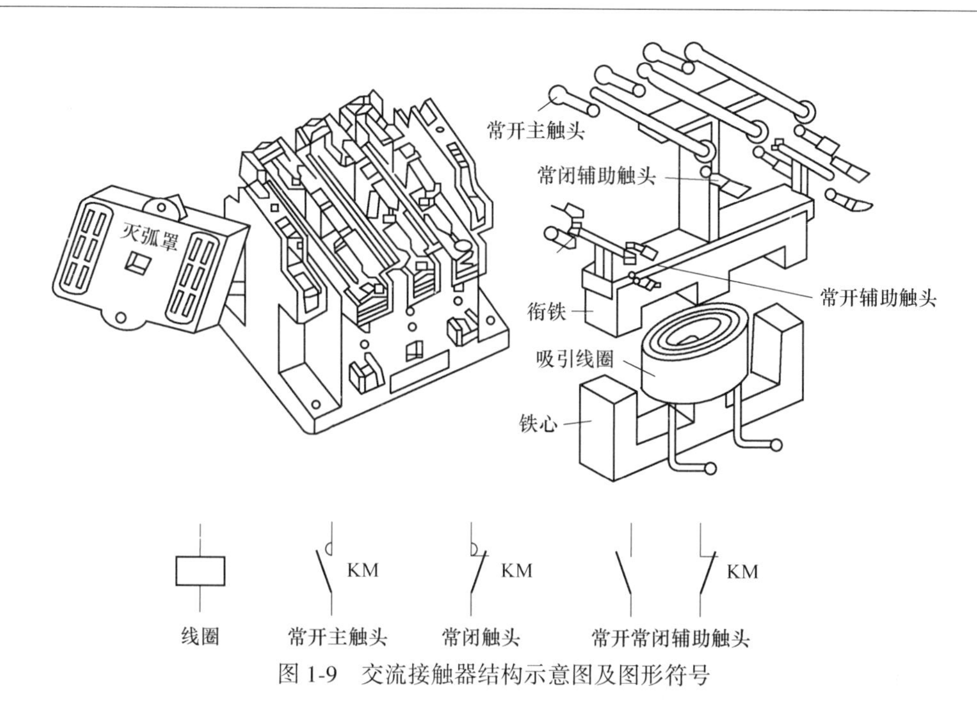

图 1-9　交流接触器结构示意图及图形符号

触器的触头按接触情况可分为点接触式、线接触式和面接触式 3 种。当线圈通电后，衔铁在电磁吸力作用下吸向铁心，同时带动动触头动作，实现常闭触头断开，常开触头闭合。当线圈断电或线圈电压降低时，电磁吸力消失或减弱，衔铁在释放弹簧作用下释放。触头复位，实现低压释放保护功能。

3）灭弧装置。

交流接触器分断大电流电路时，往往会在动、静触头之间产生很强的电弧。电弧的产生，一方面损坏触头，减少触头的使用寿命；另一方面延长电路的切断时间，甚至引起弧光短路，造成事故。容量较小的交流接触器一般采用双断口电动力灭弧，容量较大的交流接触器一般采用灭弧栅灭弧。

4）辅助部件。

交流接触器的辅助部件包含底座、反作用弹簧、缓冲弹簧、触头压力弹簧、传动机构和接线柱等。反作用弹簧的作用是：线圈得电时，电磁力吸引衔铁并将弹簧压缩；线圈失电时，弹力使衔铁动触头恢复原位缓冲弹簧装在静铁心与底座之间，当衔铁吸合向下运动时会产生较大的冲击力，缓冲弹簧可起缓冲作用，保护外壳不受冲击，触头压力弹簧的作用是增强动、静触头间的压力，增大接触面积，减小接触电阻。

（2）交流接触器的工作原理。

交流接触器的工作原理是利用电磁铁吸力及弹簧反作用力配合动作，使触头接通或断开，如图 1-10 所示，当吸引线圈通电时，铁心被磁化，吸引衔铁向下运动，使得常闭触头断开，常开触头闭合，当线圈断电时，磁力消失，在反作用弹簧的作用下，衔铁回到原来位置也就使触头恢复到原来状态。

（3）交流接触器的常见故障。

1）触头过热。

接触压力不足、触头表面氧化、触头容量不够等会造成触头表面接触电阻过大，使触

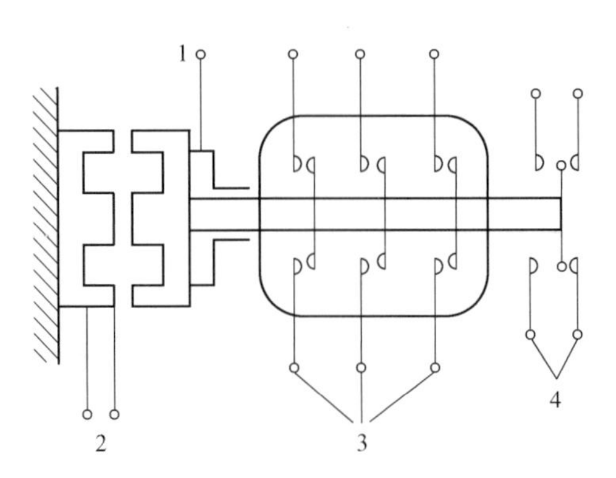

图 1-10　交流接触器工作原理

1—弹簧；2—线圈；3—主触头；4—辅助触头

头发热。

2）触头磨损

触头磨损的主要故障原因有：一是电气磨损，由电弧的高温使触头上的金属氧化和蒸发所造成；二是机械磨损，由触头闭合时的撞击和触头表面相对滑动摩擦所造成。

3）线圈失电后触头不能复位。

线圈失电后触头不能复位的主要故障原因有触头被电弧熔焊在一起、铁心剩磁太大、复位弹簧弹力不足、活动部分被卡住等。

4）铁心噪声大。

交流接触器运行中发出轻微的“嗡嗡”声是正常的，但声音过大就异常。铁心噪声大的主要故障原因有：短路环脱落；衔铁歪斜或衔铁与铁心接触不良；其他机械方面的原因，如复位弹簧力太大，衔铁不能完全吸合等也会产生较强的噪声。

5）线圈过热或烧毁。

线圈过热或烧毁是由于流过线圈的电流过大，其主要故障原因有线圈匝间短路、衔铁闭合后有间隙、操作频繁、外加电压过高或过低等。

2. 直流接触器

直流接触器主要用于额定电压不大于440V，额定电流不大于600A的直流电力线路中，作为远距离接通和分断线路，以控制直流电动机的起动、停止和反向，多用在冶金、起重和运输等设备中。

直流接触器和交流接触器一样，也是由电磁系统、触头系统和灭弧装置等部分组成的。如图1-11所示。

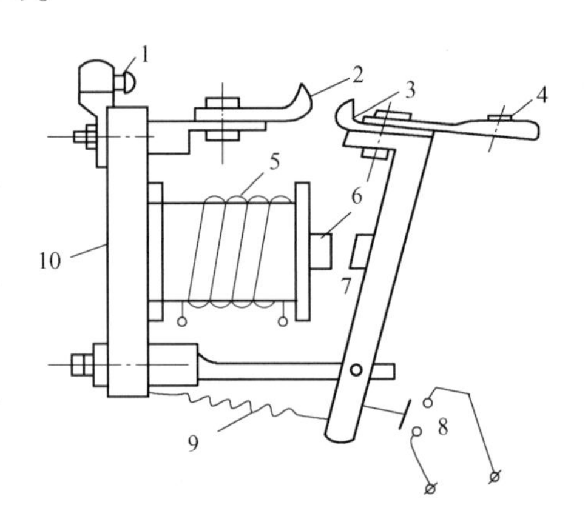

图 1-11　直流接触器工作原理

1，4—接线柱；2—静触头；3—动触头；5—线圈；6—铁心；7—衔铁；8—辅助触头；9—弹簧；10—底板

（1）电磁系统。

直流接触器的电磁系统由线圈、铁心和衔铁组成。由于线圈中通的是直流电，铁心中磁滞和涡流损耗，铁心不发热，所以铁心可用整

块铸铁或铸钢制成，且无须安装短路环。线圈的匝数较多，电阻大，线圈本身发热，因此线圈做成长而薄的圆筒状，且不设线圈骨架，使线圈与铁心直接接触，以便散热。

（2）触头系统。

直流接触器的触头也分为主触头和辅助触头。主触头一般做成单极或双极，因主触头接通或断开的电流较大，故采用滚动接触的指形触头，以延长触头的使用寿命，辅助触头的通断电流较小，常采用点接触的双断点桥式触头。

（3）灭弧装置。

直流接触器的主触头在分断较大电流时，会产生强大的电弧。在同样的电气参数下，熄灭直流电弧比熄灭交流电弧要困难，因此，直流接触器的灭弧一般采用磁吹式灭弧装置。

3. 接触器的主要技术参数

接触器的主要技术参数有极数和电流种类、额定工作电压、额定工作电流、约定发热电流、额定通断能力、线圈额定工作电压、允许操作频率、机械寿命和电气寿命、接触器线圈的起动功率和吸持功率及使用类别等。

（1）接触器的极数和电流种类。

按接触器接通与断开主电路电流种类不同，分为直流接触器和交流接触器，按接触器主触头的个数不同又分为两极、三极与四极接触器。

（2）额定工作电压。

接触器额定工作电压是指主触头之间的正常工作电压值，也就是指主触头所在电路的电源电压。直流接触器额定电压有 110V、220V、440V、660V，交流接触器额定电压有 127V、220V、380V、500V、660V。

（3）额定工作电流。

接触器额定工作电流是指主触头正常工作时通过的电流值。

（4）约定发热电流。

约定发热电流是指在规定条件下试验时，电器在 8h 工作制下，各部分温升不超过极限时接触器所承载的最大电流。对老产品只讲额定工作电流，对新产品则有约定发热电流和额定工作电流之分。

（5）额定通断能力。

额定通断能力是指接触器主触头在规定条件下能可靠地接通和分断的电流值。在此电流值下接通电路时，主触头不应发生熔焊；在此电流下分断电路时，主触头不应发生长时间燃弧。电路中超出此电流值的分断任务则由熔断器、断路器等承担。

（6）线圈额定工作电压。

线圈额定工作电压是指接触器电磁吸引线圈正常工作的电压值。常用接触器线圈额定电压等级为：对于交流线圈，有 36V、127V、220V、380V；对于直流线圈，有 24V、48V、220V、440V。

（7）允许操作频率。

允许操作频率是指接触器在每小时内可实现的最高操作次数。

（8）机械寿命和电气寿命。

机械寿命是指接触器在需要修理或更换零件前所能承受的无载操作次数，电气寿命是在规定的正常工作条件下，接触器不需修理或更换零件的有载操作次数。

（9）接触器线圈的起动功率和吸持功率。

直流接触器起动功率和吸持功率相等，交流接触器起动视在功率一般为吸持视在功率的5~8倍，而线圈的工作功率是指吸持有功功率。

（10）使用类别。

接触器用于不同负载时，对主触头的接通和分断能力要求不同，按不同使用条件来选用相应类别的接触器便能满足要求。

（11）部分CJ 20系列交流接触器主要技术数据。

1）适用范围。

CJ 20系列交流接触器主要用于交流50Hz、额定电压至690V（个别等级能至1140V）、电流至630A的电力线路中供远距离接通和分断电路以及频繁起动和控制交流电动机，并适宜与热继电器或电子保护装置组成电磁起动器，以保护电路或交流电动机可能发生的过负荷及断相。

2）型号及其含义。

一些常见型号为CJ20-10、CJ20-16、CJ20-25、CJ20-40、CJ20-63、CJ20-100、CJ20-160、CJ20-250、CJ20-400、CJ20-630。

注意：以数字代表额定工作电压“03”代表400V，一般可不写出；“06”代表690V，如其产品结构无异于400V的产品结构时，也可不写出；“11”代表1140V。

3）结构特征。

CJ20系列交流接触器为直动式、双断点、立体布置，结构简单紧凑，外形安装尺寸较CJ10、CJ8等系列接触器老产品大大缩小。

CJ20-10~CJ20-25接触器为不带灭弧罩的三层二段式结构，上段为热固性塑料躯壳固定着辅助触头、主触头及灭弧系统，下段热塑性塑料底座安装电磁系统及缓冲装置，底座上除有使用螺钉固定的安装孔外，下部还装有卡轨安装用的锁扣，可安装于IEC标准规定的35mm宽帽形安装轨上，拆装方便。CJ20-40及以上的接触器为两层布置正装式结构，主触头和灭弧室在上，电磁系统在下，两只独立的辅助触头组件布置在躯壳两侧。CJ20-40用胶木躯壳，CJ20-63~CJ20-630用铝底座。

4）触头灭弧系统：全系列不同容量等级的接触器采用不同的灭弧结构。CJ20-10和CJ20-16为双断点简单开断灭弧室，CJ20-25为U形铁片灭弧，CJ20-40~CJ20-160在400V、690V时均为多纵缝陶土灭弧罩，CJ20-250及以上产品在690V时用栅片灭弧罩，在1140V时均采用栅片灭弧罩。

5）全系列接触器采用银基合金触头。CJ20-10、CJ20-16用AgNi触头，CJ20-40及以上用银基氧化物触头。灭弧性能优良的触头灭弧系统配用抗熔焊耐磨损的触头材料使产品具有长久的电寿命，并适于在AC-4类特别繁重的条件下工作。

6）电磁系统：CJ20-40及以下接触器用双E形铁心，迎击式缓冲；CJ20-63及以上用U形铁心，硅橡胶缓冲。

7）CJ20系列交流接触器符合GB 14048.4—2003、eqvIEC 60947-4-1标准要求。

8）CJ20系列交流接触器的主要特性。

9）电寿命：CJ20-10、16、25、40为100万次，CJ20-63、100、160为120万次，

CJ20-250、400、630 为 60 万次。

10）机械寿命：CJ20-10、16、25、40、63、100、160 为 1000 万次，CJ20-250、400、630 为 600 万次。

4. 接触器的选用和常见故障的修理方法

（1）接触器的选用。

选择接触器时应注意以下几点：

1）接触器主触头的额定电压大于等于负载额定电压。

2）接触器主触头的额定电流大于等于 1.3 倍负载额定电流。

3）接触器线圈额定电压。当线路简单、使用电器较少时，可选用 220V 或 380V；当线路复杂、使用电器较多或在不太安全的场所时，可选用 36V、110V 或 127V。

4）接触器的触头数量、种类应满足控制线路要求。

5）操作频率。当通断电流较大且通断频率超过规定数值时，应选用额定电流大一级的接触器型号，否则会使触头严重发热，甚至熔焊在一起，造成电动机等负载缺相运行。

（2）接触器常见故障的修理方法。

1）接触器通电后不能吸合或吸合后又断开。

交流接触器是利用电磁吸力及弹簧反作用力配合动作从而使触头闭合与断开的一种电器。当电磁线圈不通电时，弹簧的反作用力或动铁心的自身重量使主触头保持断开位置。当电磁线圈接入额定电压时，电磁吸力克服弹簧的反作用力将动铁心吸向静铁心，带动主触头闭合，辅助触头也随之动作。

当交流接触器通电后不能吸合故障发生时，应首先测试电磁线圈两端是否有额定电压。若无电压，说明故障发生在控制回路，应根据具体电路检查处理；若有电压但低于线圈额定电压，致使电磁线圈通电后产生的电磁力不足以克服弹簧的反作用力，则可更换线圈或改接电路；若有额定电压，则较多的可能是线圈本身开路，可用万用表欧姆档测量，若接线螺钉松脱应紧固，线圈断线则应更换线圈。

另外，接触器运动部位的机械机构及动触头发生卡阻，或转轴生锈、歪斜等，都有可能造成接触器线圈通电后仍不能吸合。前者，可对机械联接机构进行修整，整修灭弧罩，调整触头与灭弧罩的位置，消除两者的摩擦。后者，则应进行拆检，清洗转轴及支承杆，必要时调换配件。组装时应装正，保持转轴转动灵活。

接触器吸合一下又断开，通常是由于接触器自锁回路中的辅助触头接触不良，使电路自锁环节失去作用。整修动合辅助触头，保证良好的接触即可消除故障。

2）接触器吸合不正常。

接触器吸合不正常是指接触器吸合过于缓慢，触头不能完全闭合，铁心吸合不紧乃至铁心发出异常噪声等不正常现象。当接触器吸合不正常时，可从以下几方面检查原因，并根据检查结果作相应的处理。

①控制电路电源电压低于 85%额定值，电磁线圈通电后所产生的电磁吸力较弱，不能将动铁心迅速吸向静铁心，造成接触器吸合不紧。此时应检查控制电路的电源电压，并设法调整至额定工作电压。

②弹簧压力不适当，会造成接触器吸合不正常。弹簧的反作用力过强会造成吸合过于

缓慢，触头弹簧压力超程过大会使铁心不能完全闭合，触头的弹簧压力与释放压力过大时，也会造成触头不能完全闭合。对弹簧的压力作相应的调整，必要时进行更换，即可很方便地消除以上故障。

③动、静铁心间的间隙过大，或可动部位卡住，以及转轴生锈、歪斜等，也会造成接触器吸合不正常。处理时应拆检重新装配，调小间隙，或者清洗轴端及支承杆，必要时调换配件。组装时应注意装正，使转轴转动灵活。

④铁心极面经过长期频繁碰撞，沿叠片厚度方向向外扩张且不平整，或者短路环断裂，造成铁心发出异常响声。前者，可用锉刀整修必要时更换铁心。后者，则应更换同样尺寸的短路环。

3）接触器主触头过热或熔焊。

接触器主触头过热或熔焊，通常是由于触头接触不良，或通过大电流所致。当发生故障时，可按以下方面检查原因，并根据检查结果作相应的处理。

①接触器吸合过于缓慢或有停滞现象，触头停顿在似乎接触非接触的位置上，或者由于触头表面严重氧化及灼伤，使接触电阻增大，均会造成主触头过热。前者，根据故障排除方法进行处理；后者，则可清除主触头表面氧化层，用细锉刀轻轻锉平，使之接触良好。

②频繁起动设备，主触头频繁地受起动电流冲击；或者主触头长时间通过过负荷电流，也能造成过热或熔焊。前者，应合理操作避免频繁起动，或者选择合乎操作频率及通电持续率的接触器。后者，则应减少拖动设备的负荷，使设备在额定状态下运行，或者根据设备的工作电流重新选择合适的接触器。

③负载侧有短路点，吸合时短路电流通过主触头；或者接触器三相主触头闭合时不同步，某两相主触头受特大起动电流冲击，均能造成主触头熔焊。前者，应检查是否有短路点，并参阅有关具体电路的故障处理方法排除短路点；后者，则可检查主触头闭合状况，调整动静触头间隙使之同步接触。

此外，由于主触头本体抗熔性差（纯银触头较易熔焊），可选用抗熔焊能力较强的银基合金作为接触器主触头。

4）接触器线圈断电后铁心不能释放。

这种故障危害极大，会使设备运行失控，甚至造成设备毁坏或威胁人身安全，必须严加防范。

①接触器运行日久，较多的撞击使铁心极面变形，“山”字形铁心中间磁极面上的间隙逐渐消失，致使线圈断电后铁心产生较大的剩磁，从而将动铁心黏附在静铁心上，使交流接触器断电后不能释放。处理时可锉平、修整铁心接触面，保证铁心中间磁极接触面有不大于0. 15~0. 2mm 的间隙。将“山”字形铁心接触面放在平面磨床上精磨光滑，并使铁心中间磁极面低于两边磁极面0. 15~0. 2mm，可有效地避免这种故障。

②铁心极面上油污和尘屑过多，或者动触头弹簧压力过小，也会造成交流接触器线圈断电后铁心不能释放。前者，清除油污即可；后者，则可调整弹簧压力，必要时更换新弹簧。

③接触器触头熔焊也会造成交流接触器线圈断电后铁心不能释放，可采用故障排除方法进行排除。

此外，安装不符合要求或新接触器铁心表面防锈油未清除也会出现这种故障。若是安装不符合要求，可重新安装，应使倾斜度不超过 5°，若是铁心表面防锈油的粘连，则揩净油即可。

1.2.2　电磁式低压电器的拆装与检修

1. 实训设备

（1）工具。测试笔、螺钉旋具、斜口钳、尖嘴钳、剥线钳电工刀等。

（2）仪表。绝缘电阻表、钳形电流表、5A 电流表、600V 电压表、万用表。

（3）器材。控制板一块、调压变压器一台、交流接触器一个、指示灯（220V、25W）3 个、待检交流接触器若干、截面为 $1mm^2$ 的铜心导线若干。

2. 实训内容和步骤

（1）接触器的安装练习。

1）安装前操作要求。

①接触器铭牌和线圈技术数据，应符合使用要求。

②接触器外观检查应无损伤，并且动作灵活，无卡阻现象。

③对新购或放置日久的接触器，在安装前要清理铁心极面上的防锈油脂和污垢。

④测量线圈的绝缘电阻，应不低于 15MΩ 并测量线圈的直流电阻。

⑤用万用表检查线圈有无断线，并检查辅助触头是否良好。

⑥检查和调整触头的开距、超程、初始力、终压力，并要求各触头的动作同步，接触良好。

⑦接触器在 85% 额定电压时应能正常工作；在失电压或欠电压时应能释放，噪声正常。

⑧接触器的灭弧罩不应破损或脱落。

2）安装时操作要求。

①安装时，按规定留有适当的飞弧空间，防止飞弧烧坏相邻元器件。

②接触器的安装多为垂直安装，其倾斜角不应超过 5°，否则会影响接触器的动作特性安装有散热孔的接触器时，应将散热孔放在上下位置，以降低线圈的温升。

③接线时，严禁将零件、杂物掉入电器内部；紧固螺钉应装有弹簧垫圈和平垫圈，将紧固好，防止松脱。

3）安装后的质量要求。

①灭弧室应完整无缺，并固定牢靠。

②接线要正确，应在主触头不带电的情况下试操作数次，动作正常后才能投入运行。

（2）接触器的运行检查练习。

1）接触器通过电流应在额定电流值内。

2）接触器的分、合信号指示应与电路所处的状态一致。

3）灭弧室内接触应良好，无放电，灭弧室无松动或损坏现象。

4）电磁线圈无过热现象，电磁铁上的短路环无松动或坏现象。

5）导线各个连接点无过热现象。

6）辅助触头无烧蚀现象。

7）铁心吸合良好，无异常噪声，返回位置正常。

8）绝缘杆无损伤或断裂。

9）周围环境没有不利于接触器正常运行的情况。

（3）接触器的解体和调试。

1）松开灭弧罩的固定螺钉，取下灭弧装罩，检查如有碳化层，可用锉刀锉掉，并将内部清理干净。

2）用尖嘴钳拔出主触头及主触头压力弹簧，查看触头的磨损情况。

3）松开底盖的紧固螺钉，取下盖板。

4）取出静铁心、铁皮支架、缓冲弹簧，拔出线圈与接线柱之间的连接线。

5）从静铁心上取出线圈、反作用弹簧、动铁心和支架。

6）检查动、静铁心接触是否紧密，短路环是否良好。

7）维护完成后，应将其擦拭干净。

8）按拆卸的逆顺序进行装配。

9）装配后检查接线，正确无误后在主触头不带电的情况下，通断数次，检查动作是否可靠，触头接触是否紧密。

10）接触器吸合后，铁心不应发出噪声，若铁心接触不良，则应将铁心找正，并检查短路环及弹簧松紧适应度。

11）最后应进行数次通断试验，检查动作和接触情况。

3. 注意事项

（1）拆卸接触器时，应备有盛放零件的容器，以免丢失零件。

（2）拆装过程中不允许硬撬元器件，以免损坏电器，装配辅助触头的静触头时，要防止触动触头。

（3）接触器通电校验时，应把接触器固定在控制板上，通电校验过程中，要均匀、缓慢改变调压变压器的输出电压，以使测量结果尽量准确，并应有教师监护，以确保安全。

（4）调整触头压力时，注意不要损坏接触器的主触头。

1.2.3　主令电器及熔断器

1. 主令电器

自动控制系统中用于发送控制命令的电器称为主令电器。主令电器可以用来按预定的顺序接通和分断电路，从而改变拖动装置的工作状态。主令电器应用广泛、种类繁多，常用的主令电器主要有按钮、行程开关、万能转换开关和主令控制器等。

（1）按钮。

按钮是一种手动且一般可以自动复位的主令电器，它结构简单、应用广泛。由于只能短时接通与分断5A以下的小电流电路，故按钮一般用来远距离对接触器、继电器及其控制电路发出控制指令，也可用于电器联电路等。按钮的外形及结构图如图1-12所示，主要由按钮帽、触点、复位弹簧和外壳等组成。当按下按钮时，常闭触点 4 先断开，然后常开触点 5 闭合；松开按钮，则在复位弹簧的作用下，使触点恢复原位。触点数量可按照需要拼接，一般装置成 1 常开 1 常闭或 2 常开 2 常闭。

按钮的结构形式很多，适用于不同的场合。紧急式代号为 J 装有突出的蘑菇形按钮帽，便于紧急操作；钥匙式代号为 Y，需要有钥匙插入方可旋转操作，保证了安全；指示灯式代号为 D 在透明的按钮帽内装入信号灯，用于显示相关操作信号；旋钮式的代号为 X，普通的平钮式则没有代号。此外，为表明按钮的不同作用，避免误操作，通常还将按钮制成不同颜色。一般红色表示停止按钮，绿色表示起动按钮，黄色表示应急或干预，红色蘑菇形表示急停按钮。

按钮的选用主要依据使用场合及用途、所需触点数量及颜色等。

按钮的图形符号和文字符号如图 1-13 所示。

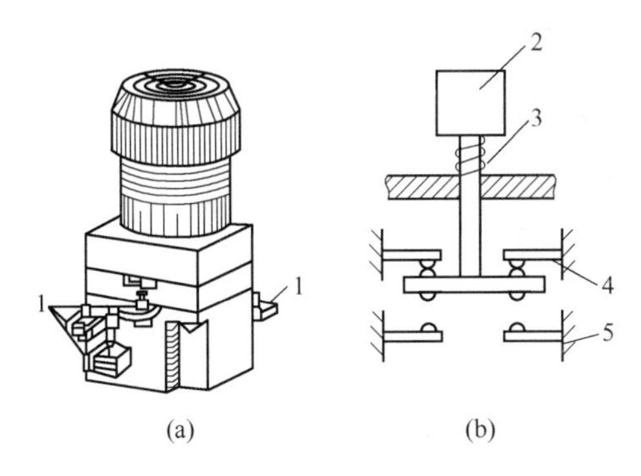

图 1-12　按钮外形及结构图

1—触头接线柱；2—按钮帽；3—复位弹簧；4—常闭触点；5—常开触点

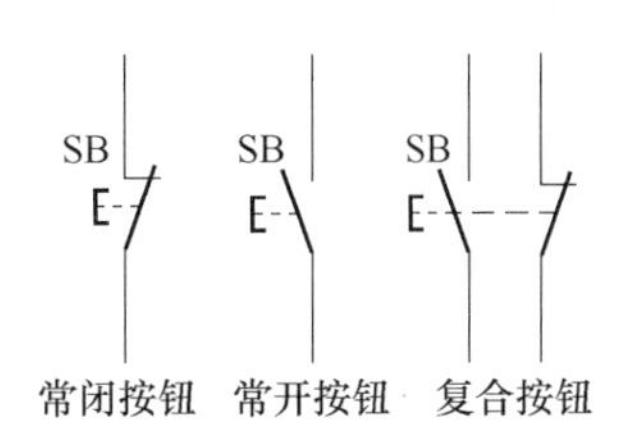

图 1-13　按钮的图形符号和文字符号

(2) 行程开关。

生产机械的运动机构常常需要根据运动部件位置的变化来改变拖动电动机的工作状态，即要求按行程进行自动控制，如工作台的自动往复运行等。电气控制系统中通常采用行程开关作为直接测量位置信号的元器件，以实现行程控制的要求。

行程开关又称限位开关或位置开关，它是一种利用生产机械运动部件的碰撞发出控制指令的主令电器。将行程开关安装在所需的相关位置，当生产机械运动部件上的撞块撞击行程开关时，其触点动作实现电路的切换。行程开关广泛用于各类机床和起重机械，用以控制其行程长短或进行终端限位保护。

行程开关按工作原理可分为电子式和机械式两种，电子式为非接触式无触点的接近开关，机械式为机械结构接触式有触点的行程开关。其中，机械式按其头部结构不同又可分为直动式和滚轮式，滚轮式还可分为单轮式和双轮式，如图 1-14 所示。

行程开关的结构主要由操作头、触点系统和外壳 3 部分组成，一般都具有瞬动机构使其触点瞬时动作，既可保证行程控制的位置精度，又可减少电弧对触点的灼烧。

行程开关受到机械力压迫时其触点会立刻动作，但这动作部件一旦离开，机械力就会消失，直动式和单轮式行程开关会立即复位，而双轮式行程开关到不会自动复位。只有运

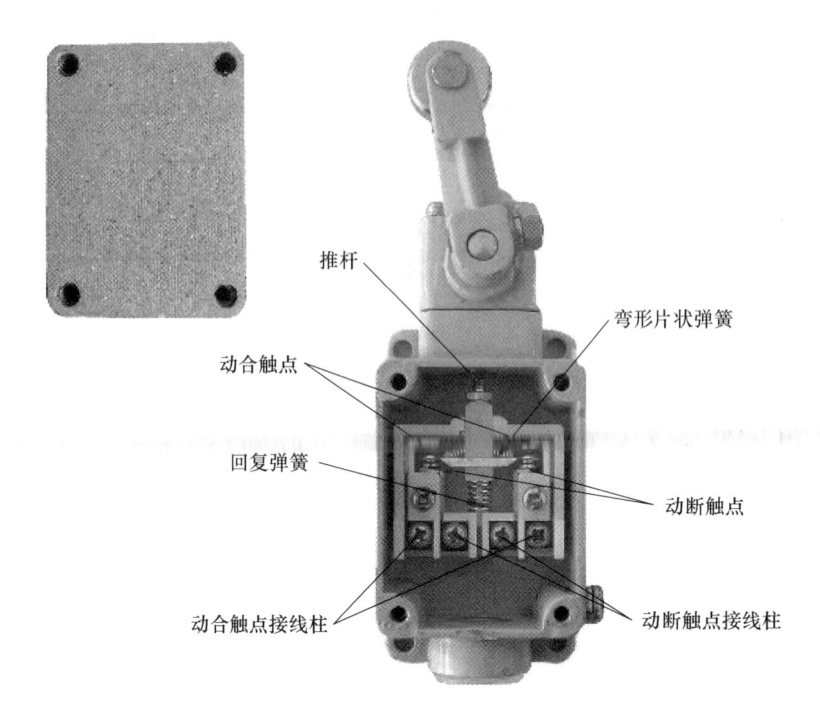

图 1-14　滚轮式行程开关

动部件返回，其撞块碰动另一只滚轮时，行程开关的触点才能再次切换。

常用的行程开关有 LX19、LX22、LX32 和 JLXK1 等系列，如图 1-15 所示。

(a)　(b)　(c)

图 1-15　行程开关的图形

行程开关在选用时，主要根据机械位置对开关结构型式的要求、控制电路中所需触点数量及电压、电流等级进行确定。

行程开关的图形符号和文字符号如图 1-16 所示。

(3) 接近开关。

接近开关是电子式无触点行程开关，它是由运动部件上的金属片与之接近到一定距离发出接近信号来实现控制的。其结构是在内部嵌入了一块电子线路板和必要的电子器件，

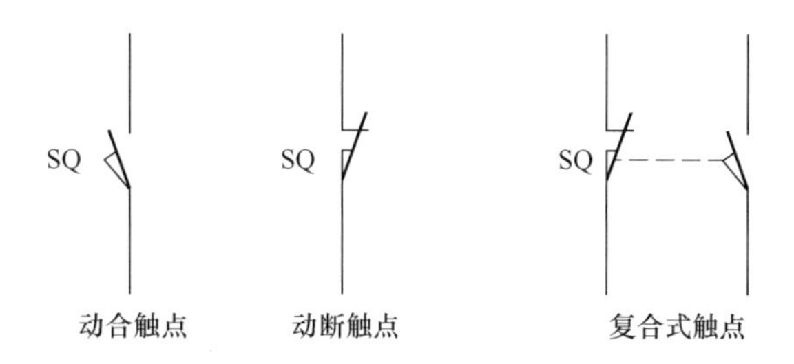

图 1-16　行程开关的图形符号和文字符号

然后利用环氧树脂进行罐装，最后通过引线将其连接。接近开关分为传感接收、信号处理、驱动输出 3 部分，具有使用寿命长、操作频率高、动作迅速可靠等特点，其用途已远远超出一般行程控制和限位保护用于高速计数、测速、液面控制、检测金属体的存在等。其常用型号有 LJ2、LJ5、LXJ6 等系列。

（4）万能转换开关。

万能转换开关是一种多档式能够控制多回路的主令电器。一般用于各种配电装置的远距离控制，也可作为电气测量仪表的换相开关或用作小容量电动机的起动、制动、调速和换向控制。由于它换接线路多，用途广泛，故称为万能转换开关。

万能转换开关由凸轮机构、触点系统和定位装置等部分组成。多组相同结构的触点组件经叠装后，依靠操作手柄带动转轴和凸轮转动，使触点动作或复位。由于每层凸轮可做成不同的形状，因此当手柄转至不同位置时，通过凸轮的作用，可以按预定的顺序接通与分断电路，同时由定位机构确保其动作的准确可靠。

常用万能转换开关有 LW5、LW6 系列。其中 LW6 系列万能转换开关可装配成双列形式，列与列之间用齿轮啮合，并由公共手柄进行操作，因此装入的触点数最多可达 60 对。

万能转换开关的符号如图 1-17 所示。图形符号中的竖虚线表示手柄的不同位置，每一条横线表示一路触点，而黑点“·”则表示该路触点的接通位置。触点通断也可以用触点通断表表示，表中的“×”表示触点闭合，空格表示触点图分断。如手柄在 1 位置时，触点 1、3、4 均为接通，而触点 2 为断开。

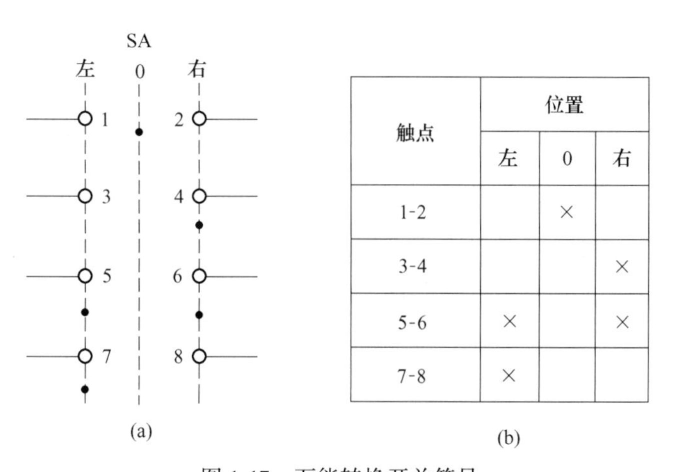

触点	位置		
	左	0	右
1-2		×	
3-4			×
5-6	×		×
7-8	×		

图 1-17　万能转换开关符号

（a）图形符号和文字符号；（b）触点通断表

(5) 主令控制器。

主令控制器是用来频繁切换复杂的、多回路控制电路的一种主令电器，主要用于起重机、轧钢机等生产机械的远距离控制。

主令控制器的结构示意图如图 1-18 所示，它由触点、凸轮机构、定位机构、转轴、面板及其支承件等部分组成。1 和 7 固定于方轴上，动触点 4 固定于能绕转轴 6 转动的支杆 5 上，当操作主令控制器手柄转动时，带动 1 和 8 转动，当凸轮块 7 达到推压小轮 8 的位置时，将使小轮带动支杆绕轴 6 转动，使支杆张开，从而使触点断开。而在其他情况下，由于凸轮离开小轮，因此触点是闭合的。只要安装一系列不同形状的凸轮，就可以获得按一定顺序动作的触点，即可以按一定的顺序接通与分断电路。

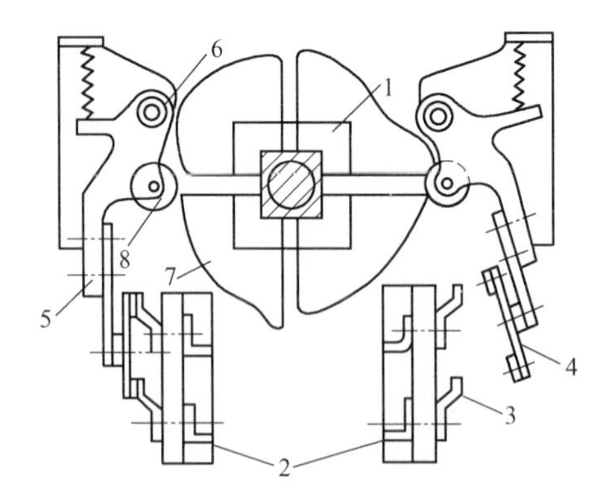

图 1-18　主令控制器结构示意图

1—方形转轴；2—接线柱；3—静触点；4—动触点；5—支杆；6—转轴；7—凸轮块；8—小轮

主令控制器的触点多为桥式触点，一般采用银及其合金材料制成，所以操作轻便、允许较高的操作频率。

起重机电器控制中，当拖动电动机容量较大，要求操作频率较高（每小时通断 600 次），并要求有较好的调速、点动运行性能时，常采用主令控制器与交流磁力相配合，即通过主令控制器的触点变换，来控制交流磁力控制盘上的接触器动作，以达到控制电动机的起动、制动、调速和换向等目的。

常用的主令控制器有 LK14、LK15 系列等。其中，LK14 系列属于凸轮调整式主令电器，其触点闭合顺序可根据不同要求进行任意调节。机床上有时用到的十字形转换开关也属于主令控制器，这种开关一般用于多电动机拖动或需多重联锁的控制系统中，如 X62W 万能铣床中，用于控制工作台垂直方向和横向的进给运动。Z35 型摇臂钻床中用于控制摇臂的升与下降、主轴运行与零压保护，其主要型号有 LS1 系列。

主令控制器的图形符号与万能转换开关的图形符号相似，文字符号也为 SA。

2. 熔断器

熔断器是一种结构简单、价格低廉、使用方便的保护电器，广泛应用于供配电电路和设备的短路保护。

(1) 熔断器的结构与工作原理。

熔断器由熔体和安装熔体的熔管两部分组成。熔体材料一种是由铅锡合金和锌等低熔点金属制成，多用于小电流电路；另一种则由银、铜等较高熔点的金属制成，多用于大电流电路。

熔断器是根据电流的热效应原理工作的。丝状或片状的熔体串联于被保护电路中。当电路正常工作时，流过熔体的电流小于或等于它的额定电流，由于熔体发热的温度尚未达到熔体的熔点，所以熔体不会熔断，当流过熔体的电流达到额定电流的 1.3～2 倍时，熔体缓慢熔断。当电路发生短路时，电流很大，熔体迅速熔断。电流越大，熔断速度就越快，这一特性即为熔断器的反时限保护特性，也称为安秒特性，如图 1-19 所示。

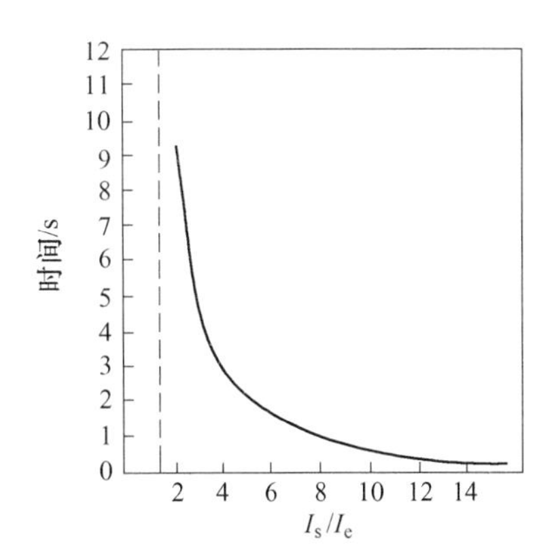

图 1-19　熔断器的反时限保护特性

电动机属于冲击性负载，考虑熔断器应能承受其起动电流的冲击而不发生误动作，熔体的规格适当选大，故熔断器对轻度过载反应比较迟钝，在电动机控制电路中只能用作短路保护，但在保护照明等电阻性负载时也兼有过载保护的功能。

（2）熔断器的主要参数。

1）额定电压。熔断器的额定电压是指熔断器长期工作时和分断后能够承受的电压，它取决于电路的额定电压，其值一般等于或大于电器设备的额定电压。

2）额定电流。熔断器的额定电流指熔断器长期工作时，各部件温升不超过规定值时所能承受的电流值。熔断器的额定电流等级比较少，而熔体的额定电流等级比较多，即在一个额定电流等级的熔断管内可以安装不同额定电流等级的熔体，但熔体的额定电流最大不能超过熔断管的额定电流。

3）额定分断电流。也称为极限分断能力，指在规定的额定电压和功率因数或时间常数）的条件下，能分断的最大短路电流值。电路中出现的最大电流值一般是指短路电流值所造成的，额定分断电流也反映了熔断器分断短路电流的能力。

（3）熔断器的主要类型。

1）封闭管式熔断器。

封闭管式熔断器如图 1-20（a）所示，它可分为有填料和无填料两种。无填料封闭管式熔断器常用的有 RM10 系列，其结构简单，更换熔片方便，常用于低压配电网或成套配电设备中特别是根据其变截前锌片断位的不同，可以大致判断故障性质是短路还是过负荷。短路故障熔片一般在窄部熔断，而过负荷则在宽窄之间的斜部熔断有填料封闭管式熔断器常用的有 RT12、RT14、RT15 等系列，其熔断管内装有石英砂做填料，用来冷却和熄灭电弧，因此具有较强的分断能力。

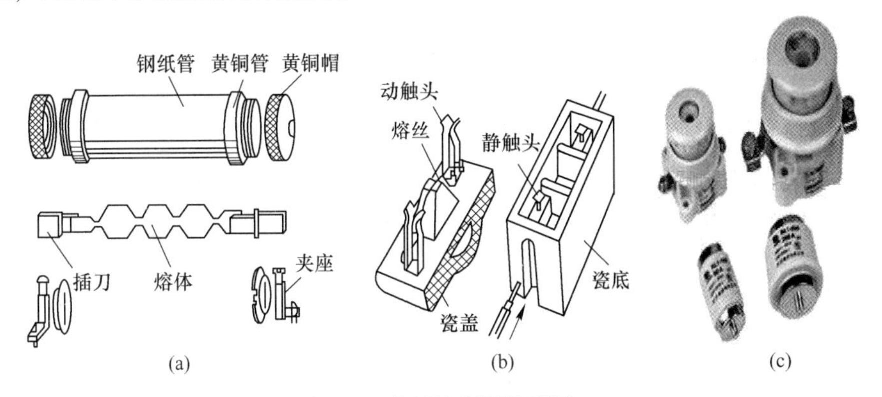

图 1-20　常用熔断器外形图

（a）封闭管式；（b）瓷插式；（c）螺旋式

2）瓷插式熔断器。

瓷插式熔断器如图 1-20（b）所示，它是低压分支电路中常用的一种熔断器。其结构简单，分断能力小，多用于民用和照明电路，常用的瓷插式熔断器为 RC1A 系列。

3）螺旋式熔断器。

螺旋式熔断器如图 1-20（c）所示，它主要由瓷帽、熔管和瓷底座组成。熔管内装有石英砂或惰性气体，利于电弧的熄灭，因此具有较高的分断能力。熔体的上端有熔断指示，熔断时红色或其他颜色指示器弹出，可通过瓷帽上的玻璃孔观察到，并且将瓷帽逆时针旋下后，可方便地更换熔体。常用的螺旋式熔断器有 RL6 和 R7 系列等，多用于电动机的主电路及其控制电路中，起短路保护作用。

4）快速熔断器。

快速熔断器主要用于半导体元器件的短路保护。半导体元器件的过载能力很低，因此要求短路保护具有快速熔断的特性。快速熔断器的熔体采用银片冲成变截面 V 形，熔管采用有填料的密封管。常用的有 RS3 等系列。NGT 型是我国引进德国 AGE 公司制造技术生产的产品，具有分断能力高、限流特性好、功耗低、性能稳定的特点。

（4）熔断器的选择。

1）熔断器类型的选择：应依据负载的保护特性、短路电流的大小、使用场合及安装条件。

2）熔断器额定电压的选择：应大于或等于所在电路的额定电压。

3）熔体额定电流的选择：

①照明电路。

白炽灯：熔体额定电流为 1.1×被保护电路上所有白炽灯工作电流之和。荧光灯和高压水银荧光灯：熔体额定电流为 1.5×被保护电路上所有荧光灯和高压水银荧光灯工作电流之和。

②家用电器过流或过负荷保护的熔断器。

通常家庭用电没有独立设置的过载保护，仅设置熔断器代替，其配置原则是按家用电器全部使用时总电流的 1.05~1.15 倍来选择。

③电动机

a. 单台直接起动电动机：熔体额定电流为(1.5~25)×电动机额定电流。

注意：对不频繁起动的电动机取较小的系数，频繁起动的电动机取较大的系数。

b. 多台小容量电动机共用线路：熔体额定电流为(1.5~2.5)×最大容量的电动机额定电流+所有电动机额定电流之和。

c. 降压起动电动机：熔体额定电流为(1.5~2)×电动机额定电流。

d. 绕线式电动机：熔体额定电流为(1.2~1.5)×电动机额定电流。

④配电变压器。

低压侧熔体额定电流为(1.0~1.5)×变压器低压侧额定电流；高压侧熔体额定电流为(2~3)×变压器高压侧额定电流；当变压器容量为 100~1000kV · A 时，系数取 2，低于 100kV · A 时，系数取大于 2 小于 3 的值。使用于高压的熔体必须安装在符合电压等级要求的熔断器中。

⑤电力电容器。

每台高压电力电容器或每台低压电力电容器都单独设熔丝保护，熔体额定电流为(1.5~25)×电容器额定电流；电力电容器组，熔体额定电流为(1.3~1.8)×电容器组额定电流。

⑥电焊机：熔体额定电流为(1.5~205)×负荷电流。

⑦电子整流元器件：熔体额定电流≥1.57×整流元器件额定电流。

⑧电子变压器、收扩音机、电视机、晶体管电子设备：熔体额定电流为(1.5~2)×电器额定电流。

⑨高、低压断路器电磁型合闸机构合闸回路的合闸熔断器：通常按断路器合闸电流的1/3 配置。

⑩10kV 跌落式熔断器：额定电流。熔断器具的额定电流应大于或等于熔体的额定电流，一般熔体的额定电流可选为熔断器具的 0.1~0.3 倍，而熔断体的额定电流可选为额定负荷电流的 1.5~2 倍。

⑪输电线路：熔体的额定电流应小于或等于线路的安全电流。

熔断器的图形符号和文字符号如图 1-21 所示。

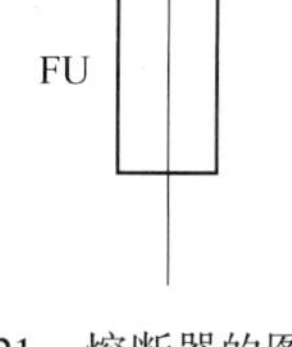

图 1-21　熔断器的图形符号和文字符号

（5）熔断器的使用注意事项。

1）安装前应检查熔断器的型号及其主要技术参数是否符合规定要求。

2）安装时必须在断电情况下操作，并注意检查各部分是否接触良好，以免因接触不良造成温升过高，引起熔断器误动作。

3）熔断器熔断后，应首先查明原因，排除故障后，再更换同一规格型号的熔体或熔断器，注意不能随意变更熔体或熔断器的型号规格。

【任务实施】

任务完成后，由指导教师对任务完成情况进行评价：

（1）安全意识（20 分）。

（2）通过拆装训练，熟悉电磁式低压电器主要部件的结构和作用（60 分）。

（3）职业规范和环境保护（20 分）。

【知识小结】

通过对电磁式低压电器及主令电器的学习，其品种、规格很多，作用、结构及工作原理各有不同，因而有多种分类方法，结构也各有差异。其主要技术数据有额定电流、额定电压及绝缘强度、机械和电器寿命等。通过完成本任务，对常用电磁式低压电器及主令电器的基本结构主要有一个整体的感性认识，并对一些主要部件的功能、作用及安装方法有初步的认识。

【项目总结】

常用低压电器在电机及电器控制系统中应用非常广泛，对于从业人员的专业性和规范性要求非常严格，操作时的安全规范甚至会直接关系到作业人员的生命安全，因此在作业时一定要遵守相应的安全要求。本项目在认识常用低压电器的分类方法、工作原理及结构的基础上，主要强调了如何做好充分的安全保障措施，以确保自己和他人的人身安全。在完成本项目的两个任务后，应该达到以下能力目标要求：能够正确地选择和使用常用低压电器，学生必须先对常用低压电器的结构和工作原理有基本了解。本项目根据这一要求设计了两个工作任务，通过完成这两个任务，可以使学生了解常用低压电器的整体结构及工作原理，掌握常用低压电器的维修与保养工作的基本安全操作规范，学会选择和使用常用低压电器，树立牢固的安全意识，养成规范操作的良好习惯。

【思考与练习题】

1. 填空题

（1）选择接触器时应从其工作条件出发，控制交流负载应选用________，控制直流负载应选用________。

（2）接触器选用时，其主触点的额定工作电压应________或________负载电路的电压，主触点的额定工作电流应________或________负载电路的电流，吸引线圈的额定电压应与控制回路________。

（3）中间继电器的作用是增加________和将信号________。

（4）试举出两种不频繁地手动接通和分断电路的开关电器：________、________。

（5）试举出两种主令电器：________、________。

（6）试举出组成继电器接触器控制电路的两种元器件：________、________。

（7）当电路正常工作时，熔断器熔体允许长期通过 1.2 倍的额定电流而不熔断。当电路发生________或________时，熔体熔断切断电路。

（8）熔断器熔体允许长期通过 1.2 倍的额定电流，当通过的________越大，熔体熔断的________越短。

（9）凡是继电器感测元器件得到动作信号后，其触点要________一段时间才动作的电器称为________继电器。

（10）当接触器线圈得电时，使接触器________闭合、________断开。

2. 选择题

（1）热继电器中双金属片的弯曲作用是由于双金属片（　　）。

A. 温度效应不同　　B. 强度不同　　C. 膨胀系数不同　　D. 所受压力不同

（2）熔断器的作用是（　　）。

A. 控制行程　　B. 控制速度　　C. 短路或严重过载　　D. 弱磁保护

（3）低压断路器的型号为 DZ10-100，其额定电流是（　　）。

A. 10A　　B. 100A　　C. 10~100A　　D. 大于 100A

（4）接触器的型号为 CJ10-160，其额定电流是（　　）。

A. 10A　　B. 160A　　C. 10~160A　　D. 大于 160A

（5）交流接触器的作用是（　　）。

A. 频繁通断主电路　　B. 频繁通断控制电路

C. 保护主电路　　　　　　D. 保护控制电路

3. 判断题

(1) 额定电压为220V的交流接触器在交流220V和直流220V的电源上均可使用。 (　)
(2) 交流接触器通电后如果铁心吸合受阻，将导致线圈烧毁。 (　)
(3) 交流接触器嵌有短路环的目的是保证动、静铁心吸合严密，消除振动与噪声。 (　)
(4) 直流接触器比交流接触器更适用于频繁操作的场合。 (　)
(5) 低压断路器又称为自动空气开关。 (　)
(6) 只要外加电压不变化，交流电磁铁的吸力在吸合前、后是不变的。 (　)
(7) 直流电磁铁励磁电流的大小与行程成正比。 (　)
(8) 闸刀开关可以用于分断堵转的电动机。 (　)
(9) 熔断器的保护特性是反时限的。 (　)
(10) 低压断路器具有失压保护的功能。 (　)

4. 分析及简答题

(1) 电气控制中，熔断器和热继电器的保护作用有什么不同？为什么？
(2) 闸刀开关安装时，为什么不能倒装？如果将电源线接在闸刀下端，有什么危害？

项目 2　变压器的应用

学习本项目的主要目的是了解变压器的基本结构及工作原理，熟悉变压器的安全操作规范。本项目通过认识三相变压器的基本结构及工作原理，要求学生掌握三相变压器高、低压绕组的判别方法，掌握三相变压器并联运行的方式，熟悉各类特殊变压器，为完成后续项目打下良好的基础。

【知识目标】

(1) 了解三相变压器的基本结构；

(2) 理解三相变压器的工作原理；

(3) 熟悉三相变压器的联结组；

(4) 了解常用特殊变压器。

【能力目标】

要能够正确地选择和使用常用变压器，学生在掌握单相变压器结构原理的基础上学习三相变压器的工作原理和三相变压器的联结方式。本项目根据这一要求设计了两个任务，通过完成这两个任务，可以使学生了解三相变压器的整体结构及工作原理，掌握三相变压器的联结方式与特殊变压器的使用规范要求，学会选择和使用三相以及特殊变电器，树立牢固的安全意识，养成规范操作的良好习惯。

任务 2.1　三相变压器的运行

【学习目标】

应知：

(1) 掌握三相变压器的结构；

(2) 了解三相变压器绕组的联结及并联运行。

应会：

(1) 掌握三相变压器的工作原理；

(2) 能正确识别三相变压器绕组的联结方式；

(3) 安全完成三相变压器拆装。

【学习指导】

观察三相变压器的结构，通过学习其工作原理后进行拆装练习，充分了解三相变压器的总体结构，并能学会识别三相变压器绕组联结方式。

全面、系统地观察三相变压器的基本结构，认识三相变压器的主要部件，熟悉每个部件的安装位置以及作用。能够说出三相变压器绕组联结的具体方式及优劣对比。

【知识学习】

2.1.1　三相变压器的结构及工作原理

1. 三相变压器的磁路系统

目前电力系统均采用三相制供电，故三相变压器得到广泛应用。三相变压器可由 3 台完全相同的单相变压器按一定形式联结而成。从运行原理来看，三相变压器对称运行时，各相电压、电流大小相等，相位彼此互差 120°，可取任意一相来分析，且就其一相而言，与单相变压器没有什么区别，单相变压器的分析方法及结论完全适用于三相变压器的对称运行。

三相变压器按结构特点分为两种：

(1) 三相变压器组；

(2) 三相芯式变压器。

三相变压器组是由三台单相变压器组成的，每组的主磁通各自沿自己的磁路闭合，所以三相变压器的磁路彼此独立，三相变压器组的磁路系统如图 2-1 所示。

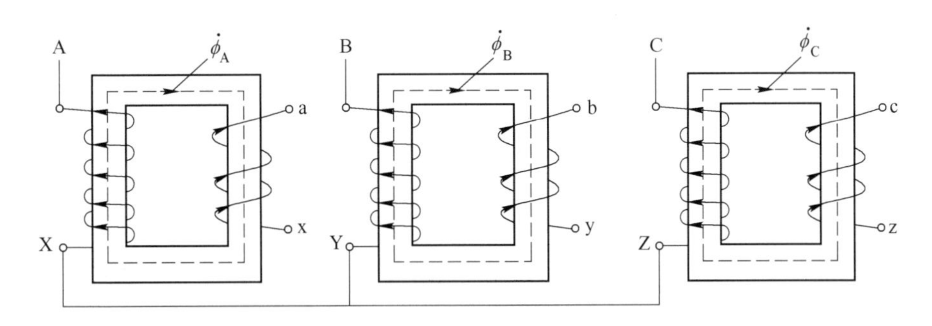

图 2-1　三相变压器组的磁路系统

由于每一相的主磁通分别沿自己的磁路闭合，因此相互之间是独立的，互不关联，当变压器外加电源电压对称时，三相磁通也必然对称，三相的空载电流也是对称的；同时，因为每个单相变压器体积较小、重量轻、便于运输、备用容量小，因此常常在制造和运输有困难的超高压、特大容量变压器中采用。

与三相变压器组不同，三相芯式变压器的磁路相互关联。它是通过铁轭把 3 个铁心柱连在一起的，如图 2-2 所示。这种铁心结构是从单相变压器演变过来的，把 3 个单相变压器铁心柱的一边组合到一起，同时将每相绕组缠绕在未组合的铁心柱上。由于在对称的情况下，组合在一起的铁心柱中不会有磁通存在，故可以省去。

和同容量的三相变压器组相比，三相芯式变压器节省材料、维护方便、占地面积小。当采用三相芯式变压器供电时，任何一相发生故障，整个变压器都要进行更换，如果采用三相变压器组，只要更换出现故障的一相即可，所以三相芯式变压器的备用容量为三相变压器组的 3 倍。同时当三相芯式变压器一次外加三相对称的电压时，三相主磁通是对称的，但三相磁路不对称 A 相和 C 相磁路长度相等且较长，B 相磁路最短，导致三相磁路磁阻不相等，故三相空载电流不相等 B 相较小，由于一般电力变压器的空载电流较小，它的不对称对变压器负载运行的影响很小，可不予考虑。

基于以上考虑，为节省材料，多数三相变压器采用芯式结构。但对于大型变压器而

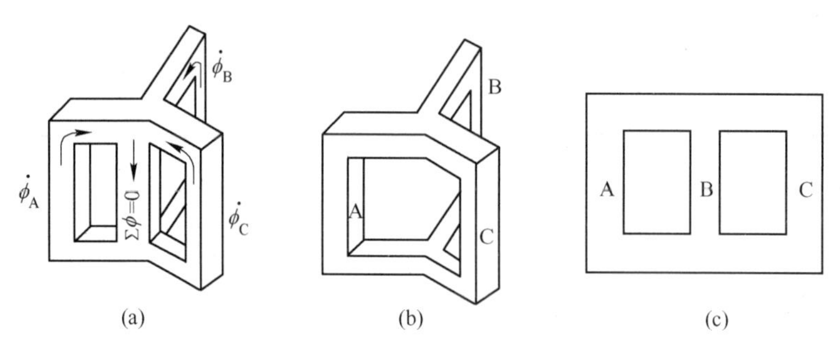

图 2-2　三相芯式变压器的磁路系统

言，为减少备用容量以及确保运输方便，一般都是三相变压器组。

2. 三相变压器的工作原理

三相变压器的工作原理与单相变压器相同，都是基于电磁感应原理。当交流电压加到一次绕组后，交流电流流入该绕组就产生励磁作用，在铁心中产生交变的磁通，这个交变磁通不仅穿过一次绕组，同时也穿过二次绕组，它分别在两个绕组中引起感应电动势。这时如果二次与外电路的负载接通，便有交流电流流出，于是输出电能。

三相变压器引线端分别用符号表示，高压绕组侧首端为 U_1、V_1、W_1，末端为 U_2、V_2、W_2，中性点为 N；低压绕组侧首端为 u_1、v_1、w_1，末端为 u_2、v_2、w_2，中性点为 N。

高低压绕组都有星形、三角形接法，相互结合可有 6 种接法。其中最常用的有 3 种：Y，yn；Y，d 和 YN，d。

Y，yn 接法即高压绕组星形联结，低压绕组也是星形联结，且带中性线。

Y，d 联结方式是高压绕组接成星形，低压绕组接成三角形。

YN，d 接法是高压绕组接成星形且带中性线，低压绕组接成三角形。

2.1.2　三相变压器绕组的联结及并联运行

1. 三相变压器绕组的接法

由于变压器的一次、二次绕组有同一磁通交链，一次、二次电动势有着相对极性。例如在某一瞬间高压绕组的某一端为正电位，在低压绕组上也必定有一个端点的电位也为正，人们把这两个正极性相同的对应端点称为同极性端，在绕组旁边用符号“•”表示。不管绕组的绕向如何，同极性端总是客观存在的。由于绕组的首端、末端标志是人为标定的，如我们规定电动势的正方向为自首端指向末端，当采用不同标志方法时，一次、二次绕组电动势间有两种可能的相位差。

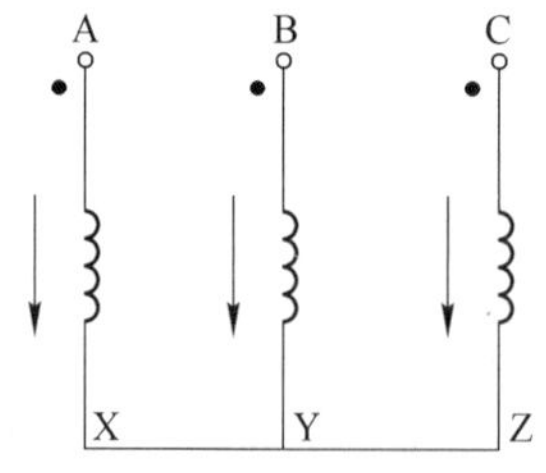

图 2-3　绕组首末端标志

在三相变压器中，我们用大写字母 A、B、C 表示高压绕组的首端，用 X、Y、Z 表示高压绕组的末端，用小写字母 a、b、c 表示低压绕组的首端，用 x、y、z 表示低压绕组的末端，如图 2-3 所示。

对于电力变压器，不论是高压绕组还是低压绕组，我国电力变压器标准规定只采用星形接法或三角形接法。以高压绕组为例，把三相绕组的 3 个末端连在一起，而把它们的首端引出，便是星形接法，以字母 Y 表示。如图 2-4（a）所示。如把一相的末端和另一相的首端连接起来，顺序连接成一闭合电路，便是三角形接法，以字母 D 表示，如图 2-4（b）所示。

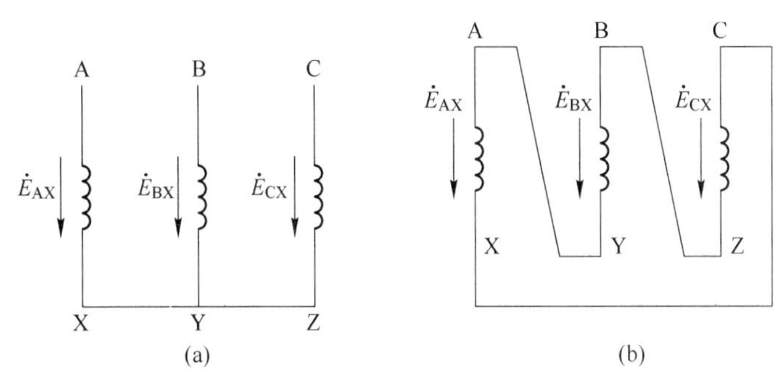

图 2-4　三相变压器绕组联结方式

2. 联结组别及标准联结组

如果把两台变压器或多台变压器并联运行，除了要知道一次、二次绕组的联结方法外，还要知道一次、二次绕组的线电动势之间的相位。联结组就是用来表示一次、二次电动势相位关系的一种方法。

（1）三相变压器的组别。

三相变压器的联结组别用一次、二次绕组的线电动势相位差来表示，它不仅与绕组的接法有关，也与绕组的表示方法有关。

1）Y，y 联结。

Y，y 联结有两种可能接法，如图 2-5 所示，图中同极性端有相同的首端标志，一次、二次相电动势同相位，二次线电动势 $\dot{E}_{ax}$ 与一次线电动势 $\dot{E}_{AX}$ 也同相位，根据时钟表示法，便标定为 Y，y0。

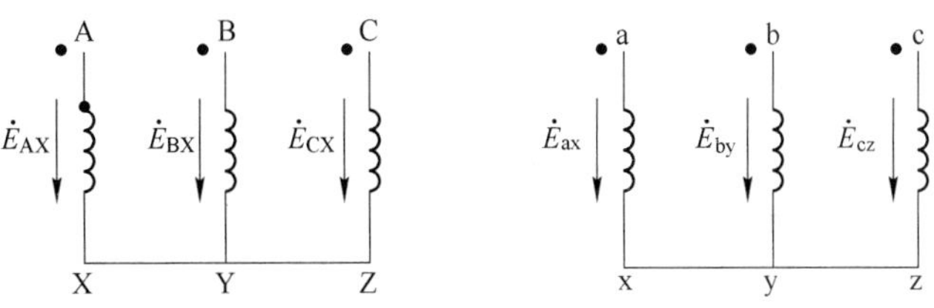

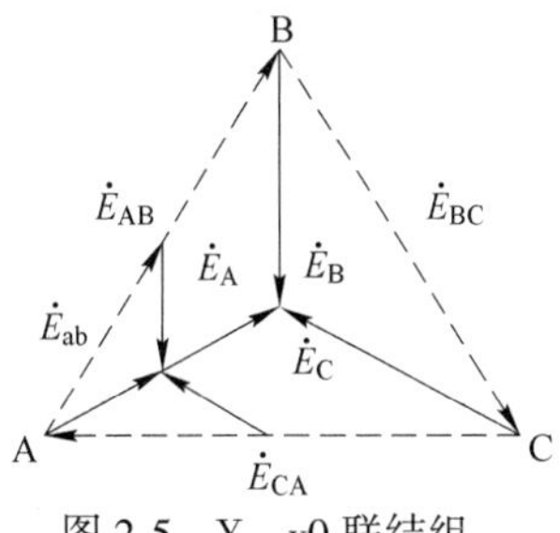

图 2-5　Y，y0 联结组

如图 2-6 所示，图中的同极性端有相异的首端标志，二次线电动势 $\dot{E}_{ax}$ 与一次线电动势 $\dot{E}_{AX}$ 相位差 180°，根据时钟表示法，便标定为 Y，y6。

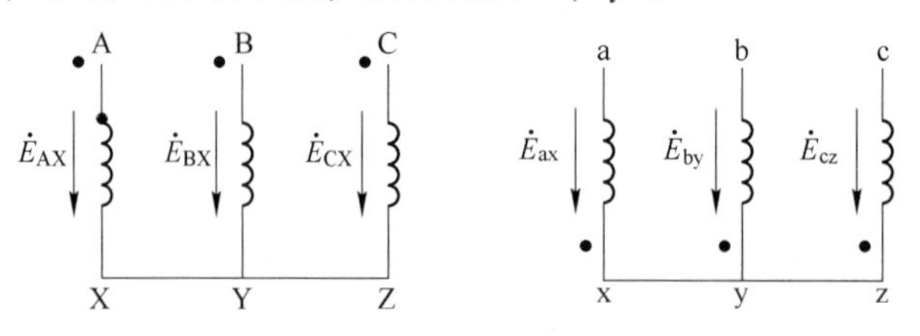

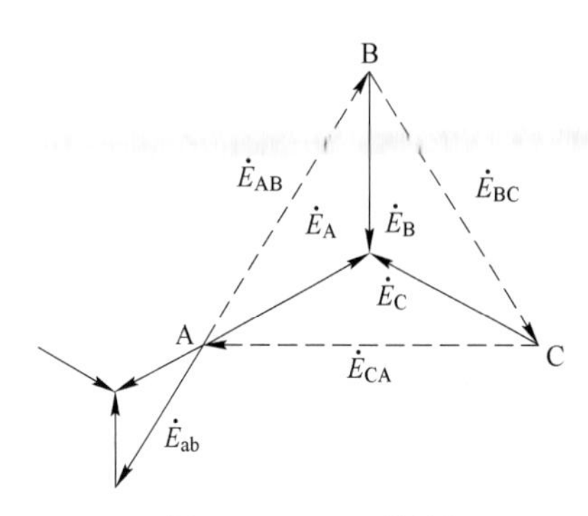

图 2-6　Y，y6 联结组

时钟表示法主要是标志变压器高、低压绕组的相位关系。

具体方法是：高压绕组电动势 $\dot{E}_A$ 从 A 到 X，记为 $\dot{E}_{AX}$，作为时钟的长针，指向 12 点；低压绕组电动势 $\dot{E}_a$ 从 a 到 x，记为 $\dot{E}_{ax}$，作为时钟的短针，根据相位关系，指向针面上哪个数字，该数字便为变压器的联结组别的标号。

2）Y，d 联结。

在 Y，d 联结中，d 有两种联结顺序，如图 2-7 所示，图中，$\dot{E}_{UV}$ 滞后 $\dot{E}_{uv}$ 30°，属于 Y，d 联结组。

在图 2-8 中，$\dot{E}_{uv}$ 滞后 $\dot{E}_{UV}$ 30°，属于 Y，d11 联结组。此外，三相变压器还可以接成 D，y 或 D，d。

（2）联结组的几点认识。

1）当变压器的绕组标志（同名端或首尾端）改变时，变压器的联结组号也随着改变。

2）Y，y 联结的三相变压器，其联结组号都是偶数。

3）Y，d 联结的三相变压器，其联结组号都是奇数。

4）D，d 联结可以得到与 Y，y 联结相同的组号；D，y 联结也可以得到与 Y，d 联结相同的组号。

5）最常用的联结组是 Y，y12 和 Y，d11。

（3）标准组别。

为统一制造，我国国家标准规定只生产 5 种标准联结组：Y，yn0；Y，d11；YN，d11；YN，y0；Y，y0，其中最常用的为前 3 种。

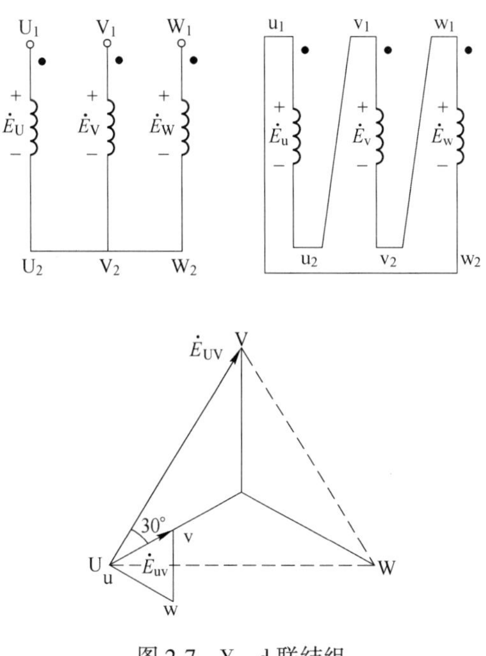

图 2-7　Y，d 联结组

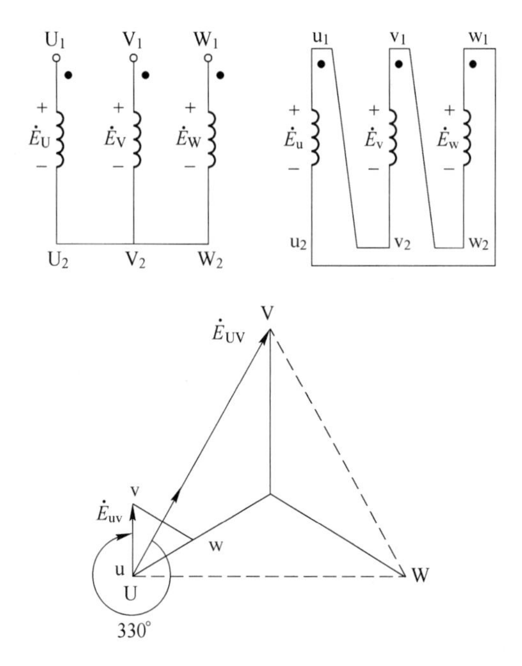

图 2-8　Y，d11 联结组

在上述 5 种联结组中，Y，yn0 联结组是我们经常碰到的，它用于容量不大的三相配电变压器，低压侧电压为 400~230V，用以供给动力和照明的混合负载。一般这种变压器的最大容量为 1800kV·A，高压侧的额定电压不超过 35kV。此外，Y，y0 联结组不能用于三相变压器组，只能用于三铁心的三相变压器。

3. 三相变压器的并联运行

三相变压器的并联运行是指几台三相变压器的高压绕组及低压绕组分别连接到高压电源及低压电源母线上，共同向负载供电的运行方式。

在变电站中，总的负载经常由两台或多台三相电力变压器并联供电，其原因为：

（1）变电站所供的负载一般来讲总是在若干年内不断发展、不断增加的，随着负载的不断增加，可以相应地增加变压器的台数，这样做可以减少建站、安装时的一次投资。

（2）当变电站所供的负载有较大的昼夜或季节波动时，可以根据负载的变动情况，随时调整投入并联运行的变压器台数，以提高变压器的运行效率。

（3）当某台变压器需要检修（或故障）时，可以切换下来，而用备用变压器投入并联运行，以提高供电的可靠性。

为了使变压器能正常地投入并联运行，各并联运行的变压器必须满足以下条件：

（1）初级、次级绕组电压应相等，即变比应相等。

（2）联结组别必须相同。

（3）短路阻抗（短路电压）应相等。

【任务实施】

任务完成后，由指导教师对本任务完成情况进行评价：

（1）安全意识（20 分）；

（2）到现场观察变压器，熟悉三相变压器主要结构和作用（60 分）；

（3）职业规范和环境保护（20 分）。

【知识小结】

三相变压器的基本原理与单相变压器类似，但由于绕组的联结方式可以组成不同的联结组，实现不同的作用。通过完成本任务，让学生对三相变压器的基本结构有一个整体的感性认识，并对一些主要部件的功能、作用及安装方法有初步的认识，掌握对三相绕组联结方式的认识方法。

任务 2.2　特殊变压器的应用

【学习目标】

应知：

（1）熟悉常用特种变压器的结构及分类；

（2）了解自耦变压器、电焊变压器的性能和结构特点。

应会：

（1）掌握仪用互感器的使用方法和使用注意事项；

（2）掌握自耦变压器的原理及应用场合。

【学习指导】

对特殊变压器的原理进行分析，充分掌握自耦变压器、电焊变压器及仪用互感器的使用场合，熟悉在使用过程中特殊变压器的操作规范。

通过对常用特殊变压器的原理分析及使用注意事项的学习，能够熟悉每种变压器的性能特点，能根据不同的场合选用合适的仪器仪表。

电力系统中，除了大量采用三相双绕组变压器外，也采用适用于各种用途的特殊变压器。这些变压器虽然种类很多，但基本原理和双绕组变压器有许多共同之处。本节主要介绍常用的三绕组变压器、自耦变压器和仪用互感器的工作原理和特点。

【知识学习】

2.2.1　仪用互感器

专门用于测量的变压器称为仪用互感器，简称互感器。使用互感器测量有许多优点，其中最主要有以下 3 点。

测量高电压时保证工作人员和仪表的安全。在测量高压电路时，不但降低了对仪表的绝缘要求，也使测量仪表与高电压或大电流电路隔离，保证仪表和人身的安全。

可以扩大交流仪表的量程。可利用仪用互感器按比例地把大电流、高电压变换成小电流、低电压，再用低量程的仪表进行测量，就相当于扩大了交流仪表的量程。

可以降低生产成本，有利于仪表生产的标准化，同一块仪表使用不同的互感器就有不同的量程。

根据用途不同，互感器可以分为电压互感器和电流互感器。

1. 电压互感器

电压互感器（Potential Transformer，PT）在新国标也叫 Transformer Voltage，简称 TV，与旧国标中“YH”（电压互感器的“压”“互”二字的汉语拼音第一个字母的组合）相对应。电压互感器是用来测量高电压的仪用互感器，其原理接线如图 2-9 所示。

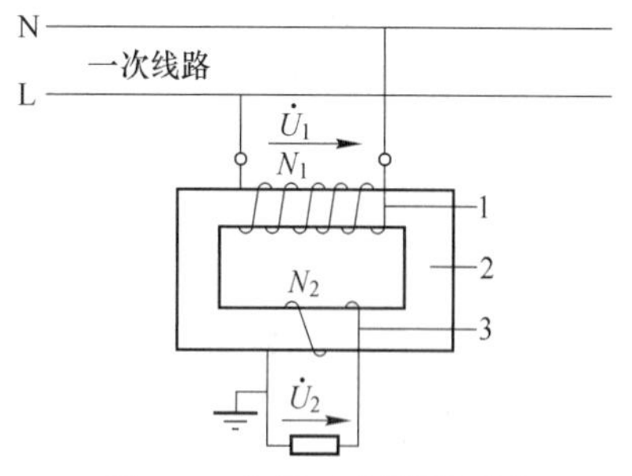

图 2-9　电压互感器原理图

电压互感器实际上就是一个降压变压器，能将一次绕组的高电压变换成二次绕组的低电压，其一次绕组的匝数远多于二次绕组匝数。电压互感器工作时，一次绕组并联在被测线路上；二次绕组匝数较少，与阻抗很大的仪表电压表或功率表的电压线圈串联组成闭合回路。由于电压表的内阻都很大，所以电压互感器的正常工作状态接近于变压器的开路状态。

电压互感器是一个带铁心的变压器，主要是用来按比例变换线路上的电压。在电气工程应用中电压互感器符号有明确的规定，图 2-10 所示为电压互感器图形符号。

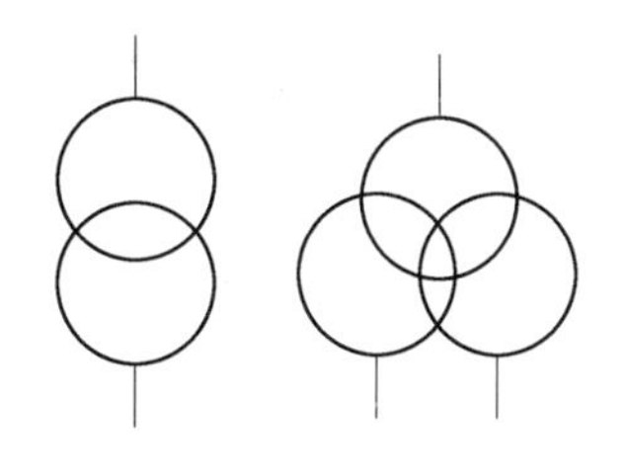

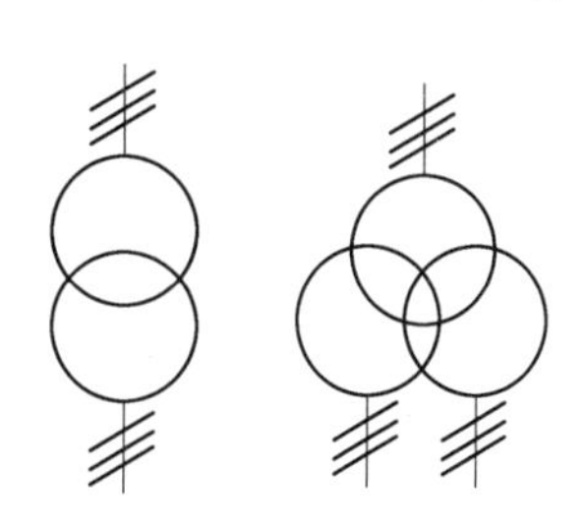

单相电压互感器符号　　三相电压互感器符号

图 2-10　电压互感器图形符号

电压互感器有两种误差：一种为电压变比误差，另一种为相位角误差。按电压变比相对误差的大小，电压互感器的精度可分为 0.2、0.5、1.0 和 3.0 四个等级。

使用电压互感器时，必须注意下列事项：

(1) 二次回路接线应采用截面积不小于 1.5mm^2 的绝缘铜线；排列应当整齐，连接必须良好；配电盘、柜内的二次回路接线不应有接头；

(2) 为防止电压互感器一、二次绕组出现短路的危险，一、二次回路都应该装设熔断器，作为短路保护；

(3) 电压互感器二次回路中的工作阻抗不得太小，以避免超负荷运行，影响测量精度；

(4) 电压互感器的铁心和二次绕组的一端必须可靠接地，以保证安全；

(5) 电压互感器的极性和相序必须正确，否则工作效果会相反或混乱，如与电能表配用，极性接错时就会造成电能表铝盘反向转动。

2. 电流互感器

测量高压线路里的电流或测量大电流时，通常采用电流互感器。电流互感器一次绕组的匝数很少，只有一匝或几匝，它串联在被测电路中，其原理图如图 2-11 所示。由于电流互感器的负载是仪器仪表的电流线圈，这些线圈的阻抗都很小，所以电流互感器相当于一台小型升压短路运行的变压器。

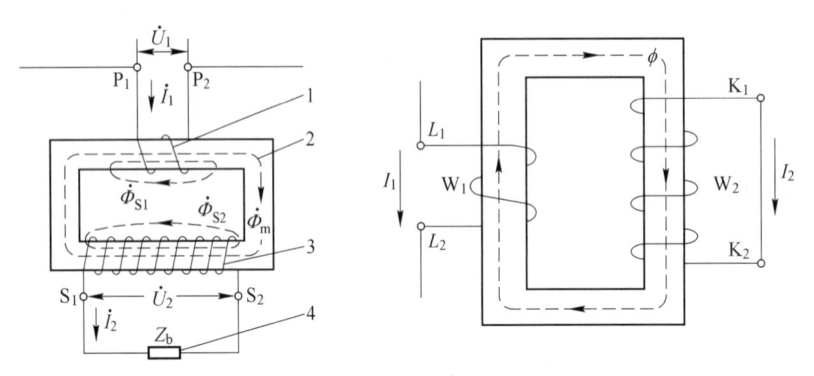

图 2-11　电流互感器原理图

电流互感器图形符号中（见图 2-12），采用圆圈表示二次绕组，一个圆圈表示一个二次绕组，两个圆圈表示两个二次绕组，圆圈引出线上两根斜线表示每个二次绕组输出两根线。

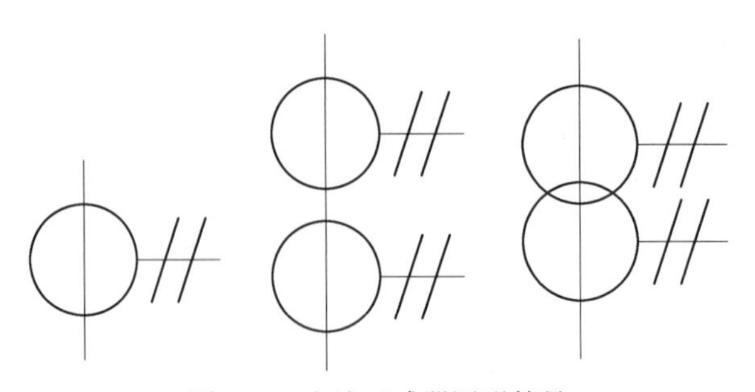

图 2-12　电流互感器图形符号

电流互感器利用一次绕组与二次绕组不同的匝数关系，可将线路上的大电流成正比地变为小电流测量。一般电流互感器二次绕组的额定电流为 5A，电流变比的范围 K 为 1～5000。

电流互感器也存在两种误差：电流变比误差和相位角误差。按电流变比相对误差的百分值，电流互感器的精度分成 0.2、0.5、1.0、3.0 和 10.0 五个等级。

使用电流互感器时，必须注意下列事项：

（1）电流互感器工作时二次绕组不允许开路；

（2）二次绕组的一端和铁心必须可靠接地；

（3）二次绕组回路串联的电流线圈阻抗不得超过允许值，以免降低测量精度；

（4）在安装和使用互感器时，一定要注意端子的极性。否则，其二次绕组所接的仪表、继电器中流过的电流就不是设计时的电流，因而引起计量和测量不准确，并可能引起继电保护装置的误动作或拒动；

（5）为了防止支柱式电流互感器套管闪络造成母线故障，电流互感器通常布置在断路器的出线或变压器侧。

2.2.2　自耦变压器及电焊变压器

1. 自耦变压器

自耦变压器是输出和输入共用一组绕组的特殊变压器。自耦的耦是电磁耦合的意思，普通的变压器是通过一次、二次绕组电磁耦合来传递能量，一次、二次没有直接电的联系，自耦变压器一次、二次有直接电的联系，它的低压线圈就是高压线圈的一部分，如图 2-13 所示。二次绕组 N_2 为一次绕组 N_1 的一部分，并且与铁心中的磁通 Φ_m 同时交链。

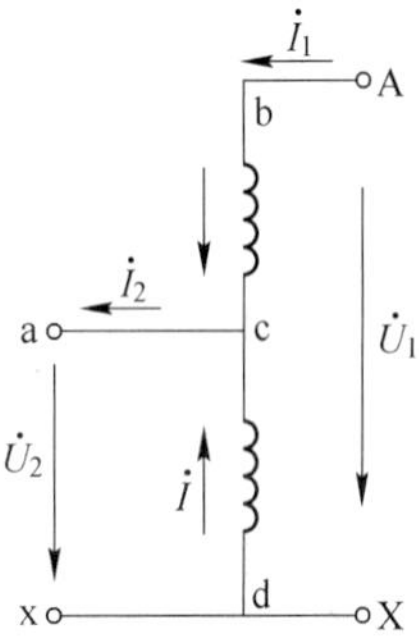

图 2-13　自耦变压器的原理图

（1）自耦变压器的工作原理。

与普通变压器一样，根据电磁感应定律可知，绕组的感应电动势与匝数成正比，所以一次、二次绕组的感应电动势分别为

$$E_1 = 4.44f N_1 \Phi_m$$
$$E_2 = 4.44f N_2 \Phi_m$$

变压器的电压变比为 $K = \dfrac{E_1}{E_2} = \dfrac{N_1}{N_2}$。在忽略漏阻抗压降时，有 $\dfrac{U_1}{U_2} \approx \dfrac{E_1}{E_2} = \dfrac{N_1}{N_2} = K$。自耦变压器与普通变压器有着相同的磁动势平衡方程式，即 $\dot{I}_1 N_1 + \dot{I}_2 N_2 = \dot{I}_1 N_1$，如果忽略影响不大的励磁电流 $\dot{I}_{\mathrm{m}}$，上式可以变成

$$\dot{I}_1 N_1 + \dot{I}_2 N_2 = 0$$

即
$$\dot{I}_1 = -\frac{\dot{I}_2}{K}$$

上式说明 $\dot{I}_1$ 与 $\dot{I}_2$ 反相，并且 $I_2 > I_1$。

由于一次、二次绕组为同一绕组，存在电的联系，在二次绕组的抽头处可以看成是电路的一个节点。

自耦变压器的输出功率为

$$U_2I_2 = U_2I_1 + U_2I_{12}$$

普通变压器是以磁场为媒介，通过电磁感应作用来进行能量传输的。自耦变压器的一次、二次绕组既然有了电的联系，它的能量传输方式必然与普通变压器有不同之处。从上式可以看出，自耦变压器的输出功率由两部分组成，一部分为 U_2I_1，由于 I_1 是一次电流，在它流经只属于一次部分的绕组后，直接流到二次，传输到负载中去，故 U_2I_1 称为传导功率；另一部分为 U_2I_{12}，因为受到负载电流和一次电流的影响，所以 I_{12} 可以看成是由电磁感应作用而产生的电流，这一部分功率也相应的称为电功率。

另外，自耦变压器也通常设计成一次、二次容量相等，即

$$S_N = I_{1N}U_{1N} = I_{2N}U_{2N}$$

（2）自耦变压器的优缺点。

自耦变压器的一次绕组与二次绕组共用一个绕组，二次绕组是从一次绕组中抽头而来。自耦变压器的一次绕组与二次绕组之间不仅有磁的耦合，而且电路还互相连通。

通过以上分析可以看出，在自耦变压器从一次绕组传递到二次绕组的能量中，一部分是电磁感应作用的电磁功率，另一部分是直接传导作用的传导功率。而对普通变压器而言，输出功率只有电磁功率，所以在同样容量的前提下，自耦变压器所用材料要比普通变压器少、体积小、质量轻，效率也要高一些，从而可以降低成本，提高经济效益。但当变比 K 较大时，经济效益就不明显了，因此一般电力系统用的自耦变压器设计变比 K 取 1.25～2。

自耦变压器的缺点是由于一次与二次的电路有直接联系，因此高压侧的电气故障会波及低压侧。由于只有一个绕组，漏电抗较普通变压器小，因此，短路阻抗小，短路电流大，要加强短路保护，为防止一次过电压时引起二次严重过电压，要求自耦变压器的中性点必须可靠接地，并且一、二次都要装避雷器；同时规定自耦变压器不能用作安全照明变压器。

（3）自耦变压器的使用场合及注意事项。

在现代高压电力系统中，自耦变压器主要用来连接两个电压等级相近的大电网，用一个体积较小的自耦变压器就可以传递大功率的电能；在工厂中，自耦变压器常用作异步电动机的起动补偿器，可以达到减小起动电流的目的；在实验室中，把自耦变压器绕组的中间抽头做成滑动触头，则可以构成自耦调压器。

在使用时主要有以下几点注意事项：

1）一次、二次绕组不能接错，否则会烧毁变压器。

2）使用时，要求把输入、输出的公共端接零线，输入接线端接电源，输出接线端接负载。

3）电源接通前，必须转动手柄，将自耦变压器调到零位。

自耦变压器的接法如图 2-14 所示。

2. 电焊变压器

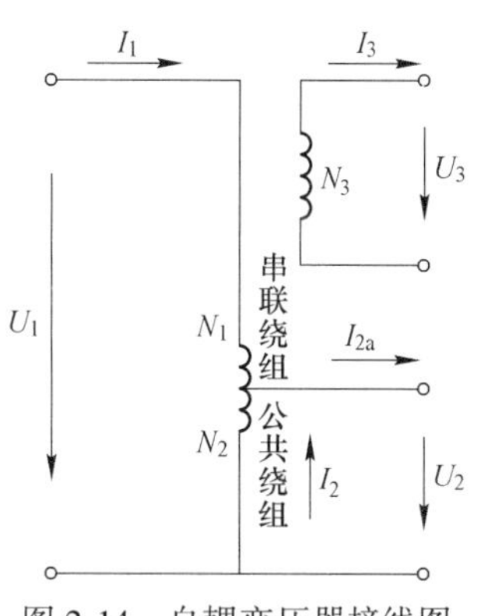

图 2-14　自耦变压器接线图

交流电焊机由于结构简单、成本低廉、制造容易、使用和维护方便而得到广泛的应用。它实质上就是一台具有特殊外特性的降压变压器，又称为电焊变压器。

（1）电焊变压器的结构。

为了满足电焊机使用的工艺要求，电焊变压器必须具有较大的漏电抗，而且可以调节。因此电焊变压器的结构特点是：一次绕组和二次绕组不是同心地套在一起，而是分装在两个铁心柱上；再用磁分路或串联可变电抗器等方法来调节漏电抗的大小，以获得不同的外特性。

常用的电焊变压器按结构不同可分为动铁心磁分路电焊变压器、带可调电抗器的电焊变压器和动圈式电焊变压器。

1）动铁心磁分路电焊变压器在一次绕组和二次绕组的两个铁心柱之间，安装了一个可以移动的磁分路铁心，如图 2-15（a）所示。

2）带可调电抗器的电焊变压器在二次绕组中串联了一个可变电抗器，通过螺杆的调节可以改变可变电抗器的铁心气隙，调节焊接电流的大小，如图 2-15（b）所示。

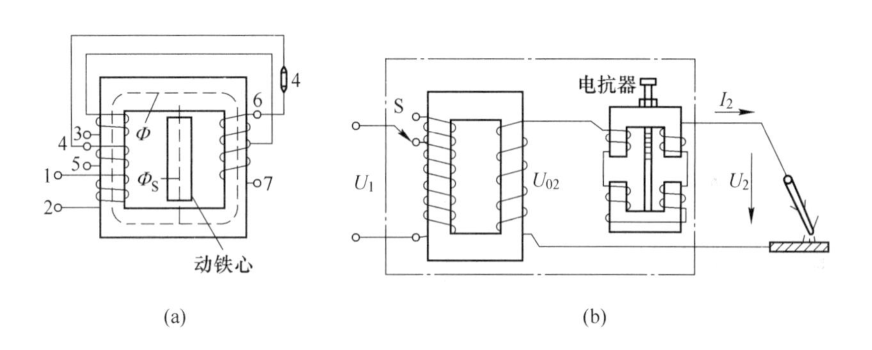

图 2-15　电焊变压器结构
（a）动铁心磁分路电焊变压器；（b）带可调电抗器的电焊变压器

3）动圈式电焊变压器的一次绕组固定不动，二次绕组可用丝杠上、下均匀移动，从而改变一次、二次的距离来调节漏磁的大小，进而调节焊接电流的大小，如图 2-16 所示。

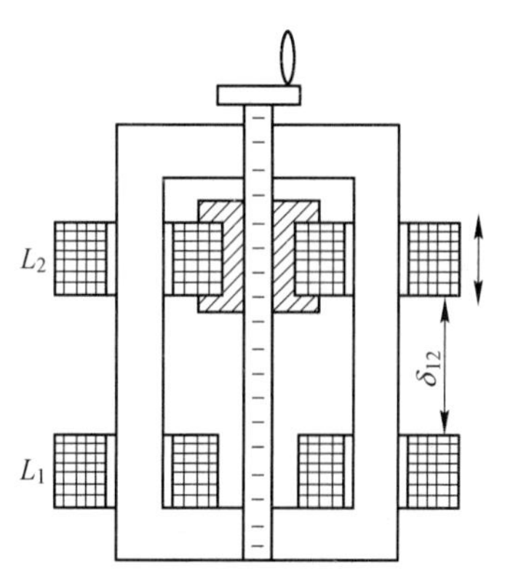

图 2-16　动圈式电焊变压器的结构

（2）电焊变压器的性能特点。

为了保证焊接的工艺质量，对电焊变压器有以下几方面的技术要求：

1）二次空载电压应为 60～75V，以保证容易起弧。但为了操作者的安全，空载电压最高不超过 85V。

2）负载时，应具有陡降的外特性，即当负载电流增大时，二次输出电压应急剧下降。通常额定运行时的输出电压约为 30V（即电弧上电压）。

3）短路电流不能太大，以免损坏电焊机，同时由于变压器要经常承受短路电流的冲击，所以要求变压器有足够的电动稳定性和热稳定性。

4）为了焊接不同的工件和使用不同的电焊条，要求焊接电流能在一定范围内可调。

【任务实施】

任务完成后，由指导教师对本任务完成情况进行评价：

（1）安全意识（20 分）；

（2）通过观察几种特种变压器，熟悉特种变压器的主要部件和作用（60 分）；

（3）职业规范和环境保护（20 分）。

【知识小结】

特殊变压器基本原理与普通变压器类似，但其使用过程中对操作的安全要求更高，通过完成本任务，让学生对能准确地识别各种特殊变压器，掌握特殊变压器的安全操作步骤和使用注意事项。

【项目总结】

三相变压器及特殊变压器在电机及电气控制系统中应用非常广泛，对于从业人员的专业性和规范性要求非常严格，操作时的安全规范甚至会直接关系到作业人员的生命安全，因此在作业时一定要遵守相应的安全要求。本项目在认识三相变压器的结构及工作原理的基础上，主要强调了如何识别三相变压器绕组的联结方式，同时通过对特殊变压器的认识，让学生在操作过程中能做好充分的安全保障措施，以确保自己和他人的人身安全。在完成本项目的两个任务后，应该达到能力目标要求：要能够正确地选择和使用常用变压器，学生在掌握单相变压器结构原理的基础上学习三相变压器的工作原理和三相变压器的联结方式。本项目根据这一要求设计了两个工作任务，通过完成这两个任务，可以使学生了解三相变压器的整体结构及工作原理，掌握三相变压器的联结方式与特殊变压器的使用规范要求，学会选择和使用三相以及特殊变电器，树立牢固的安全意识，养成规范操作的良好习惯。

【思考与练习题】

1. 填空题

（1）变压器带负载运行时，若负载增大，其铁损耗将________，铜损耗将________。

（2）三相变压器的联结组别不仅与绕组的________和________有关，而且还与三相绕组的________有关。

（3）三相变压器接成星形（Y）时，其线电压是相电压的________倍，线电流与相电流________。

（4）三相变压器接成三角形（△）时，其线电压是相电压的________倍，线电流与相电流________。

（5）自耦变压器的一次和二次既有________的联系，又有________的联系。

（6）三相组式变压器各相磁路________，三相芯式变压器各相磁路________。

（7）变压器并联运行的条件是________、________、________。

（8）变压器在运行时，当________和________损耗相等时，效率最高。

（9）自耦变压器适用于一、二次________相差不大的场合，一般在设计时，变比 K________。

（10）电流互感器实质为________变压器，电压互感器实质为________变压器。

2. 选择题

（1）变压器空载损耗（　　）。

A. 全部为铜损耗　　B. 全部为铁损耗

C. 主要为铜损耗　　D. 主要为铁损耗

（2）变压器中，不考虑漏阻抗压降和饱和的影响，若一次电压不变，铁心不变，而将匝数增加，则励磁电流（　　）。

A. 增加　　B. 减少　　C. 不变　　D. 基本不变

（3）一台变压器在（　　）时效率最高。

A. $\beta=1$　　B. P_0/P_S=常数　　C. $P_{Cu}=P_{Fe}$　　D. $S=S_N$

（4）自耦变压器的变比 K 一般（　　）。

A. ≥2　　B. ≤2　　C. ≥10　　D. ≤10

（5）一台 Y，d11 联结的三相变压器，额定容量 $S_N=630$kV·A，额定电压 U_{N1}/U_{N2}=10kV/0.4kV，二次的额定电流是（　　）。

A. 21A　　B. 36.4A　　C. 525A　　D. 909A

3. 判断题

（1）变压器既能改变交流电压，也能改变直流电压。（　　）

（2）变压器铁心性能试验的主要内容是测试空载电流和空载损耗。（　　）

（3）电流互感器在使用时允许二次开路。（　　）

（4）在进行变压器的空载实验时，电流表应接在功率表前面。（　　）

（5）变压器高压绕组的匝数少，导线粗；低压绕组的匝数多。（　　）

（6）变压器不仅能改变电压、电流、阻抗，还可以改变频率和相位。（　　）

（7）当变压器的输出电压和负载的功率因素不变时，输出电压与负载功率的关系，称为变压器的外特性。（　　）

（8）变压器线圈绝缘处理工艺主要包括预烘、侵漆和干燥 3 个过程。（　　）

（9）具有电抗器的电焊变压器，若减少电抗器的铁心气隙，则漏抗增加，焊接电流增大。（　　）

（10）变压器在运行中，其总损耗是随负载的变化而变化的，其中铁损耗是不变的，而铜损耗是变化的。（　　）

4. 分析及简答题

（1）为什么远距离输电要采用高压？

（2）变压器中的主磁通和漏磁通的性质和作用分别是什么？

（3）仪用互感器运行时，为什么电流互感器二次绕组不允许开路？而电压互感器二次绕组不允许短路？

项目 3　直流电机的应用

学习本项目的主要目的是了解直流电机的基本结构及工作原理，熟悉直流电机的安全操作规范。本项目通过认识直流电机的基本结构及基本操作，要求学生在认识直流电机的基本结构的基础上，掌握安全操作的程序，树立良好的安全意识，为完成后续项目打下良好的基础。

【知识目标】

(1) 了解直流电机的结构及原理；

(2) 认识直流电机的励磁方式；

(3) 熟悉直流电机的安全操作的步骤和注意事项；

(4) 熟练掌握操作拆装直流电机的基本步骤；

(5) 培养学生良好的安全意识和职业素养。

【能力目标】

要能够正确地选择和使用直流电机，学生必须先对直流电机的结构和工作原理有基本了解。本项目根据这一要求设计了两个任务，通过完成这两个任务，可以使学生了解直流电机的整体结构及工作原理，掌握直流电机的维修与保养工作的基本安全操作规范，学会选择和使用直流电机，树立牢固的安全意识，养成规范操作的良好习惯。

任务 3.1　认识直流电机

【学习目标】

应知：

(1) 熟悉直流电机的定义及分类；

(2) 了解直流电机的结构及原理。

应会：

(1) 掌握直流电机的分类和功能的划分；

(2) 能认识直流电机的主要部件；

(3) 初步养成安全操作的规范行为。

【学习指导】

观察直流电机的结构，通过学习其分类方法及工作原理后进行拆装练习，充分了解直流电机的总体结构，并能学会选择和正确使用各类直流电机。

全面、系统地观察直流电机的基本结构，认识直流电机主要部件的安装位置以及作用。能够说出部件的主要功能、作用和安装位置。

【知识学习】

3.1.1　直流电机的结构及原理

直流电机是指能将直流电能转换成机械能（直流电动机）或将机械能转换成直流电能（直流发电机）的旋转电机。它是能实现直流电能和机械能互相转换的电机。当它作电动机运行时是直流电动机，将电能转换为机械能；作发电机运行时是直流发电机，将机械能转换为电能。

直流电机的结构由两部分组成：一是静止部分（称为定子），主要用来产生磁通；二是转动部分（称为转子，通称为电枢），是机械能转化为电能（发电机），或电能转化为机械能（电动机）的枢纽。在定子与转子之间有一定的间隙称为气隙。如图 3-1 所示，定子部分包括机座、主磁极、换向极、端盖、电刷等装置；转子部分包括电枢铁心、电枢绕组、换向器、转轴、风扇等部件。

1. 定子部分

（1）机座。

机座既可以固定主磁极、换向极、端盖等，又是电机磁路的一部分（称为磁轭）。机座一般用铸钢或厚钢板焊接而成，具有良好的导磁性能和机械强度。

（2）主磁极。

主磁极的作用是产生气隙磁场，由主磁极铁心和主磁极绕组（励磁绕组）构成，如图 3-2 所示。主磁极铁心一般由 1.0~1.5mm 厚的低碳钢板冲片叠压而成，包括极身和极靴两部分。极靴做成圆弧形，以使磁极下气隙磁通较均匀。极身上面套有励磁绕组，绕组中通入直流电流。整个磁极用螺钉固定在机座上。

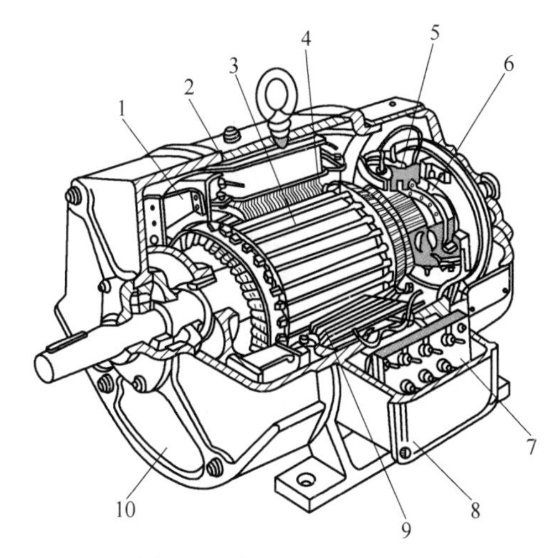

图 3-1　直流电机的结构图

1—风扇；2—机座；3—电枢；4—主磁极；5—刷架；6—换向器；7—接线板；8—出线盒；9—换向极；10—端盖

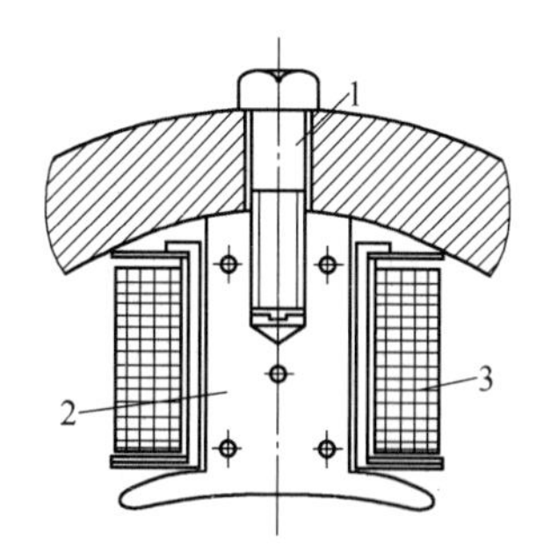

图 3-2　直流电机的主磁极

1—固定主磁极的螺钉；2—主磁极铁心；3—励磁绕组

（3）换向极。

换向极用来改善换向，由铁心和套在铁心上的绕组构成，如图3-3所示。换向极铁心一般用整块钢制成，如换向要求较高，则用1.0~1.5mm厚的钢板叠压而成，其绕组中流过的是电枢电流。换向极装在相邻两主极之间，用螺钉固定在机座上。

（4）电刷装置。

电刷与换向器配合可以把转动的电枢绕组电路和外电路连接并把电枢绕组中的交流量转变成电刷端的直流量。电刷装置由电刷、刷握、座圈、刷杆、弹簧压板等构成，如图3-4所示。电刷组的个数一般等于主磁极的个数。

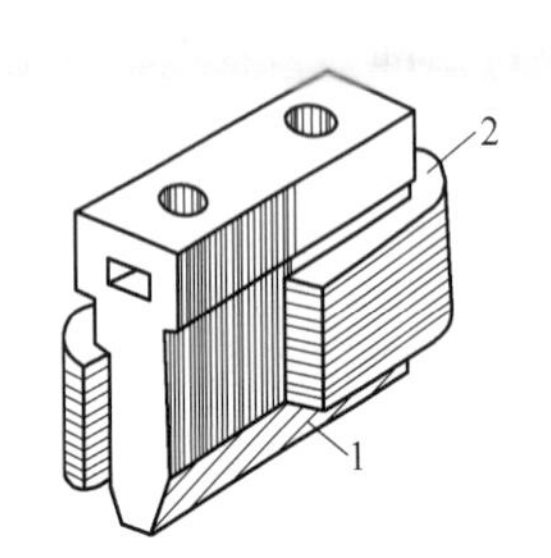

图3-3　直流电机的换向极
1—换向极铁心；2—换向极绕组

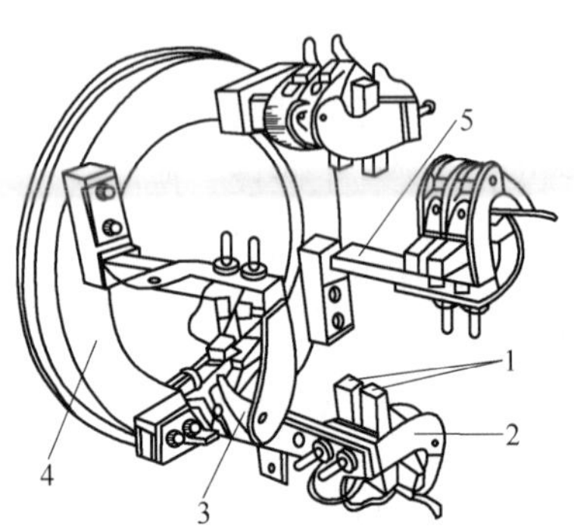

图3-4　直流电机的电刷装置
1—电刷；2—刷握；3—弹簧压板；
4—座圈；5—刷杆

2. 转子部分

（1）电枢铁心。

电枢铁心是电机磁路的一部分，其外圆周开槽，用来嵌放电枢绕组。电枢铁心一般用0.5mm厚、两边涂有绝缘漆的硅钢片冲片叠压而成，如图3-5所示。电枢铁心固定在转轴或转子支架上。铁心较长时，为加强冷却，可把电枢铁心沿轴向分成数段，段与段之间留有通风孔。

（2）电枢绕组。

电枢绕组是直流电机的主要组成部分，其作用是感应电动势、通过电枢电流，它是电机实现机电能量转换的关键。通常用绝缘导线绕成的线圈（或称元器件），按一定规律连接而成。

（3）换向器。

换向器是由多个紧压在一起的梯形铜片构成的一个圆筒，片与片之间用一层薄云母绝缘，电枢绕组各元器件的始端和末端与换向片按一定规律连接，如图3-6所示。换向器与转轴固定在一起。

3. 直流电机的工作原理

若把电刷A、B接到一直流电源上，电刷A接电源的正极，电刷B接电源的负极，此时在电枢线圈中将有电流流过。如图3-7（a）所示，设线圈的ab边位于N极下，线圈的cd边位于S极下，则导体每边所受电磁力的大小为：

$$F = B_x l I$$

式中，B_x 为导体所在处的磁通密度，Wb/m^2；l 为导体 ab 或 cd 的有效长度，m；I 为导体中流过的电流，A；F 为电磁力，N。

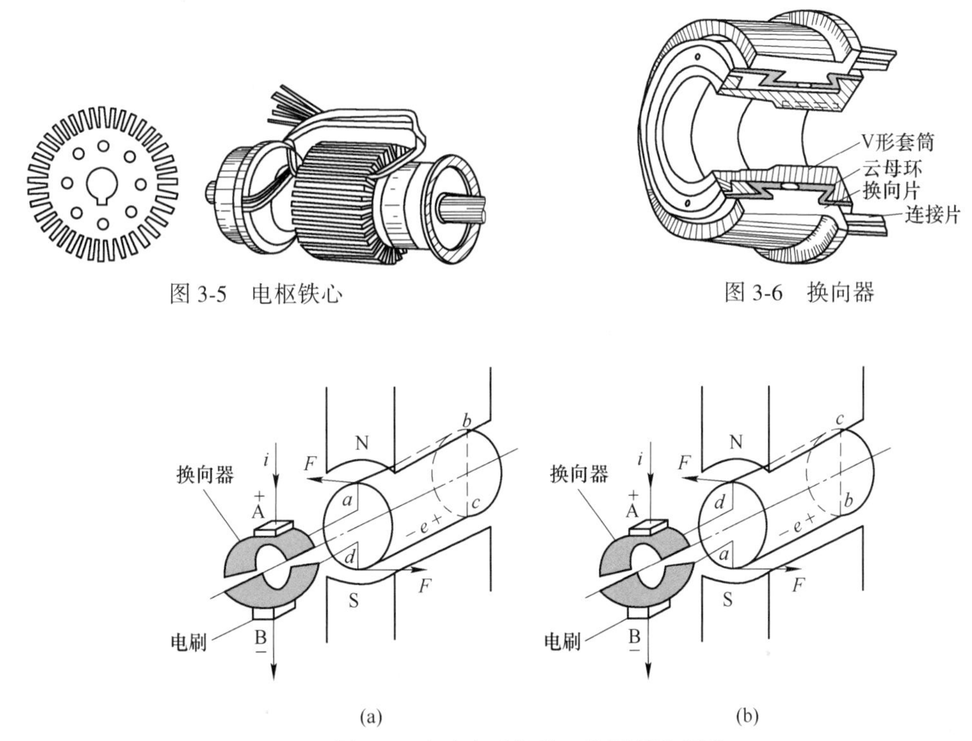

图 3-5　电枢铁心

图 3-6　换向器

(a)　(b)

图 3-7　直流电动机的工作原理示意图

导体受力方向由左手定则确定。在图 3-7（a）的情况下，位于 N 极下的导体 ab 受力方向为从右向左，而位于 S 极上的导体 cd 受力方向为从左向右。该电磁力与转子半径之积即为电磁转矩，该转矩的方向为逆时针。当电磁转矩大于阻转矩时，线圈按逆时针方向旋转。当电枢旋转到图 3-7（b）所示位置时，原位于 S 极上的导体 cd 转到 N 极下，其受力方向变为从右向左；而原位于 N 极下的导体 ab 转到 S 极上，导体 ab 受力方向变为从左向右，该转矩的方向仍为逆时针方向，线圈在此转矩作用下继续按逆时针方向旋转。这样，虽然导体中流通的电流为交变的，但 N 极下导体的受力方向和 S 极上导体的受力方向并未发生变化，电动机在方向不变的转矩作用下转动。

实际直流电机的电枢可根据实际应用情况而采用多个线圈。线圈分布于电枢铁心表面的不同位置上，并按照一定的规律连接起来，构成电机的电枢绕组。磁极 N、S 也是根据需要交替放置多对。

3.1.2　直流电机的励磁方式

直流电机在进行能量转换时，不论是将机械能转换为电能的发电机，还是将电能转换为机械能的电动机，都以气隙中的磁场作为媒介。除了采用磁铁制成主磁极的永磁式直流电机，直流电机都是在励磁绕组中通以励磁电流产生磁场的。励磁绕组获得电流的方式称作励磁方式。根据励磁支路和电枢支路的相互关系，直流电动机可分为他励、并励、串励、复励电动机等类型。

1. 他励电动机

他励电动机的励磁绕组和电枢绕组分别由两个独立的直流电源供电，励磁电压 U_f 与电枢电压 U 彼此无关，如图 3-8（a）所示。

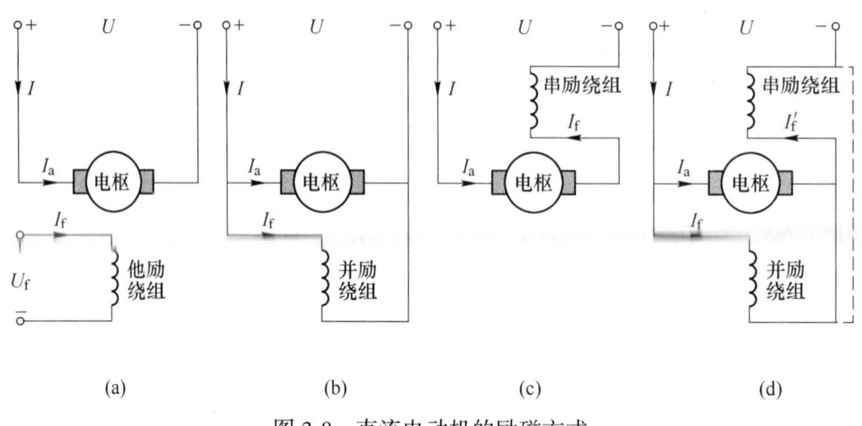

图 3-8　直流电动机的励磁方式

（a）他励；（b）并励；（c）串励；（d）复励

2. 并励电动机

励磁绕组和电枢绕组并联，由同一电源供电，励磁电压 U_f 等于电枢电压 U，如图 3-8（b）所示。并励电动机的运行性能与他励电动机相似。

3. 串励电动机

励磁绕组与电枢绕组串联后再接于直流电源，此时的电枢电流就是励磁电流，如图 3-8（c）所示。

4. 复励电动机

电动机有并励和串励两个励磁绕组。并励绕组与电枢绕组并联后再与串励绕组串联，然后接于电源上，如图 3-8（d）所示。

【任务实施】

任务完成后，由指导教师对本任务完成情况进行评价：

（1）安全意识（20 分）；

（2）拆开电机，用万用表检测换向片，正常情况下是两两接通的，若一个与另两个不通或电阻增大，说明故障点在此。故障为换向片与线圈脱焊或严重接触不良，使电枢电流和电磁转矩减小，结果电机无法起动或起动困难且运行无力（60 分）；

（3）职业规范和环境保护（20 分）。

【知识小结】

直流电动机的品种、规格很多，作用、结构及工作原理基本相同，但分类方法、结构各有差异。其主要技术数据有额定电流、额定电压及绝缘强度、机械和电气寿命等。通过完成本任务，对直流电动机的基本结构有一个整体的感性认识，并对一些主要部件的功能、作用及安装方法有初步的认识。

任务 3.2　直流电动机的调速

【学习目标】

应知：

（1）熟悉直流电动机的调速方法；

（2）了解直流电动机调速的工作原理。

应会：

（1）掌握直流电动机的调速方法；

（2）能对直流电动机的机械特性和负载转矩进行分析；

（3）初步养成安全操作的规范行为。

【学习指导】

了解直流电动机调速的工作原理，通过对直流电动机的机械特性和负载转矩进行分析，充分掌握直流电动机的调速方法。

全面、系统地对直流电动机的机械特性和负载转矩进行分析。对直流电动机的调速方法反复进行调试。充分把握直流电动机稳定运行的条件。在直流电动机中，根据励磁绕组连接方式不同，可分为他励、并励、串励、复励四类电动机，而在调速系统中用得最多的是他励电动机。

【知识学习】

3.2.1　他励直流电动机机械特性及负载转矩分析

1. 他励直流电动机的机械特性

直流电动机的机械特性就是指在稳定运行的情况下，电动机的转速与电磁转矩之间的关系，即 $n=fT$。机械特性是电动机的主要特性，是分析电机起动、调速、制动等问题的重要工具。下面以他励直流电动机为例讨论机械特性，如图 3-9 所示。

（1）他励直流电动机机械特性的一般表达式。

他励直流电动机的电动势平方程式为 $U=E_a+I_aR$，应为 $E_a=C_e\Phi_n$，所以 $n=\dfrac{E_a}{C_e\Phi}$。根据 $T=C_T\Phi I_a$，得 $I_a=\dfrac{T}{C_T\Phi}$ 可得机械方程式 $n=\dfrac{U}{C_e\Phi}-\dfrac{R}{C_eC_T\Phi^2}T$。当 U、R、Φ 的数值不变时，而 C_e、C_T 是由电动机结构决定的常数，转速 n 与电磁转矩 T 为线性关系。

（2）电动机的机械特性分为固有机械特性和人为机械特性。

1）固有机械特性。

电枢额定电压、气隙每极磁通量为额定值、电枢回路不串联电阻时，$U=U_N$，$\Phi=\Phi_N$，外串电阻 $R_c=0$，方程式为

$$n = \frac{U_N}{C_e \Phi_N} - \frac{R_a}{C_e C_T \Phi_N^2} T$$

由于电枢绕组的电阻 R_a 很小，因此 Δn 很小，固有机械特性为硬特性。

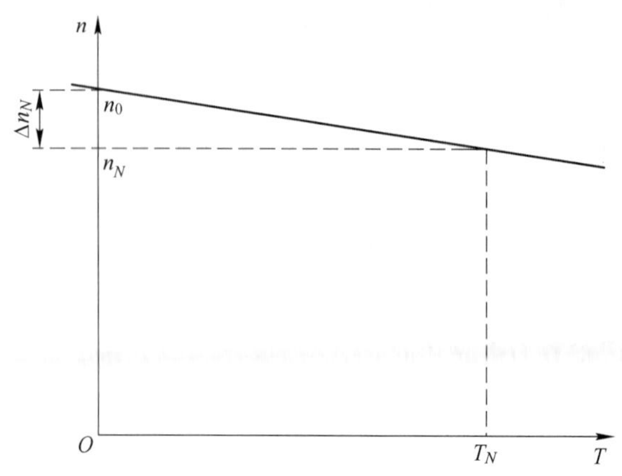

图 3-9　他励直流电动机的机械特性曲线

2）电枢串电阻的人为机械特性。

人为机械特性有 3 种：电枢回路串电阻，降低电枢端电压，减小磁通保持 $U = U_N$，$\Phi = \Phi_N$ 不变，串入电阻 R_{pa}

$$n = \frac{U_N}{C_e \phi_N} - \frac{R_a + R_{pa}}{C_e C_T \phi_N^2} T$$

与固有特性相比，电枢回路串电阻 R_{pa} 的人为机械特性的特点为：理想空载转速 n_0 没变，与固有机械特性相同；与固有机械特性相比，由于电枢回路串入电阻，曲线斜率变力机械特性变软。图 3-10 所示是不同 R_{pa} 时的一组人为机械特性。观察特性曲线可知，改变电阻 R_{pa} 的大小，可使电动机的转速发生变化。因此，电枢回路串接电阻的方法可以用于调速。

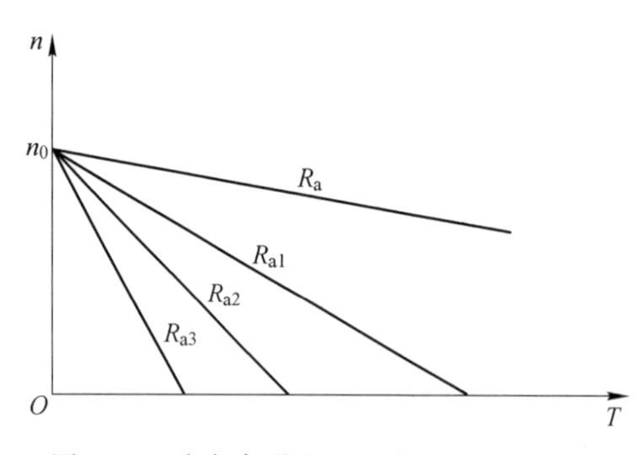

图 3-10　改变串联电阻人为机械特性曲线

3）改变电压的人为机械特性：降低人为机械特性。

当 $\Phi = \Phi_N$，不串接电阻 $R_{pa} = 0$，改变电压的人为机械特性方程为

$$n = \frac{U}{C_e \phi_N} - \frac{R_a}{C_e C_T \phi_N^2} T$$

由于受到绝缘强度的限制，电源电压只能从电动机额定电压 U_n 向下调节。

把图 3-11 与固有机械特性相比，改变电源电压的人为机械特性的特点为：理想空载转速 n_0 正比于电压 U，U 下降时，n_0 成正比例减小，特性曲线斜率 β 不变，图 3-11 所示为调节电压的一组人为机械特性曲线，它是一组平行直线。因此，降低电源电压也可用于调速，U 越低，转速越低。

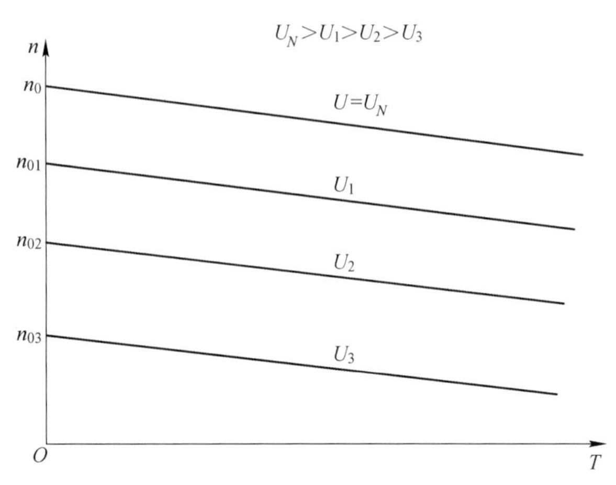

图 3-11　改变电源电压的人为机械特性曲线

4）弱磁人为机械特性。

保持电动机的电压 $U = U_N$，$R_{pa} = 0$ 不串电阻

$$n = \frac{U_N}{C_e\phi} - \frac{R_c}{C_e C_T \phi^2}T$$

由于电机设计时，Φ_N 处于磁化曲线的膝部，接近饱和段，因此，磁通只可从 Φ_N、往下调节，也就是调节励磁回路串接的可变电阻 R_{pf} 使其增大，从而减小励磁电流 I_f，减小磁通 Φ。与固有机械特性相比，改变磁通的人为机械特性的特点是：理想空载转速与磁通成反比，减弱磁通 Φ，n_0 升高；斜率 β 与磁通二次方成反比，减弱磁通使斜率增大。

图 3-12 所示为一组减弱磁通的人为机械特性曲线。随着减弱 ϕ，n_0 升高，曲线斜率变大。若用于调速，则 ϕ 越小，转速越高。

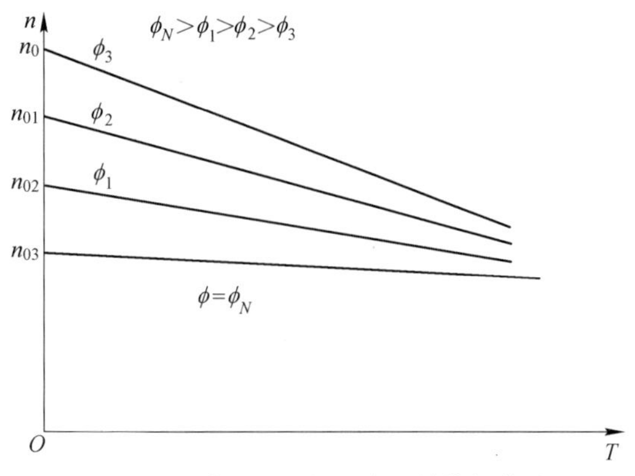

图 3-12　减弱磁通的人为机械特性曲线

2. 生产机械的负载转矩特性

不同生产机械的负载转矩随转速的变化而变化的规律不同，对此用负载转矩特性来表征，即生产机械的转速与负载转矩之间的关系。各种生产机械的负载转矩特性大致可分为以下3类。

（1）恒转矩负载特性。

所谓恒转矩负载就是负载转矩的大小为一恒定值，即为常数，与转速的大小无关，它包括反抗性恒转矩负载和位能性恒转矩负载两种。

1）反抗性恒转矩负载。

反抗性恒转矩负载的特点是，负载转矩的大小不变，而负载转矩的方向始终与生产运动的方向相反，总是阻碍电动机运转；当电动机的旋转方向改变时，负载转矩的作用方向也随之改变，永远是阻力矩；特性曲线总在第一或第三象限，如图3-13所示。具有这类特性的生产机械常见的有轧钢机、机床的平移机构和皮带运输机等。

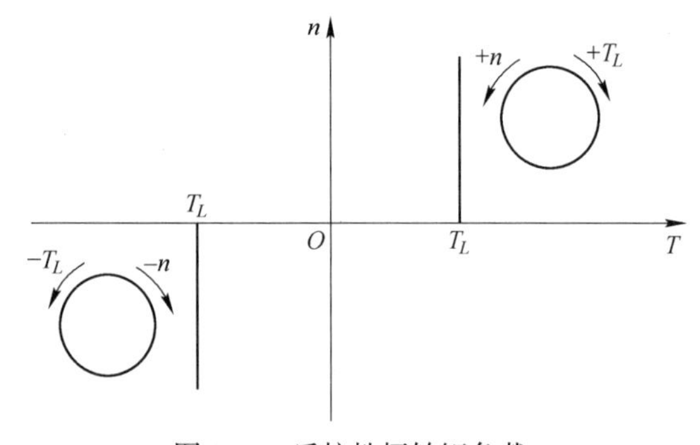

图3-13　反抗性恒转矩负载

2）位能性恒转矩负载。

位能性恒转矩负载的特点是，负载转矩由重力作用产生，不论生产机械运动的方向是否发生改变，负载转矩的大小和方向始终不变。这种负载转矩特性曲线始终在第一或第四象限，如图3-14所示。例如，起重设备提升重物时，负载转矩为阻力矩，无论是提升重物还是下放重物，负载转矩的方向不变，但转速方向改变。

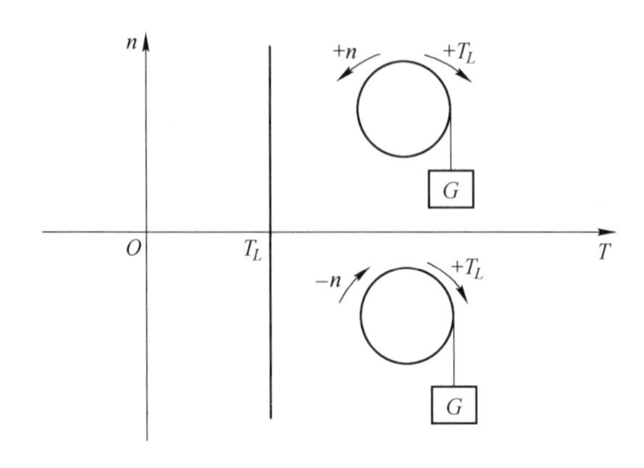

图3-14　位能性恒转矩负载

(2) 恒功率负载特性。

恒功率负载的方向特点是属于反抗性负载；大小特点是当转速变化时，负载从电动机吸收的功率为恒定值：

$$P_L = T_L\omega = T_L \cdot \frac{2\pi n}{60} = \frac{2\pi}{60} \cdot T_L n = \text{常数}$$

即负载转矩与转速成反比。例如，一些机床切削加工，车床粗加工时，切削量大（T_L 大），用低速挡；精加工时，切削量小（T_L 小），用高速挡。恒功率负载特性曲线如图 3-15 所示。

(3) 通风机型负载特性。

通风机型负载的方向特点是属于反抗性负载；大小特点是负载转矩的大小与转速 n 的平方成正比，即

$$T_L = Kn^2$$

式中　K——比例常数。

常见的这类负载如风机、水泵、油泵等。负载特性曲线如图 3-16 所示。

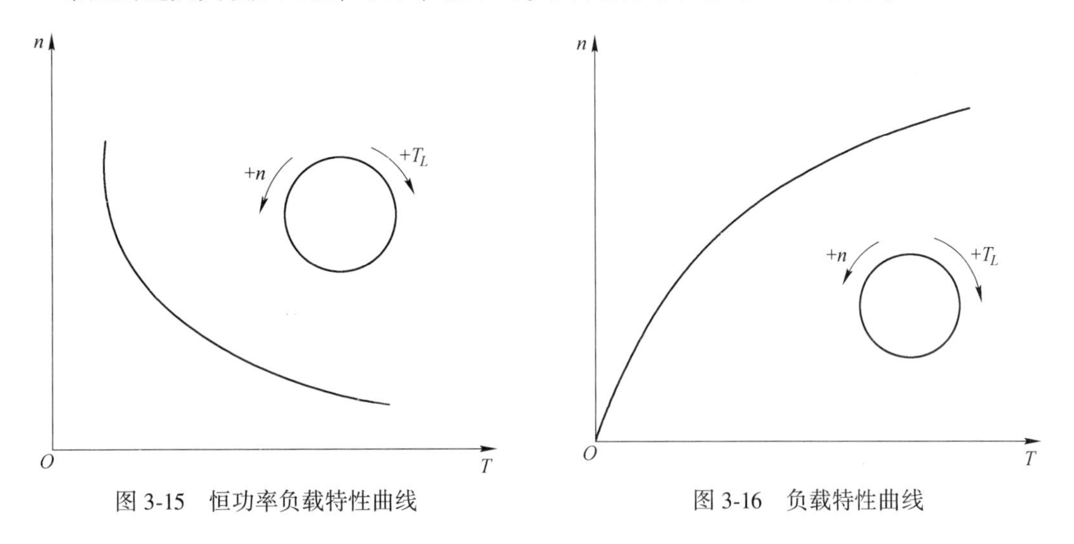

图 3-15　恒功率负载特性曲线　　图 3-16　负载特性曲线

以上 3 类是典型的负载特性，实际生产机械的负载特性常为几种类型负载的相近或综合。例如起重机提升重物时，电动机所受到的除位能性负载转矩外，还要克服系统机械摩擦所造成的反抗性负载转矩，所以电动机轴上的负载转矩应是上述两个转矩之和。

3.2.2　他励直流电动机的稳定运行及调速

1. 电力拖动系统稳定运行的条件

电力拖动系统是指由电动机拖动生产机械，并且通过传动机构带动生产机械完成一定工艺要求的系统。在电力拖动系统中，电动机作为原动机，生产机械作为负载。把电动机带动生产机械运转的方式称为电力拖动。电力拖动系统一般由电动机、生产机械的工作机构、传动机构、控制设备及电源 5 部分组成，如图 3-17 所示。

电源为电动机和控制设备提供电能。电动机作为原动机，通过传动机构带动生产机械

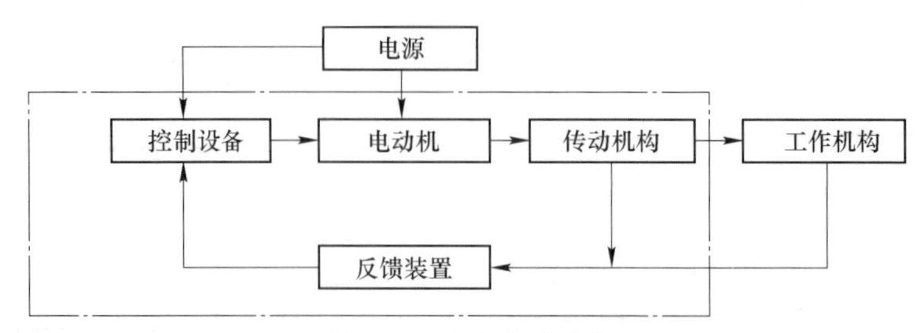

图 3-17　电力拖动系统

完成某一生产任务。控制设备是由各种控制元器件、可编程序控制器组成的，用以控制电动机的工作状态，从而实现对电动机的自动控制。常见的电力拖动系统有洗衣机、水泵、机床、电梯等。

所谓稳定运行是指电力拖动系统在某种外界因素的扰动下离开原来的平衡状态，当外界因素消失后，仍能恢复到原来的平衡状态，或在新的条件下达到新的平衡状态。此处的“扰动”一般是指负载的微小变化或电网电压的波动。电动机在电力拖动系统中运行时，会使系统出现稳定运行和不稳定运行两种情况。

电力拖动系统是由电动机和生产机械负载构成的，为了分析方便，常把电动机的机械特性曲线和负载转矩特性曲线画在同一个坐标系中，如图 3-18 所示。当系统以 n_A 转速恒速运行时，电动机的电磁转矩 T 与负载转矩 T 相等，称为静态或平衡状态。可见，只要两条特性曲线有交点，就是平衡状态，而平衡是否稳定则取决于两种特性的配合情况。

图 3-19 为他励直流电动机存在较强电枢反应时，其机械特性与恒转矩负载配合的情况。当电枢电流较大，即电磁转矩较大时，由于电枢反应的去磁作用较强，转速随转矩的增加而升高，机械特性上翘。此时，若电网电压从 U_1 波动至 U_2 瞬间转速 n_A 不能突变，电磁转矩突变为 T_B，则有 $T_B>T_L$，使系统加速。

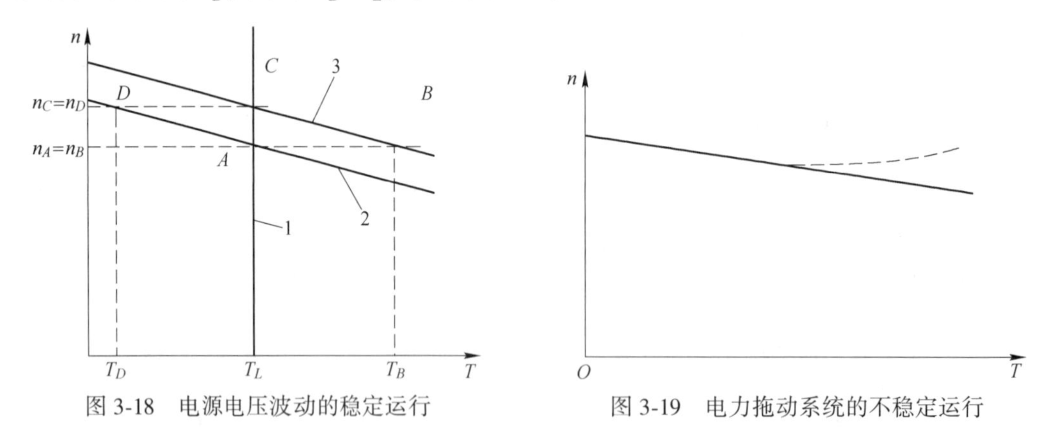

图 3-18　电源电压波动的稳定运行　　图 3-19　电力拖动系统的不稳定运行

当系统的转速增加到太高时，电枢电流太大，换向困难，电动机过热，机械强度不够，电动机会毁坏，可见 A 点不是稳定运行点。

从上面对于是否稳定运行的分析可以看出，在电力拖动系统中，电动机的机械特性与负载转矩特性有交点，即 $T=T_L$，仅仅是系统稳定运行的必要条件。系统要稳定运行，还需要两种特性配合恰当。电力拖动系统稳定运行的充分必要条件是在 $T=T_L$处，

$$\frac{\mathrm{d}T}{\mathrm{d}n} < \frac{\mathrm{d}T_L}{\mathrm{d}n}$$

对恒转矩负载，应为 $\mathrm{d}T_L/\mathrm{d}n = 0$，所以稳定运行的充分必要条件是 $T = YL$

$$\frac{\mathrm{d}T}{\mathrm{d}n} < 0$$

由以上分析可以得到：下斜的机械特性与恒转矩负载配合，系统能够稳定运行；上翘的机械特性与恒转矩负载配合，系统不能稳定运行。

2. 他励直流电动机的调速

在工业生产中，有大量的生产机械为了满足生产工艺要求，需要改变工作速度，如金属切削机床，由于工件的材料和精度的要求不同，工作速度也就不同，又如轧钢机，因轧制不同品种和不同厚度的钢材，要采取不同的最佳速度。这种人为地改变电动机速度以满足生产工艺要求的操作过程，通常称为调速。

调速可用机械方法、电气方法或机械电气相结合的方法，本节只讨论电气调速。电气调速是人为地改变电动机的参数。使电力拖动系统运行于不同的人为机械特性上，从而在相同的负载下，得到不同的运行速度。这不同于由于负载变化，使电动机在同条特性上发生的转速变化。

机械特性方程式

$$n = \frac{U}{C_e\Phi} - \frac{R}{C_eC_T\Phi^2}T$$

人为改变电枢电压 U、电枢回路总电阻 R 和主磁通 Φ 都可以改变转速 n。所以，调速的f法有降压调速、电枢回路串电阻调速和弱磁调速 3 种。

(1) 调速指标。

1) 调速范围。

调速范围是指电动机在额定负载时所能达到的最高转速与最低转速之比，用系数 D 表示，即

$$D = n_{max}/n_{min}$$

由上式可知，要扩大调速范围 D，必须提高 n_{max} 和降低 n_{min}，但 n_{max} 受到电动机的机械强度和换向条件的限制，n_{min} 受到相对稳定性的限制。

2) 调速的相对稳定性。

相对稳定性是指负载转矩变化时，转速随之变化的程度，工程上常用静差率 $\delta\%$ 来衡量相对稳定性。静差率表示电动机在某一机械特性上运行时，由理想空载到额定负载所出现转速降与理想空载转速之比，用百分数表示为

$$\delta\% = \frac{n_0 - n_N}{n_0} \times 100\% = \frac{\Delta n_N}{n_0} \times 100\%$$

在相同的情况下，电动机的机械特性越硬，静差率就越小，相对稳定性就越好。

3) 调速的平滑性。

虽然调速的平滑性是指两个相邻调速级的转速之比，用系数 Φ 表示。

$$\Phi = \frac{n_i}{n_{i-1}}$$

Φ 值越接近于 1，调速平滑性越好，在一定的调速范围内，调速的级数越多，则调速的平滑性越好。不同的生产机械对调速的平滑性要求不同。

4）调速的经济性。

调速的经济性是指对调速设备的投资和运行过程中的电能损耗、维修费用等进行综合比较，在满足一定的技术指标的条件下，确定调速方案，以达到投资少，效率高。

$$\eta = \frac{p_2}{p_2 + \Delta p}$$

（2）电枢回路串电阻调速。

从图 3-20 可以看出，串入的电阻越大，曲线的斜率越大，机械特性越软。

设电枢未串接电阻 R_s 时，电动机稳定运行在固有机械特性的 A 点上，当电阻 R_{s1}，接入电枢电路瞬间，因转速不能突变，工作点从 A 点跳至人为机械特性的 A' 点，这时，电枢电流减小，电磁转矩减小，$T< T_L$，电动机减速，电枢电动势减小，电流 I_a 回升，T 增大，直到 $T=T_L$，电动机在低速的 B 点稳定运行。电枢串电阻调速的特点如下：

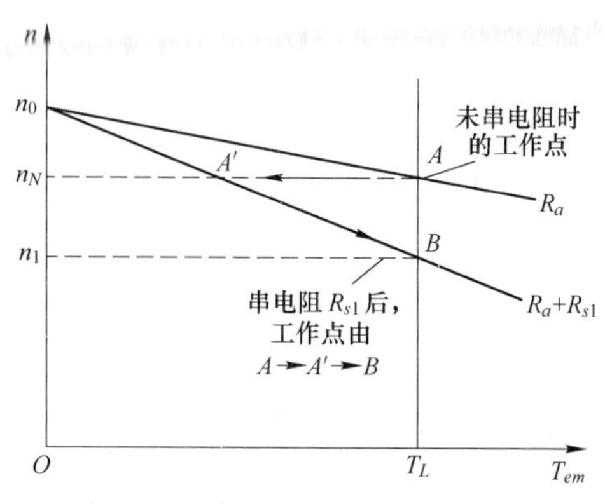

图 3-20　电枢回路串电阻机械特性图

1）串入电阻后转速只能降低，由于机械特性变软，静差率变大，特别是低速运行时，负载稍有变动，电动机转速波动大，因此调速范围受到限制；

2）调速平滑性不高；

3）由于电枢电流大，调速电阻消耗的能量较多，不够经济；

4）调速方法简单，设备投资少。

这种调速方法适用于小容量电动机的调速，例如起重设备和运输牵引装置。

注意：调速电阻不能用起动变阻器代替，因为起动变阻器是短时使用的，而调速变阻器是连续工作的。

（3）降压调速。

从图 3-21 可以看出，设电动机稳定运行在 A 点，突然将电枢电压从 U_N 降至 U_1，因机械惯性，转速不能突变，电动机由 A 点过渡到 A' 点，此时 $T<T_L$，电动机立即减速，$T\downarrow$—$E_a\downarrow$—$I_a\uparrow$—$T\uparrow$，直到 B 点 $T= T_L$，电动机以较低的转速稳定运行。在降压幅度较大时，例如从 U_N 突降到 U_1，电动机由 A 点过渡到 A' 点，此时成为回馈制动。当电动机减速至 n_1 点时，$E_0=U$，电动机重新进入电动状态继续减速直至 B 点，$T=T_1$，电动机以更低的转速稳定运行。

降压调速的特点如下：

1）无论是高速还是低速，机械特性硬度不变，调速性能稳定，故调整范围广；

2）电源电压能平滑调节，故调速平滑性好，可达到无级调速；

3）降压调速是通过减小输入功率来降低转速的，低速时，损耗减小，调速经济性好；

4）调压电源设备较复杂。

降压调速的性能好，目前被广泛用于自动控制系统中，如轧钢机、龙门刨床等。

（4）弱磁调速。

弱磁调速的机械特性如图3-22所示。

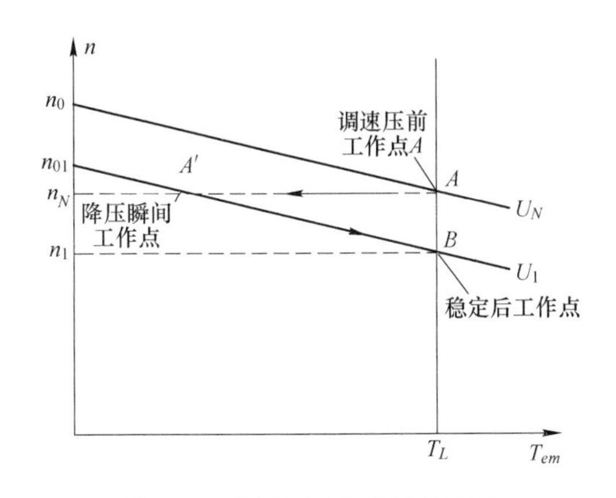

图3-21 降压调速的机械特性图

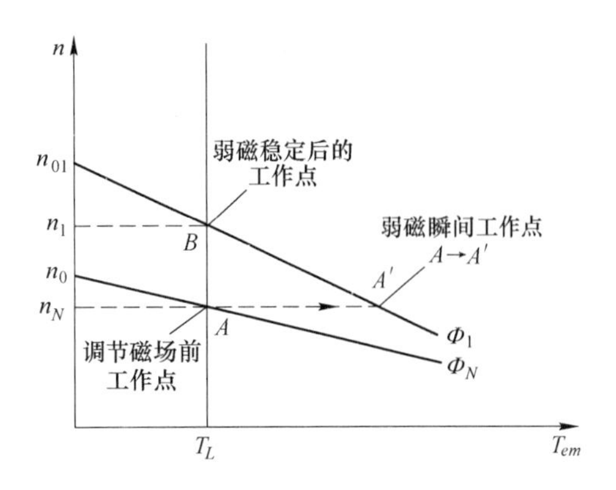

图3-22 弱磁调速的机械特性

设电动机在A点稳定运行，当突然将磁通从Φ_1降至中Φ_N时，转速来不及变化，则电动机运行由A点过渡至A'点，在A'点$T>T_L$，电动机立即加速，随$n\uparrow$，$E_a\uparrow$，$I_a\downarrow$，$T\downarrow$，直到B点$T=T_L$，电动机以新的较高的工作速度稳定运行。

弱磁调速的特点如下：

1）弱磁调速机械特性较软，受电动机换向条件和机械强度的限制，转速调高幅度不大，因此调速范围$D=1\sim2$。

2）调速平滑，可以无级调速。

3）在功率较小的励磁回路中调节，能量损耗小。

4）控制方便，控制设备投资少。

【任务实施】

任务完成后，由指导教师对本任务完成情况进行评价：

（1）安全意识（20分）；

（2）直接起动，若电网允许可采取此方法，否则不能直接起动；

（3）采用转子回路串电阻起动，根据起动电流，计算出应串电阻的值（60分）；

（4）职业规范和环境保护（20分）。

【知识小结】

通过对他励直流电动机机械特性及负载转矩分析及他励直流电动机的稳定运行及调速方法的研究，学生能掌握直流电机的机械特性及调速方法。对他励直流电动机稳定运行及调速方法主要有一个整体的感性认识，并对一些主要部件的功能、作用及安装方法有初步的认识。

【项目总结】

他励直流电动机机械特性及负载转矩分析及他励直流电动机的稳定运行及调速方法，理论性较强，学生比较难以理解。通过老师的讲解以及学生动手安装调试，把理论与实践充分结合，可以进一步加深对直流电机的工作原理的理解。本项目对于从业人员的专业性和规范性要求非常严格，操作时的安全规范甚至会直接关系到作业人员的生命安全，因此在作业时一定要遵守相应的安全要求。本项目在认识直流电机的分类方法、工作原理及结构的基础上，主要强调了如何做好充分的安全保障措施，以确保自己和他人的人身安全。在完成本项目的两个任务后，应该达到以下能力目标要求：要能够正确地选择和使用直流电机，学生必须先对直流电机的结构和工作原理有基本了解。本项目根据这一要求设计了两个工作任务，通过完成这两个任务，可以使学生了解直流电机的整体结构及工作原理，掌握直流电机的维修与保养工作的基本安全操作规范，学会选择和使用直流电机，树立牢固的安全意识，养成规范操作的良好习惯。

【思考与练习题】

1. 填空题

（1）直流电机电枢导体中的电动势是________电动势，电刷间的电动势是________电动势。

（2）直流电机电枢绕组中流过的电流方向是________的，产生电磁转矩的方向是________的。

（3）直流电机的主磁路不饱和时，励磁磁动势主要消耗在________上。

（4）直流电机空载时气隙磁密的波形曲线为________波。

（5）直流电机的磁化特性曲线是指电机空载时________之间的关系曲线。

（6）直流电机电刷放置的原则是：________。

（7）直流电机的励磁方式分为________、________、________、________。

（8）直流电机负载运行时，________对________的影响称为电枢反应。

（9）直流发电机的电磁转矩是________转矩，直流电动机的电磁转矩是________转矩。

2. 选择题

（1）并励直流电动机带恒转矩负载，当在电枢回路中串接电阻时，其（　　）。

A. 电动机电枢电流不变，转速下降　　B. 电动机电枢电流不变，转速升高

C. 电动机电枢电流减小，转速下降　　D. 电动机电枢电流减小，转速升高

（2）直流电动机在接上电源，开始起动的时刻即 $n=0$ 时，它的（　　）等于零。

A. 输入功率 P_1　　B. 输出功率 P_2　　C. 输出转矩 T_2

（3）直流电动机在降压调速过程中，如果负载转矩不变，则（　　）不变。

A. 输入功率 P_1　　B. 输出功率 P_2　　C. 电枢电流 I_a

（4）直流电动机带恒转矩负载运行，如果增加它的励磁电流，说明以下各量如何变化，电磁转矩（　　），电枢电流（　　），电枢电势（　　），转速（　　）。

A. 增加　　B. 不变　　C. 下降

（5）直流发电机主磁通产生的感应电动势存在于（　　）。

A. 电枢绕组　　B. 励磁绕组　　C. 电枢绕组和励磁绕组

3. 判断题

（1）正在运行的并励直流发电机停下来后，使其朝相反方向旋转，则发电机就不能建立电压了。（　　）

（2）直流电动机的电磁转矩是驱动转矩，因此稳态运行时，大的电磁转矩对应的转速就高。（　　）

（3）直流电动机是接入直流电源，所以电枢绕组元器件内的电动势和电流都是直流。（　　）

（4）他励直流电动机降压或串电阻调速时，最大静差率数值越大，调速范围也越大。（　　）

（5）他励直流电动机降低电源电压调速属于恒转矩调速，因此只能拖动恒转矩负载运行。（　　）

（6）直流电动机处于制动状态，意味着电动机将减速停转。（　　）

（7）直流电动机轴上的输出功率就是电动机的额定功率。（　　）

（8）直流发电机中感应电动势的大小主要取决于外电路负载大小。（　　）

（9）直流电动机在负载运行时，可以将励磁回路断开。（　　）

（10）直流电动机调节励磁回路中的电阻值，电动机的转速将升高。（　　）

4. 简答题

（1）什么是直流电机的可逆原理？如何判断直流电机是作为发电机运行还是作为电动机运行？

（2）电枢反应的性质由什么决定？交轴电枢反应对每极磁通量有什么影响？直轴电枢反应的性质由什么决定？

项目4　三相交流电动机的应用

学习本项目的主要目的是了解三相交流电动机的基本结构及工作原理，熟悉常用三相交流电动机的安全操作规范。本项目通过认识三相交流电动机的基本结构及基本操作，要求学生在认识三相交流电动机的基本结构的基础上，掌握安全操作的程序，树立良好的安全意识，为完成后续项目打下良好的基础。

【知识目标】

(1) 了解三相异步电动机的铭牌数据和工作原理；

(2) 理解三相异步电动机的机械特性及运行性能；

(3) 理解三相异步电动机的功率、电磁转矩的分析计算。

【能力目标】

(1) 掌握三相异步电动机的拆装方法；

(2) 熟悉三相异步电动机的常见故障及维修方法。

任务4.1　认识三相异步电动机

【学习目标】

应知：

(1) 三相异步电动机的结构及铭牌数据；

(2) 三相交流异步电动机的结构；

(3) 三相异步电动机工作原理及特点。

应会：

(1) 熟悉三相异步电动机的结构并了解掌握各部件的作用；

(2) 三相异步电动机工作原理及特点分析。

【学习指导】

(1) 了解并掌握三相异步电动机的结构及铭牌数据；

(2) 了解并掌握三相交流异步电动机的结构；

(3) 了解并掌握三相异步电动机工作原理及特点。

三相异步电动机具有结构简单、工作可靠、价格低廉、维修方便、效率高、体积小、重量轻等一系列优点。且由于现代电子技术迅猛发展，采用由晶闸管组成的变频电源装置。三相异步电动机的调速性能得到改善，应用更加广泛。

【知识学习】

4.1.1　三相异步电动机的结构及铭牌数据

电机一般分为静止电机、控制电机和旋转电机。静止电机指的是静止不动的电机，比如变压器；控制电机指的是将信号进行转换和传递的电机，比如伺服电机；旋转电机指的是转轴发生相对运动并能够进行能量转换的电机，一般又分为电动机和发电机。发电机是将机械能转换成为电能，电动机是将电能转换成为机械能。电动机又可以按照外加电源的种类分为直流电动机、交流电动机。交流电动机又可以按照外加电压的相数分为单相电动机和三相电动机。三相电动机又可以按照转轴的运动形式分为同步电动机和异步电动机。工厂里常用的是三相交流异步电动机，它具有结构简单、工作可靠、维护方便、价格便宜等优点，在现代各行各业中都有着广泛的应用。三相交流异步电动机的缺点是功率因数较低，起动和调速性能相对于同等容量的直流电机而言比较差，因此，三相交流异步电动机广泛应用于对调速性能要求不高的场合，比如普通机床、生产线、鼓风机、水泵等。本学习项目主要以三相交流异步电动机为主讲解有关电动机的相关知识。

1. 三相交流异步电动机的结构

我国生产的三相异步电动机的种类很多，适用场合和用途各不相同，一般用 Y 来代表。部分常用的 Y 系列三相交流异步电动机的性能及特点见表 4-1。

表 4-1　部分 Y 系列三相交流异步电动机的性能特点

系列品种	系列名称	性能及特点
Y	全封闭自扇冷式笼型转子三相交流异步电动机	具有高效、节能、起动转矩大、性能好、噪声低、振动小、可靠性高、使用维护方便等优点，采用 B 级防护，外壳防护等级为 IP44，应用于农业机械、机床、搅拌机等
YVF	变频调速三相交流异步电动机	具有过载能力大、机械强度高、调速范围广、运行稳定的特点，电动机噪声低、振动小，有助于节能和实现自动化控制
YD	变极调速电动机	性能优良，适用于矿山、冶金、纺织等需要分级变速的设备上
YB	防爆型三相交流异步电动机	适用于有爆炸性气体混合物存在的场所
YLB	立式深井泵用异步电动机	该电动机是驱动立式深井泵的专用电动机，适用于广大农村及工地吸取地下水

三相交流异步电动机的种类虽多，但各类三相交流异步电动机的基本结构是类似的。它们都是主要由定子和转子这两大基本部分组成，此外，还有端盖、轴承、接线盒、吊环等其他附件。图 4-1 所示的 Y 系列封闭式三相笼型异步电动机的结构示意图。

（1）定子部分。

在三相交流异步电动机中，定子是用来产生旋转磁场的。三相交流异步电动机的定子一般由外壳、定子铁心、定子绕组等部分组成。

1）外壳。

三相交流异步电动机的外壳一般包括机座、端盖、轴承盖、接线盒及吊环等部件。

机座：由铸铁或铸钢浇铸成形，它的作用是保护和固定三相交流异步电动机的定子绕组。通常，机座的外表要求散热性能好，所以一般都铸有散热片。

端盖：由铸铁或铸钢浇铸成形，它的作用是把转子固定在定子内腔中心，使转子能够在定子中均匀地旋转，是三相电动机机械结构的重要组成部分。

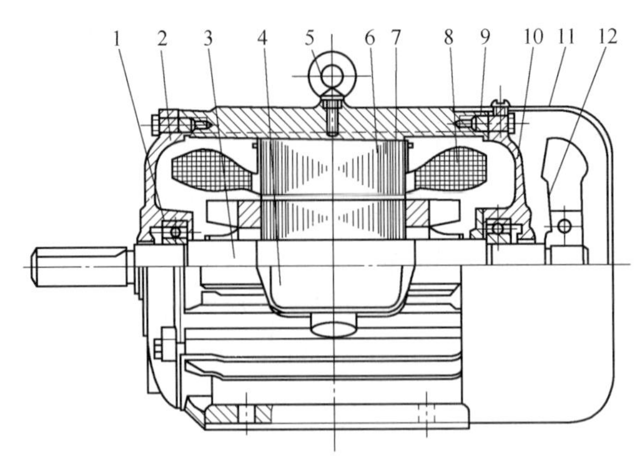

图 4-1　Y 系列封闭式三相笼型异步电动机的结构图

1—轴承；2—前端盖；3—转轴；4—接线盒；5—吊环；6—定子铁心；7—转子；8—定子绕组；9—机座；10—后端盖；11—风罩；12—风扇

轴承盖：也是用铸铁或铸钢浇铸成形的，它的作用是固定转子，使转子不能轴向移动，另外起存放润滑油和保护轴承的作用。

接线盒：一般是用铸铁浇铸，其作用是保护和固定绕组的引出线端子。

吊环：一般是用铸钢制造，安装在机座的上端，方便起吊，搬运三相电动机。

2）定子铁心。

三相交流异步电动机定子铁心是三相交流异步电动机磁路的一部分，一般由 0. 35～0. 5mm 厚、表面涂有绝缘漆的薄硅钢片叠压而成，硅钢片较薄而且片与片之间是绝缘的，如图 4-2 所示。定子铁心内圆有均匀分布的槽口，用来嵌放定子绕圈。

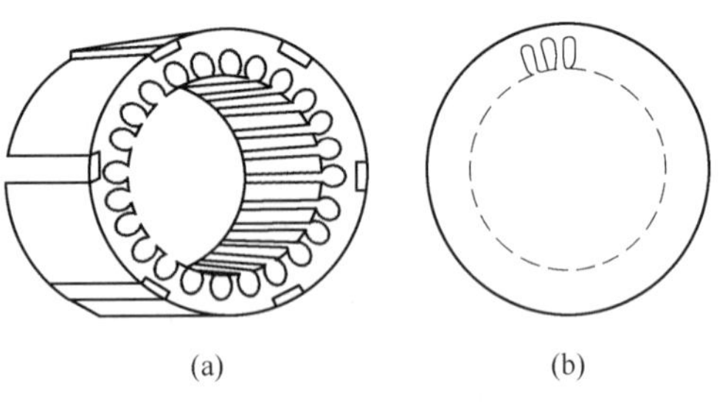

图 4-2　定子铁心及定子冲片示意图

（a）定子铁心；（b）定子冲片

3）定子绕组。

定子绕组是三相交流异步电动机的电路部分。三相交流异步电动机中有三相绕组，通入三相对称电流时，就会产生旋转磁场。所谓旋转磁场就是一种极性和大小不变且以一定速度旋转的磁场。电动机的三相绕组由三组彼此独立的绕组组成，且每组绕组又由若干线圈连接而成。每组绕组即为一相，每组绕组在空间互为相差 120°电角度。电角度 $=p\times$机械角度，p 是电动机的极对数。若电机有 p 对磁极，电机圆周按电角度计算就为 $p\times360°$电角度，而其机械角度总是 360°。

定子绕组的线圈用绝缘铜导线或绝缘铝导线绕制。中、小型三相电动机多采用圆漆包线，大、中型三相电动机的定子线圈则用较大截面的绝缘扁铜线或扁铝线绕制后，再按一定规律嵌入定子铁心槽内。定子三相绕组的 6 个出线端都引至接线盒上，首端分别标为 U_1、V_1、W_1，末端分别标为 U_2、V_2、W_2，这 6 个出线端在接线盒里的排列如图 4-3 所示。三相交流异步电动机的定子绕组可以根据电动机的容量和实际需要接成星形或三角形。对于大型异步电动机，通常接为△接法，对于中、小型异步电动机，则可按照不同的要求接为Y接法或△接法。

（2）转子部分。

三相交流异步电动机的转子是三相交流异步电动机的转动部分。它在定子绕组通入相应的交流电源后所产生的旋转磁场的作用下获得一定的转矩而旋转，通过联轴器或者皮带轮带动其他设备做功。转子由转子铁心、转子绕组和转轴等部分组成。

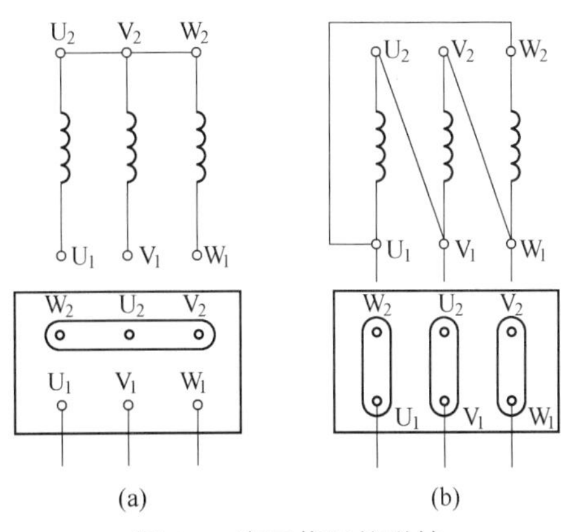

图 4-3 定子绕组的联结
（a）星形（Y）联结；（b）三角形（△）联结

1）转子铁心。

三相交流异步电动机的转子铁心通常是用 0.35～0.5mm 厚的硅钢片叠压而成，套在转轴上，作用和定子铁心相同，一方面作为电动机磁路的一部分，另一方面用来安放转子绕组。

2）转子绕组。

三相交流异步电动机的转子绕组分为绕线型与笼型两种，因此，三相交流异步电动机也分为绕线型异步电动机与笼型异步电动机。机床上常用的三相交流异步电动机是采用笼型绕组的笼形异步电动机。

①笼型绕组。

笼型绕组就是在转子铁心的每一个槽中插入一根铜条，在铜条两端各用一个铜环（称为端环）把导条连接起来，称为铜排转子，如图 4-4（a）所示。也可用铸铝的方法，把转子导条和端环风扇叶片用铝液一次浇铸而成，称为铸铝转子，100kW 以下的异步电动机一般采用铸铝转子，如图 4-4（b）所示。实际生产中的笼型转子铁心槽沿轴向是斜的，导致导条也是斜的，这样主要是为了改善笼型电动机的起动性能。

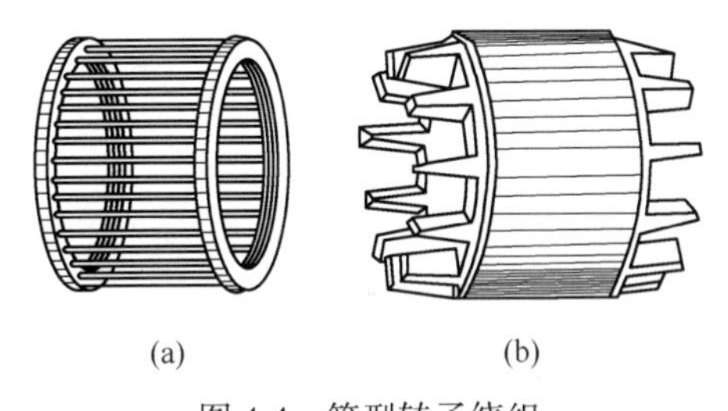

图 4-4 笼型转子绕组
（a）铜排转子；（b）铸铝转子

笼型绕组因结构简单、制造方便、运行可靠，所以得到广泛应用。

②绕线型绕组。

绕线型转子绕组与定子绕组一样，也是一个三相对称绕组。用绝缘导线绕制而成的，嵌于转子槽内，与定子绕组形成相同的极对数，连接成一定的接法。绕线型绕组电动机的起动性能和调速性能较好，但是绕组的结构比较复杂、制造也比较麻烦。

3）气隙。

三相异步电动机的定子与转子之间的空气隙称为三相交流异步电动机的气隙。三相交流异步电动机的气隙一般是很小的，中、小型电机一般为 0.2～2mm。气隙太大，电动机运行时的功率因数会降低，但是，可以改善起动性能；气隙太小，装配困难，运行不可靠。

4）其他部分。

其他部分包括端盖、风扇等。端盖除了起防护作用外，在端盖上还装有轴承，用以支撑转子轴。风扇则用来通风冷却电动机。

2. 三相交流异步电动机的铭牌数据

在三相交流异步电动机的外壳上钉有一块牌子，叫铭牌。铭牌上注明了这台三相交流异步电动机的主要技术数据，这些数据是选择、安装、使用和修理（包括重新绕制绕组）三相交流异步电动机的重要依据。铭牌的主要内容见表 4-2。

表 4-2　三相交流异步电动机的铭牌数据

三相交流异步电动机					
型号	Y180M-4	功率	18.5kW	电压	380V
电流	35.9A	频率	50Hz	转速	1470r/min
接法	△	工作方式	连续	外壳防护等级	IP44
产品编号	××××××	重量	180kg	绝缘等级	B 级
××电机厂			××××年××月		

（1）型号。

型号是电动机类型、规格和用途等的代号，一般由大写字母和数字等组成。

国产中小型三相交流异步电动机型号的系列为Y系列，是按国际电工委员会 IEC 标准设计生产的三相异步电动机，它是以电动机中心高度为依据编制型号谱的，如中、小型三相异步电动机的机座号与定子铁心外径及中心高度的关系可以通过电机手册来查寻。例如：

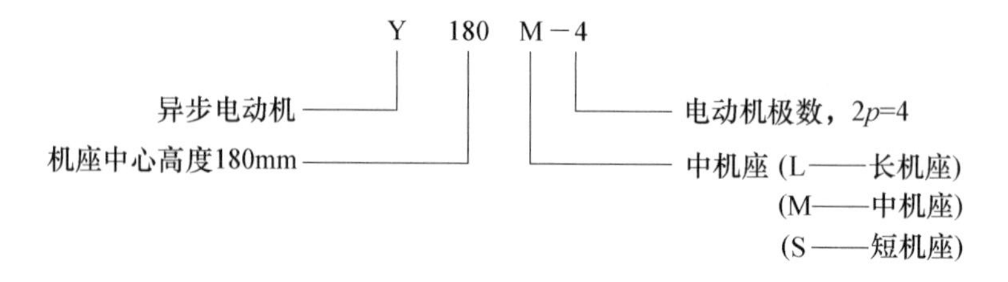

（2）额定电压。

额定电压是指接到电动机定子绕组上的线电压，用 U_N 表示，单位为伏（V）。国内电源电压有 10kV、6kV、3kV、380V、220V 等。中、小型三相电动机要求所接的电源电压值的变动一般不应超过额定电压的±5%。电压过高，电动机容易烧毁；电压过低，电动机难以起动，即使起动后电动机也可能带不动负载，容易烧坏。

（3）额定功率。

额定功率是指三相交流异步电动机在额定电压、额定电流和额定负载的条件下运行时三相电动机轴上所输出的额定机械功率，用 P_N 表示，以千瓦（kW）或瓦（W）为单位。通常使负载处于 P_N 的 75%～100%时电动机效率和功率因数较高。如果电动机实际输出功率 P 远远小于额定功率 P_N 时，电动机的效率和功率因数均较低，这时电动机处于“大马拉小车”状态，是不合理的运行方式。相反，电动机实际输出功率 P 远远大于额定功率 P_N 时，电动机处于过载运行，相当于“小马拉大车”状态，电动机绕组严重过热，会因温升过高被烧毁。这种情况称之为“过载”。

（4）额定电流。

额定电流是指三相电动机在额定电源电压下，输出额定功率时，流入定子绕组的线电流，用 I_N 表示，以安（A）为单位。若超过额定电流过载运行，三相电动机就会过热乃至烧毁。

三相异步电动机的额定功率与其他额定数据之间有如下关系式

$$P_N = \sqrt{3}U_N I_N \cos\varphi_N \eta_N$$

式中，$\cos\varphi_N$ 为额定功率因数；η_N 为额定效率，即三相异步电动机额定运行时输出的机械功率与输入电功率的比值。

（5）额定频率。

额定频率是指电动机所接的交流电源每秒钟内周期变化的次数，用 f_N 表示，单位是赫兹（Hz）。我国规定标准电源频率为 50Hz，国外也有 60Hz。

（6）额定转速。

额定转速表示三相交流异步电动机在额定工作情况下运行时每分钟的旋转次数，用 n_N 表示，单位是 r/min，一般是略小于对应的同步转速 n_1。例如，n_1 = 1500r/min，则 n_N = 1440r/min。

额定转矩 T_N、额定功率 P_N 和额定转速 n_N 之间有以下相对应的关系式：

$$T_N = 9.55\frac{P_N}{n_N}$$

（7）绝缘等级。

绝缘等级是指三相电动机所采用的绝缘材料的耐热能力，它表明三相电动机允许的最高工作温度。绝缘等级按照耐热性能分为 7 个等级，见表 4-3。

表 4-3 绝缘材料的耐热等级

绝缘等级	Y	A	E	B	F	H	C
最高允许温度/℃	90	105	120	130	155	180	>180

采用哪种绝缘等级的材料，决定于电动机的最高允许温度，最高允许温度可以查电机手册而获得，与环境温度密切相关。如环境温度为 40℃，电动机的温度为 90℃，则最高允许温度为 130℃，这就需要采用 B 级的绝缘材料。

（8）定额。

三相交流异步电动机的定额是指三相交流异步电动机的运转状态，即允许连续使用的时间，有时也称为电机的工作方式，分为连续、短时、周期断续三种。

1）连续（S_1）。

连续工作状态是指电动机带额定负载运行很长时间时，电动机的温升不超过允许温度的工作方式。

2）短时（S_2）。

短时工作状态是指电动机带额定负载运行时，运行时间很短，使电动机的温升达不到最高允许温升；超过规定的时间，电动机的温升可能会超过允许值。

标准的短时工作时间为 10min、30min、60min、90min 四种。

3）周期断续（S_3）。

周期断续工作状态是指电动机带额定负载运行时，运行时间很短，使电动机的温升不会超过允许温升，工作周期小于 10min 的工作方式。一般用持续率（$F_C\%$）来反映周期断续工作状态中电机持续工作的时间，持续率用百分比表示，即电动机工作时间占工作周期的百分比。

$$F_C\% = \frac{\text{工作时间}}{\text{工作时间} + \text{停止时间}} \times 100\%$$

标准持续率为 15%、25%、40%、60%，周期为 10min。无特别标明，则按 25%运行。

（9）接法。

三相电动机定子绕组的联结方法有星形（Y）和三角形（△）两种。定子绕组的联结只能按规定方法联结，不能任意改变接法，否则会损坏三相电动机。一般情况下，3kW 及以下的电动机为Y接法，4kW 及以上的电动机为△接法。

（10）防护等级。

防护等级表示三相电动机外壳的防护等级，其中 IP 是防护等级标志符号，其后面的两位数字分别表示电机防固体和水进入的能力。数字越大，防护能力越强。例如，IP44 中第一位数字“4”表示电机能防止直径或厚度大于 1mm 的固体进入电机内壳；第二位数字“4”表示能承受任何方向的溅水。

4.1.2　三相异步电动机工作原理及特点分析

1. 三相交流异步电动机的工作原理

三相交流异步电动机之所以会旋转，实现机电能量的转换，是因为三相交流电流通入定子绕组后，在定、转子之间的气隙内建立了一个以同步转速 n_1 旋转的旋转磁场，其转速为：

$$n_1 = \frac{60f}{p}$$

式中，f 为定子交流电流的频率，Hz；p 为旋转磁场的磁极对数；n_1 为旋转磁场的转速，也称同步转速，r/min。

旋转磁场的磁力线被转子导体切割，根据电磁感应原理，转子导体产生感应电动势。转子绕组是闭合的，则转子导体有电流流过。设旋转磁场按顺时针方向旋转，且某时刻上为北极 N，下为南极 S，如图 4-5 所示。根据右手定则，在上半部转子导体的电动势和电流方向由里向外，用⊙表示；在下半部则由外向里，用⊗表示。

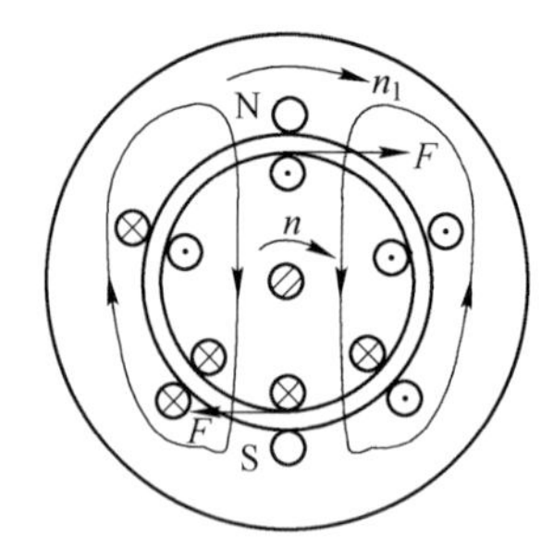

图 4-5　三相电动机的转动原理

流过电流的转子导体在磁场中要受到电磁力作用，所受电磁力 F 的方向可用左手定则确定。电磁力作用于转子导体上，对转轴形成电磁转矩，使转子按照旋转磁场的方向旋转起来，转速为 n。如果转子与生产机械相连，则转子上产生的电磁转矩将克服负载转矩而做功，从而实现机电能量转换，这就是三相交流异步电动机的转动原理。

一般情况下，三相电动机的转子转速 n 始终不会加速到旋转磁场的转速 n_1。因为如果 $n=n_1$，转子绕组与旋转磁场同步、同向旋转呈相对静止状态，转子导体的电动势和电流即会为零，电磁转矩必然随之消失。只有当 n 和 n_1 保持适量差值，转子绕组与旋转磁场之间才会存在相对运动，即转子绕组导体才会切割磁力线。而切割磁力线，转子绕组导体中才能产生感应电动势和电流，从而产生电磁转矩，使转子按照旋转磁场的方向继续旋转。由此可见，三相交流异步电动机的转速 n 总是略小于同步转速 n_1，$n_1 \neq n$ 且 $n<n_1$，是异步电动机工作的必要条件，“异步”的名称正是由此而来。

根据三相交流异步电动机的结构及其工作原理可知：

（1）在电动机完好的情况下，只要在定子绕组接通相应的三相交流电源，电动机的转子便会旋转。

（2）在电动机起动的最初一段时间里，由于导体切割磁场的速度大，感应电流相对而言很大。

（3）在电动机不变的情况下，电动机转速的高低与外加电压的高低有一定的关系。

（4）改变电动机外加三相交流电源的相序，电动机的转向就会发生改变。

（5）由于电动机的转子有一定的惯性，因此，在切断电源后，电动机转轴的速度会逐渐下降，须经一段时间，转子转速才逐渐降低，最终停止下来。

2. 三相异步电动机的运行原理

三相异步电动机与变压器相似，定子与转子之间是通过电磁感应联系的。定子相当于变压器的一次绕组，转子相当于二次绕组。

（1）三相交流异步电动机的空载运行。

当三相异步电动机的定子绕组接到对称三相电源时，定子绕组中就通过对称三相交流电流，三相交流电流将在气隙内形成按正弦规律分布的磁场，并以同步转速 n_1 旋转。空载时，轴上没有任何机械负载，异步电动机所产生的电磁转矩仅克服了摩擦、风阻产生的阻转矩，所以总的阻转矩是很小的。电机所受阻转矩很小，则其转速接近同步转速，$n \approx n_1$，转子与旋转磁场的相对转速就接近零，即 $n_1-n\approx 0$。

设空载时定子绕组上每相所加的端电压为 $\dot{U}_1$，相电流为 $\dot{I}_0$，主磁通 Φ_m 在定子绕组中感应的每相电动势为 $\dot{E}_1$，定子漏磁通 $\Phi_{1\sigma}$ 在每相绕组中感应的电动势为 $\dot{E}_{1\sigma}$，定子绕组的每相电阻为 R_1，类似于变压器空载时的一次，则可以列出电动机空载时每相的定子电压平衡方程式为

$$\dot{U}_1 = -\dot{E}_1 - \dot{E}_{1\sigma} + \dot{I}_0 R_1$$

与变压器的分析方法相似，可写出

$$E_1 = 4.44 f_1 N_1 k_{w1} \Phi_m \qquad \dot{E}_1 = -\dot{I}_0 (R_m + jX_m)$$

式中，$R_m + jX_m = Z_m$ 为励磁阻抗，其中 R_m 为励磁电阻，是反映铁耗的等效电阻；X_m 为励磁电抗，与主磁通 Φ_m 相对应；N_1 为定子每相绕组的总匝数；k_{w1} 为绕组系数。

$$E_{1\sigma} = 4.44 f_1 N_1 k_{w1} \Phi_{1\sigma} \qquad \dot{E}_{1\sigma} = -j\dot{I}_0 X_{1\sigma}$$

式中，$X_{1\sigma}$ 为定子漏磁电抗，与漏磁通 $\Phi_{1\sigma}$ 相对应。

于是定子电压平衡方程式可以改写为

$$\dot{U}_1 = -\dot{E}_1 + \dot{I}_0(R_1 + jX_{1\sigma}) = -\dot{E}_1 + \dot{I}_0 Z_1$$

式中，Z_1 为定子每相漏阻抗，$Z_1 = R_1 + jX_1$。

因为 E_1 远大于 I_1Z_1，可近似地认为

$$\dot{U}_1 \approx -\dot{E}_1 \quad 或 \quad U_1 \approx E_1$$

由以上公式推导出如下结论：在异步电动机的空载运行中，若外加电压一定，主磁通 Φ_m 大体上也为一定值，这和变压器的情况一样，只是变压器无气隙，空载电流很小，仅为额定电流的 2%~10%。而异步电动机有气隙，空载电流则较大，在中小型异步电机中，空载电流一般为额定电流的 20%~50%，甚至可达到额定电流的 60%。

（2）三相交流异步电动机的负载运行。

负载运行时，电动机所产生的电磁转矩不仅要克服摩擦、风阻产生的阻转矩，还要克服负载所带来的阻转矩，即负载转矩。负载运行时，电动机将以低于同步转速 n_1 的速度 n 旋转，其转向仍与气隙旋转磁场的转向相同。因此气隙磁场与转子的相对转速为 $\Delta n = n_1 - n = sn_1$，$\Delta n$ 也就是气隙旋转磁场切割转子绕组的速度，s 表示旋转磁场转速 n_1 与转子转速 n 之差，称为"转差率"，$s = \dfrac{n_1 - n}{n_1} \times 100\%$。于是在转子绕组中就感应出电动势，产生电流，频率为：

$$f_2 = \frac{p\Delta n}{60} = \frac{spn_1}{60} = sf_1$$

根据分析，异步电动机负载时的定、转子电路与变压器一、二次绕组不同的是：转子电路的频率为 f_2 且转子电路自成闭合回路，对外输出电压为零。

图 4-6 是异步电动机的定、转子等效电路图，由该图可列出定子电路的电动势平衡方程式

$$\dot{U}_1 = -\dot{E}_1 + \dot{I}_1 R_1 + j\dot{I}_1 X_{1\sigma} = -\dot{E}_1 + \dot{I}_1(R_1 + jX_{1\sigma})$$

转子电路的电动势平衡方程式

$$\dot{E}_{2s} = \dot{I}_{2s}(R_2 + jX_{2s}) = \dot{I}_{2s} Z_{2s}$$

式中，Z_{2s} 为转子绕组在转差率为 s 时的漏阻抗，$Z_{2s} = R_2 + jX_{2s}$。

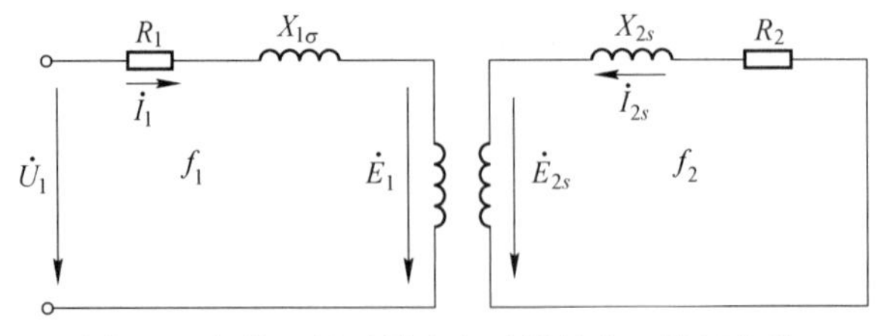

图 4-6　负载运行时异步电动机的定、转子电路

（3）三相异步电动机的等效电路。

异步电动机定、转子之间没有电路上的联系，只有磁路上的联系，不便于实际工作的计算，所以必须像变压器那样进行等效电路的分析。为了能将转子电路与定子电路作直接电的连接，等效要在不改变定子绕组的物理量（定子的电动势、电流及功率因数等）而

且转子对定子的影响不变的原则下进行，即将转子电路折算到定子侧时要保证折算前后 f_2 不变，以保证磁动势平衡不变和折算前后各功率不变。为了得到异步电动机的等效电路，除了进行转子绕组的折算外，还需要进行转子频率的折算。

根据折算前后各物理量的关系，可以做出折算后的 T 形等效电路，如图 4-7 所示。

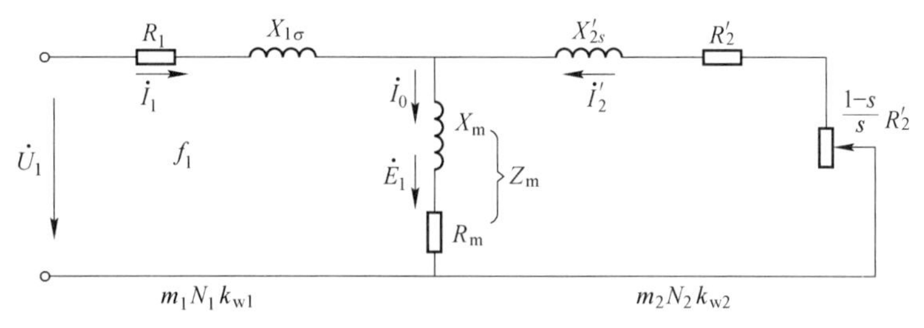

图 4-7　三相异步电动机的 T 形等效电路

由 T 形等效电路可得异步电动机负载时的基本方程式为

$$\dot{U}_1 = -\dot{E}_1 + \dot{I}_1(R_1 + jX_{1\sigma})$$

$$-\dot{E}_1 = \dot{I}_0(R_m + jX_m)$$

$$\dot{E}_1 = \dot{E}'_2$$

$$\dot{I}_1 + \dot{I}'_2 = \dot{I}_0$$

$$\dot{E}'_2 = \dot{I}'_2\left(\frac{R'_2}{s} + jX'_2\right)$$

从三相交流异步电动机的 T 形等效电路可以看出：

1）当空载运行时，$n \to n_1$，$s \to 0$，$\frac{1-s}{s}R'_2 \to \infty$，由图 4-7 可见，相当于转子开路（$\dot{I}'_2 \approx 0$）。

2）转子堵转时（接上电源转子被堵住转不动时），$n=0$，$s=1$，$\frac{1-s}{s}R'_2=0$，相当于变压器二次短路情况。因此在异步电动机起动初始接上电源时，就相当于短路状态，会使电动机电流很大，很快过热而烧毁电动机，这在电机实验及使用电动机时应多加注意。

【任务实施】

任务完成后，由指导教师对本项任务完成情况进行评价：

(1) 安全意识（20 分）；

(2) 熟悉三相交流电动机的主要部件结构和工作原理（60 分）；

(3) 职业规范和环境保护（20 分）。

【知识小结】

常用三相交流电动机的品种、规格很多，作用、结构及工作原理各有不同，因而有多种分类方法，结构也各有差异。其主要技术数据有额定电流、额定电压及绝缘强度、机械和电气寿命等。通过完成本任务，对常用三相交流电动机的基本结构有一个整体的感性认识，并对一些主要部件的功能、作用及安装方法有初步的认识。

任务 4.2　三相异步电动机运行特性的研究

【学习目标】

应知：

(1) 了解三相异步电动机运行时的电磁关系；

(2) 了解三相异步电动机的基本方程式和电磁关系。

应会：

(1) 学会三相异步电动机的功率和电磁转矩；

(2) 学会三相异步电动机的工作特性；

(3) 学会三相交流异步电动机的机械特性和人为特性。

【学习指导】

(1) 了解并掌握三相异步电动机的功率和电磁转矩；

(2) 了解并掌握三相异步电动机的工作特性；

(3) 了解并掌握三相交流异步电动机的机械特性和人为特性。

【任务分析】

异步电动机运行特性在额定电压和额定频率下运行时，电动机的转子永磁体在气隙空间形成的转子磁势与定子磁势之间的作用而产生的转矩，在电机接近同步速时，交变的频率逐渐减小，在同步运行时与定子磁势形成稳定的同步电磁转矩。异步电动机的工作特性是指在额定电压及额定频率下，电动机的主要物理量（转差率、转矩电流、效率、功率因数等）随输出功率变化的关系曲线。

【知识学习】

4.2.1　三相异步电动机功率和电磁转矩的分析

1. 功率平衡方程式

异步电动机的功率关系可用 T 形等效电路图来分析。异步电动机通电运行时，T 形等效电路中每个电阻上均产生一定损耗，例如：

定子电阻 R_1 产生定子铜损耗　$p_{Cu1} = 3I_1^2R_1$

励磁电阻 R_m 产生定子铁损耗　$p_{Fe} = p_{Fe1} = 3I_m^2R_m$（忽略 p_{Fe2}）

转子电阻产生转子铜损耗　$p_{Cu2} = 3I_2'R_2'$

从而可得三相异步电动机运行时的功率关系如下：

(1) 电源输入电功率除去定子铜损耗和铁损耗便是定子传递给转子回路的电磁功率，即

$$P_e = P_1 - p_{Cu1} - p_{Fe}$$

(2) 电磁功率又等于等效电路转子回路全部电阻上的损耗，即

$$P_e = 3I_2'^2\left[R_2' + \frac{(1-s)}{s}R_2'\right] = 3I_2'^2\frac{R_2'}{s}$$

电磁功率除去转子绕组上的损耗，就是等效负载电阻 $\frac{1-s}{s}R_2'$ 上的损耗，这部分等效损耗实际上是传输给电动机转轴上的机械功率，用 P_J 表示。它是转子绕组中电流与气隙旋转磁场共同作用产生的电磁转矩，带动转子以转速 n 旋转所对应的功率。

$$P_J = P_e - p_{Cu2} = 3I_2'^2\frac{1-s}{s}R_2' = (1-s)P_e$$

电动机运行时，还存在由于轴承等摩擦产生的机械损耗 p_Ω 及附加损耗 p_{ad}。大型电机中 p_{ad} 约为 0.5%P_N，小型电机的 p_{ad} =(1~3)%P_N。

转子的机械功率 P_J 减去机械损耗 p_Ω 和附加损耗 p_{ad} 才是转轴上实际输出的功率，用 P_2 表示，即

$$P_2 = P_J - p_\Omega - p_{ad}$$

可见，异步电动机运行时，从电源输入电功率 P_1 到转轴上输出机械功率的全过程为

$$P_2 = P_1 - (p_{Cu1} + p_{Fe} + p_{Cu2} + p_\Omega + p_{ad}) = P_1 - \sum p$$

三相异步电动机的功率关系可用图 4-8 来表示。从以上功率关系的定量分析可以看出，异步电动机运行时电磁功率 P_e、转子损耗 p_{Cu2} 和机械功率 P_J 三者之间的定量关系是

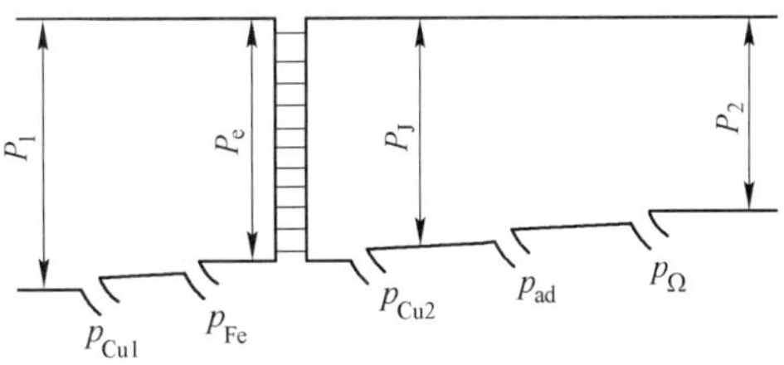

$$P_e : p_{Cu2} : P_J = 1 : s : (1-s)$$

图 4-8　异步电动机的功率流程图

也可写成下列关系式

$$P_e = p_{Cu2} + P_J \qquad p_{Cu2} = sP_e \qquad P_J = (1-s)P_e$$

上式表明，当电磁功率一定，转差率 s 越小，转子铜损耗越小，机械功率越大，效率越高。电动机运行时，若 s 增大，转子铜耗也增大，电机易发热，效率降低。

2. 转矩平衡方程式

机械功率 P_J 除以轴的角速度 Ω 就是电磁转矩，即

$$T_e = \frac{P_J}{\Omega}$$

电磁转矩与电磁功率关系为

$$T_e = \frac{P_J}{\Omega} = \frac{P_J}{\frac{2\pi n}{60}} = \frac{P_J}{(1-s)\frac{2\pi n_1}{60}} = \frac{P_e}{\Omega_1}$$

式中，Ω_1 为同步角速度（用机械角速度表示）。

转矩平衡方程式为

$$T_2 = T_e - T_0 \qquad T_0 = \frac{p_\Omega + p_{ad}}{\Omega} = \frac{p_0}{\Omega}$$

式中，T_0 为空载转矩；T_2 为输出转矩。

在电力拖动系统中，常可忽略 T_0，则有

$$T_e \approx T_2 = T_L = c_m \Phi_m I_2 \cos\varphi_2$$

式中，T_L为负载转矩；c_m为电动机的转矩常数，与电动机的结构有关；Φ_m 为电动机每极磁通。

某种意义上讲，$T_L = T_e$，电动机匀速旋转；$T_L < T_e$，电动机转速上升；$T_L > T_e$，电动机转速下降。

4.2.2　三相异步电动机工作特性及机械特性的分析

1. 三相异步电动机的工作特性

异步电动机的工作特性是指定子的电压及频率为额定时，电动机的转速 n、定子电流 I_1、功率因数 $\cos\varphi_1$ 、电磁转矩 T_e、效率 η 等与输出功率 P_2的关系曲线。

上述关系曲线可以通过直接给异步电动机带负载测得，也可以利用等效电路参数计算得出。图 4-9 所示为三相异步电动机的工作特性曲线。

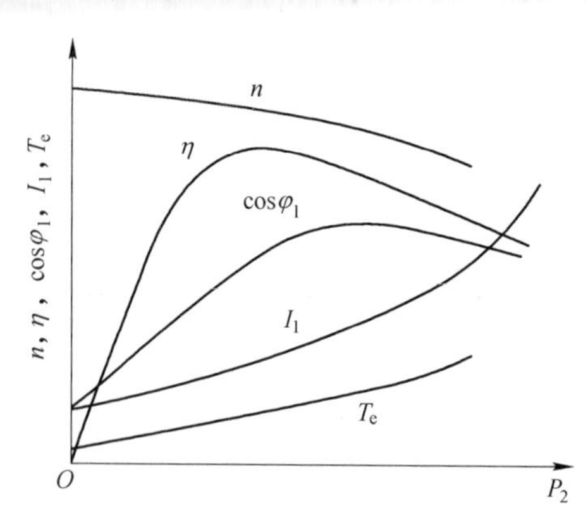

图 4-9　异步电动机的工作特性曲线

（1）转速特性 $n = fP_2$。

三相异步电动机空载运行时，转子的转速 n 接近于同步转速 n_1。随着负载的增加，转速 n 要略微降低，这时转子电动势 $E_{2s} = sE_2$ 增大（其中 E_2 为电动机稳定运行时转子感应电动势的最大值，也称为堵转电动势），从而使转子电流 I_{2s}增大，以产生较大的电磁转矩来平衡负载转矩。因此，随着 P_2的增加，转子转速 n 下降，转差率 s 增大。

（2）转矩特性 $T_e = fP_2$。

空载时 $P_2 = 0$，电磁转矩 T_e 等于空载制动转矩 T_0。随着 P_2 的增加，已知 $T_2 = \frac{9.55P_2}{n}$，如 n 基本不变，则 T_2为过原点的直线。考虑到 P_2增加时，n 稍有降低，故 $T_2 = fP_2$，随着 P_2增加，略向上偏离直线。在 $T_e = T_0 + T_2$ 式中，T_0值很小，而且认为它是与 P_2无关的常数。所以 $T_e = f(P_2)$ 曲线将比 $T_2 = f(P_2)$ 曲线平行上移 T_0数值。

（3）定子电流特性 $I_1 = fP_2$。

当电动机空载时，转子电流 I_2' 近似为零，定子电流等于励磁电流 I_0。随着负载的增加，转速下降（s 增大），转子电流增大，定子电流也增大。当 $P_2 > P_N$ 时，由于此时 $\cos\varphi_2$ 降低，I_1 增长更快些。

（4）功率因数特性 $\cos\varphi_1 = f(P_2)$ 。

三相异步电动机运行时，必须从电网中吸取感性无功功率，它的功率因数总是滞后的，且永远小于1。电动机空载时，定子电流基本上只有励磁电流，功率因数很低，一般不超过 0.2。当负载增加时，定子电流中的有功电流增加，使功率因数提高。接近额定负载时，功率因数也达到最高。超过额定负载时，由于转速降低较多，转差率增大，使转子电流与电动势之间的相位角 φ_2 增大，转子的功率因数下降较多，引起定子电流中的无功电流分量也增大，因而电动机的功率因数 $\cos\varphi_1$ 趋于下降。

(5) 效率特性 $\eta = f(P_2)$。

根据

$$\eta = \frac{P_2}{P_1} = 1 - \frac{\sum p}{P_2 + \sum p}$$

电动机空载时 $P_2 = 0$, $\eta = 0$，随着输出功率 P_2 的增加，效率 η 也增加。在正常运行范围内，因主磁通变化很小，所以铁损耗变化不大，机械损耗变化也很小，合起来称为不变损耗。定、转子铜损耗与电流平方成正比，随负载变化，称为可变损耗。当不变损耗等于可变损耗时，电动机的效率达最大。对于中、小型异步电动机，大约 $P_2 = (0.75 \sim 1) P_N$ 时，效率最高。如果负载继续增大，效率反而降低。

由此可见，效率曲线和功率因数曲线都是在额定负载附近达到最高，因此选用电动机容量时，应注意使其与负载相匹配。如果选得过小，电动机长期过载运行影响寿命；如果选得过大，则功率因数和效率都很低，浪费能源。

2. 三相交流异步电动机的机械特性

三相异步电动机的机械特性是指在定子电压、频率和参数固定的条件下，电磁转矩 T_e 与转速 n（或转差率 s）之间的函数关系。

机械特性的参数表达式为

$$T_e = \frac{3pU_1^2 \dfrac{R_2'}{s}}{2\pi f_1 \left[\left(R_1 + \dfrac{R_2'}{s} \right)^2 + (X_{1\sigma} + X_2')^2 \right]}$$

这就是机械特性的参数表达式，画成曲线便为 T-s 曲线。

有了机械特性的表达式，我们就可以做出相应的机械特性曲线。根据条件不同，机械特性又可以分为固有机械特性和人为机械特性。

(1) 固有机械特性。

三相交流异步电动机的固有机械特性：三相异步电动机在电压、频率均为额定值不变，定、转子回路不串入任何电路元器件时的机械特性称为固有机械特性，如图 4-10 所示。

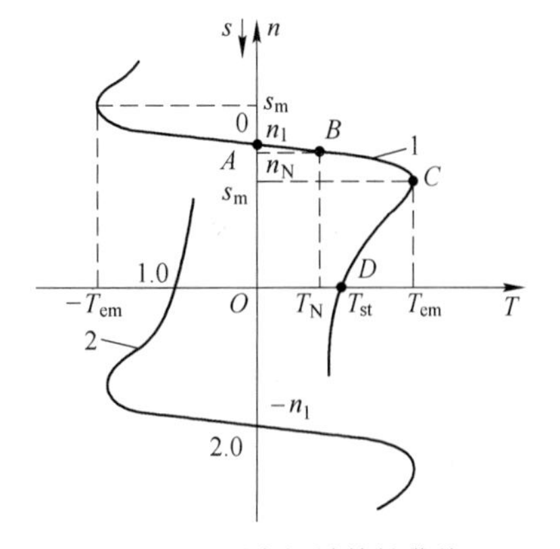

图 4-10　固有机械特性曲线

从图 4-10 可知，三相异步电动机的固有机械特性不是一条直线，它具有以下特点：

1) 在 $0 \leqslant s \leqslant 1$，即 $0 \leqslant n \leqslant n_1$ 的范围内，特性在第Ⅰ象限，电磁转矩 T_e 和转速 n 都为正，从正方向规定判断，T_e 与 n 同方向，如图 4-10 中曲线 1 的右半部分所示。电动机工作在这一范围内是电动状态，这也是我们分析的重点。

2) 在 $s<0$ 范围内，$n>n_1$，特性在第Ⅱ象限，电磁转矩为负值，是制动性转矩，电磁功率也是负值，是发电状态，如图 4-10 中曲线 1 的左半部分所示。机械特性在 $s<0$ 和 $s>0$ 两个范围内近似对称。

3）在 $s>1$ 范围内，$n<0$，特性在第Ⅳ象限，$T_e>0$，也是一种制动状态，如图 4-10 中曲线 2 的右半部分所示。

在第Ⅰ象限电动状态的特性曲线上，B 点为额定运行点，其电磁转矩与转速均为额定值；A 点（$T_e=0$）为理想空载运行点；C 点是电磁转矩最大点；D 点（$n=0$）转矩为 T_{st}，是电动机起动点。

4）正、负最大电磁转矩可以从参数表达式求得，最大电磁转矩对应的转差率称为临界转差率。

$$T_{em} = \pm \frac{1}{2} \times \frac{3pU_1^2}{2\pi f_1\left[\pm R_1 + \sqrt{R_1^2 + (X_{1\sigma} + X_2')^2}\right]}$$

$$s_m = \pm \frac{R_2'}{\sqrt{R_1^2 + (X_{1\sigma} + X_2')^2}}$$

$$T_{em} = \pm \frac{1}{2} \times \frac{3pU_1^2}{2\pi f_1(X_{1\sigma} + X_2')}$$

$$s_m = \pm \frac{R_2'}{X_{1\sigma} + X_2'}$$

5）过载倍数 λ 与起动转矩倍数。最大电磁转矩与额定电磁转矩的比值即最大转矩倍数，又称为过载能力，用 λ（或 k_m）表示，$\lambda = T_{em}/T_N$。

$$T_{st} = \frac{3pU_1^2R_2'}{2\pi f_1[(R_1 + R_2')^2 + (X_{1\sigma} + X_2')^2]}$$

起动转矩与额定转矩的比值称为起动转矩倍数，用 k_{st} 表示，$k_{st}=T_{st}/T_N$。

6）从三相异步电动机机械特性上看，当 $0<s<s_m$ 时，机械特性下斜，拖动恒转矩负载和泵类负载运行时均能稳定运行。当 $s_m<s<1$，机械特性上翘，拖动恒转矩负载不能稳定运行。拖动泵类负载时，满足条件即可以稳定运行，但是转速低，转差率大，不能长期运行。

（2）人为机械特性。

从机械特性表达式上我们可以看出，通过改变一些参数使得特性曲线得到改变，以满足用户的需要，这就是人为机械特性曲线。如降低定子端电压、定子回路串入三相对称电阻、改变定子电源频率等。

1）减压时的人为机械特性。

由于设计电动机时，在额定电压下磁路已经饱和，故一般只能得到降压时的人为机械特性，最大转矩 T_{em} 及起动转矩 T_{st} 与 U_1^2 成正比，s_m 与 n_1 与 U_1 无关，此时的人为机械特性曲线如图 4-11 所示。

应当指出，如果负载转矩接近额定值，降低电源电压对电动机的运行是极为不利的。若电机长期低压运行，会使电动机过热甚至烧毁。

2）定子回路串接三相对称电阻时的人为机械特性。

当其他量不变时，仅在异步电动机定子回路串接三相对称电阻时的人为机械特性如

图 4-12 所示，一般用于笼型异步电动机的降压起动，以限制起动电流。

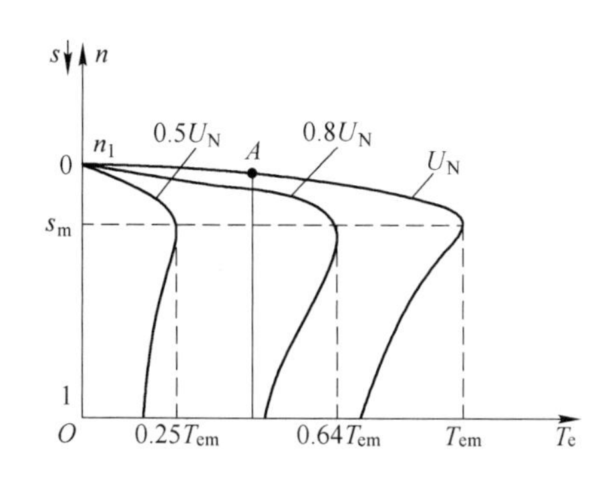

图 4-11　减压时的人为机械特性

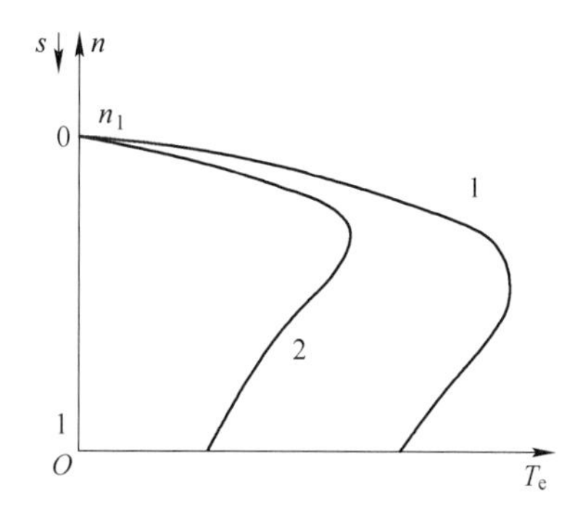

图 4-12　异步电动机定子回路串电阻时的人为机械特性

1—串电阻前；2—串电阻后

【任务实施】

任务完成后，由指导教师对本项任务完成情况进行评价：

（1）安全意识（20 分）；

（2）通过实验，进行常用三相异步电动机的机械特性曲线的描绘（60 分）；

（3）职业规范和环境保护（20 分）。

【知识小结】

通过对三相异步电动机运行特性的研究，进一步对三相异步电动机功率和电磁转矩的分析，以及对三相异步电动机工作特性及机械特性的分析，加深了学生对三相异步电动机的工作原理及特性的理解掌握。对后续学习三相异步电动电动机的典型控制做了很好的铺垫。

通过完成本任务，对三相异步交流电动机的基本结构有一个整体的感性认识，并对一些主要部件的功能、作用及安装方法有初步的认识。

【项目总结】

三相交流异步电动机在电机及电气控制系统中应用非常广泛，对于从业人员的专业性和规范性要求非常严格，操作时的安全规范甚至会直接关系到作业人员的生命安全，因此在作业时一定要遵守相应的安全要求。本项目在理解三相异步电动机的工作特性及机械特性的情况下，在常用分类方法、工作原理及结构的基础上，重点强调了如何做好充分的安全保障措施，以确保自己和他人的人身安全。在完成本项目的两个任务后，应该达到以下能力要求：

（1）当三相异步电机接入三相交流电源时，三相定子绕组流过三相对称电流产生的三相磁动势（定子旋转磁动势）并产生旋转磁场。

（2）该旋转磁场与转子导体有相对切割运动，根据电磁感应原理，转子导体产生感应电动势并产生感应电流。

（3）根据电磁力定律，载流的转子导体在磁场中受到电磁力作用，形成电磁转矩，驱动转子旋转，当电动机轴上带机械负载时，便向外输出机械能。电机的转速（转子转速）小于旋转磁场的转速，从而称为异步电机。它和感应电机基本上是相同的。$s=(n_s-n)/n_s$。

s 为转差率，n_s 为磁场转速，n 为转子转速。

【思考与练习题】

1. 填空题

（1）三相异步电动机主要由________和________两部分组成。
（2）三相异步电动机的定子主要由________和________组成。
（3）三相异步电动机的转子有________式和________式两种形式。
（4）电动机铭牌上所标额定电压是指电动机绕组的________。
（5）三相异步电动机的三相定子绕组通以________，则会产生________。
（6）三相异步电动机负载不变而电源电压降低时，其转子转速将________。
（7）三相异步电动机的额定功率是额定状态时电动机转子轴上________功率，额定电流是满载时定子绕组的________电流，其转子的转速________旋转磁场的速度。
（8）电动机是将________能转换为________能的设备。

2. 选择题

（1）异步电动机在正常旋转时，其转速（　　）。
A. 低于同步转速　　B. 高于同步转速
C. 等于同步转速　　D. 和同步转速没有关系
（2）要使三相异步电动机反转，只要（　　）就能完成。
A. 降低电压　　B. 降低电流
C. 将任两根电源线对调　　D. 降低线路功率
（3）在三相交流异步电动机定子绕组中通入三相对称交流电，则在定子与转子的空气隙间产生的磁场是（　　）。
A. 恒定磁场　　B. 脉动磁场
C. 合成磁场为零　　D. 旋转磁场
（4）异步电动机机械特性曲线，当电源电压下降时，T_{max}及S_m将分别（　　）。
A. 不变，不变　　B. 不变，减小
C. 减小，不变　　D. 减小，减小
（5）异步电动机运行时，若转轴上所带的机械负载越大，则转差率（　　）。
A. 越大　　B. 越小
C. 基本不变　　D. 在临界转差率范围内越大

3. 判断题

（1）三相异步电动机的定子只需要满足有空间对称的三相绕组中通过交流电即可产生圆形旋转磁场。（　　）
（2）电动机的额定功率既表示输入功率也表示输出功率。（　　）
（3）异步电动机的转子旋转速度总是小于旋转磁场速度。（　　）
（4）电动机稳定运行时，其电磁转矩与负载转矩基本相等。（　　）

(5) 异步是指转子转速与磁场转速存在差异。 ( )
(6) 异步电动机只有转子转速和磁场转速存在差异时，才能运行。 ( )
(7) 降低电源电压后，三相异步电动机的起动电源将增大。 ( )
(8) 当三相异步电动机的负载增加时，如定子端输入电压不变，其输入功率增加。 ( )
(9) 异步电动机的旋转磁场的转向与电源相关。 ( )
(10) 当电源电压恒定时，异步电动机在满载和轻载下的起动转矩是基本相同的。 ( )

4. 分析及简答题

(1) 分析三相异步电动机的工作原理及特点。
(2) 三相异步电动机的运行特性包括哪些内容？简述其运行特性。

项目5　三相异步电动机基本控制线路的安装与调试

学习本项目的主要目的是了解三相异步电动机的基本控制原理，熟悉三相异步电动机控制线路的安全操作规范。本项目通过三相异步电动机控制线路安装与调试训练，要求学生在识图及把握三相异步电动机控制原理的基础上，掌握安全操作的程序，树立良好的安全意识，为完成后续项目打下良好的基础。

【知识目标】

(1) 了解常用电气控制线路图、接线图和布置图的识读方法；

(2) 认识典型三相异步电动机控制线路的基本原理；

(3) 熟悉典型三相异步电动机控制线路的调试步骤和注意事项；

(4) 熟练掌握三相异步电动机控制线路安装的基本步骤；

(5) 培养学生良好的安全意识和职业素养。

【能力目标】

要能够正确地选择和使用三相异步电动机控制线路，学生必须先对三相异步电动机控制线路的结构和工作原理有基本了解。本项目根据这一要求设计了3个任务，通过完成这3个任务，可以使学生了解典型三相异步电动机控制线路的基本原理，掌握常用典型三相异步电动机控制线路的基本安全操作规范，学会选择和使用常用的控制类低压电器，树立牢固的安全意识，养成规范操作的良好习惯。

任务5.1　电气图的识读及点动与连续运转控制

【学习目标】

应知：

(1) 熟悉电气图形符号与文字符号的含义；

(2) 了解电气原理图、接线图和布置图的概念。

应会：

(1) 能认识三相异步电动机点动及连续运转控制线路的构成及工作原理；

(2) 掌握三相异步电动机点动及连续运转控制线路的安装与调试；

(3) 初步养成安全操作的规范行为。

【学习指导】

观察三相异步电动机点动及连续运转控制线路的结构，通过学习其构成方法及工作原理进行安装与调试练习，充分了解三相异步电动机点动及连续运转控制线路，并能学会选择和正确调试控制线路。

全面、系统地观察三相异步电动机点动及连续运转控制线路的基本结构，认识三相异步电动机点动及连续运转控制线路主要部件的安装位置以及作用，能够说出部件的主要功能、作用和安装位置。

【知识学习】

5.1.1　认识电气原理图、元器件布置图及安装接线图

1. 认识电气原理图

电气原理图是用来表示电路各元器件中导电部件的连接关系和工作原理的图。电气原理图应根据简单、清晰的原则，采用元器件展开形式来绘制，它不按元器件的实际位置来画，也不反映元器件的大小、安装位置，只用国家标准规定的图形符号来表示元器件的导电部件及其接线端按钮，再用导线将这些导电部件连接起来以反映其连接关系。所以电气原理图结构简单、层次分明、关系明确，适用于分析研究电路的工作原理，并且作为其他电气图的依据，在设计部门和生产现场获得广泛的应用。

现以图 5-1 所示 CW 6132 型普通车床电气原理图为例来阐明绘制电气原理图的原则和注意事项。

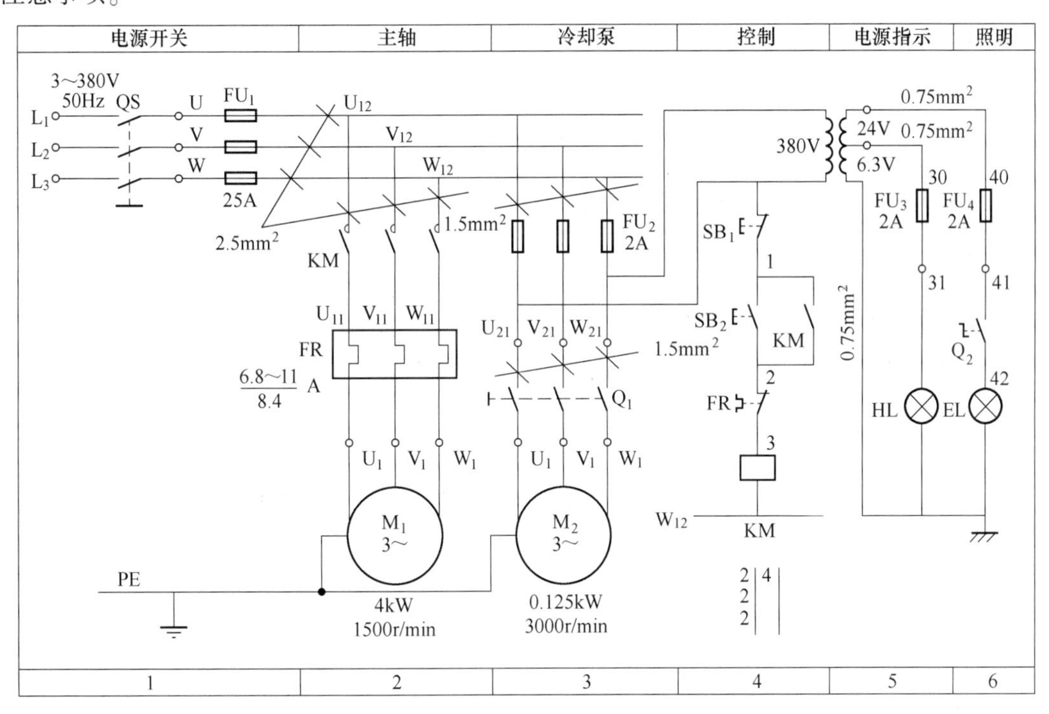

图 5-1　CW6132 型普通车床电气原理图

（1）绘制电气原理图的原则。

1）电气原理图的绘制标准。

图中所有的元器件都应采用国家统一规定的图形符号和文字符号。

2）电气原理图的组成。

电气原理图由电源电路、主电路和辅助电路 3 部分组成。

①电源电路一般画成水平线，三相交流电源按相序 L_1、L_2、L_3 自上而下依次画出，

中性线 N 和保护地线 PE 依次画在相线之下。

②主电路是从电源到电动机的电路，主要由刀开关、熔断器、接触器主触头、热继电器发热元器件与电动机组成。主电路用粗实线绘制在图面的左侧或上方。

③辅助电路包括控制电路、照明电路、信号电路及保护电路等。它们由继电器、接触器的电磁线圈，继电器、接触器的辅助触头、控制按钮，其他控制元器件触头，控制变压器，熔断器照明灯，信号灯及控制开关等组成。画辅助电路图时，辅助电路要跨接在两相电源线之间，一般按照控制电路、指示电路和照明电路的顺序依次用细实线垂直画在主电路图的右侧，且电路中与下边电源线相连的耗能元器件（如接触器和继电器的线圈、指示灯、照明灯等）要画在电路图的下方，而电器的触头要画在耗能元器件与上边电源线之间。为读图方便，一般应按照自左至右、自上而下的排列来表示操作顺序。

3）电器触头的画法。

原理图中各元器件触头状态均按没有外力作用时或未通电时触头的自然状态画出。接触器、电磁式继电器是按电磁线圈未通电时触头状态画出；控制按钮、行程开关的触头是按不受外力作用时的状态画出；断路器和开关电器触头是按断开的状态画出。当电器触头的图形符号垂直放置时，以“左开右闭”原则绘制，即垂线左侧的触头为常开触头，垂线右侧的触头为常闭触头；当符号为水平放置时，以“上闭下开”原则绘制，即在水平线上方的触头为常闭触头，水平线下方的触头为常开触头。

4）元器件的画法。

原理图中的各元器件均不画实际的外形图，原理图中只画出其带电部件，同一元器件上的不同带电部件按电路中的连接关系画出，但必须按国家标准规定的图形符号画出，并且用同一文字符号标明，对于几个同类电器，在表示名称的文字符号之后加上数字序号以示区别。

5）原理图的布局。

电气原理图中，同一电器的各元器件不按实际位置画在一起，而是按功能布置，即同功能的元器件集中在一起，尽可能按动作顺序从上到下或从左到右的原则绘制。

6）线路连接点、交叉点的绘制。

画电气原理图时，应尽可能减少线条和避免线条交叉。对有电联系的交叉导线连接点用小黑圆点表示，无电联系的交叉导线则不画小黑圆点。

7）电路编号法。

电路图采用电路编号法，即对电路中各个接点用字母或数字编号，主电路在电源开关的出线端按相序依次编号为 U_{11}、V_{11}、W_{11}。然后按从上至下、从左到右的顺序，每经过一个元器件，编号递增，如 U_{12}、V_{12}、W_{12}；U_{13}、V_{13}、W_{13}，以此类推。一台三相交流电动机或设备的 3 根出线编号依次为 U、V、W。对于多台电动机引出线的编号，可在字母前用不同的数字区别，如 1U、1V、1W；2U、2V、2W 等，以此类推。辅助电路编号按“等电位”原则从上至下、从左至右的顺序用数字依次编号，每经过一个元器件后，编号要依次递增。

（2）电气原理图图面区域的划分。

为了便于确定原理图的内容和组成部分在图中的位置，有利于读者检索电气线路，常在各种幅面的图样上分区，每个分区内竖边用大写的拉丁字母编号，横边用阿拉伯数字编号的顺序应从与标题栏相对应的图幅的左上角开始，分区代号用该区的拉丁字母或阿拉伯数字表示，有时为了分析方便，也把数字区放在图的下面，为了方便读图，利于理解电路作原理，还常在图面区域对应的原理图上方标明该区域的元器件或电路的功能，以方便阅读分析电路。

（3）继电器、接触器触头位置的索引。

电气原理图中，在继电器、接触器线圈的下方注有该继电器、接触器相应触头所在图位置的索引代号，索引代号用图面区域号表示，其中左栏为常开触头所在图区号，右栏为常闭触头所在图区号。

（4）电气图中技术数据的标注。

电气图中各元器件的相关数据和型号常在电气原理图中元器件文字符号下方标注出来。如果图中热继电器文字符号 FR 下方标有数据，该数据为热继电器的动作电流值范围和继电器的整定电流值。

2. 元器件布置图

元器件布置图是用来表明电气原理图中各元器件在控制板上的实际安装位置，采用简化的外形符号而绘制的一种简图，它不表达电器的具体结构、作用、接线情况以及工作原理，主要用于元器件的布置和安装，图中各电器的文字符号必须与电路图和接线图的标注相一致。

元器件布置图是控制设备生产及维护的技术文件，元器件的布置应注意以下几个方面。

（1）体积大和较重的元器件应安装在电器安装板的下方，而发热元器件应安装在电器安装板的上方。

（2）强电、弱电应分开，弱电应屏蔽，防止外界干扰。

（3）需要经常维护、检修、调整的元器件的安装位置不过高或过低。

（4）元器件的布置应考虑整齐、美观、对称。外形尺寸与结构类似的电器安装在一起从而利于安装和配线。

（5）元器件布置不宜过密，应留有一定间距。如用走线槽，应加大各排电器间距，布线和维修电气布置图根据元器件的外形尺寸绘出，并标明各元器件间距尺寸，控制盘内元器件与盘外元器件应通过接线端子进行连接并在电器布置图中画出接线端子板同时按照顺序标出接线号。图 5-2 为 CW6132 型车床控制盘电器布置图。

3. 安装接线图

安装接线图是根据电气设备和元器件的实际位置和安装情况绘制的，是用来表示电气设备和元器件的位置、配线方式及接线方式的图，主要用于安装接线、线路的检查维修、故障处理，通常接线图与电气原理图和元器件布置图一起使用。如图 5-3 所示，接线图表示出项目的相对位置、项目代号、端子号、导线号、导线型号、导线截面等内容，接线图中的各个项目采用简化外形表示，简化外形旁应标注项目代号，并应与电气原理图中的标注一致。

电气接线图的绘制原则如下：

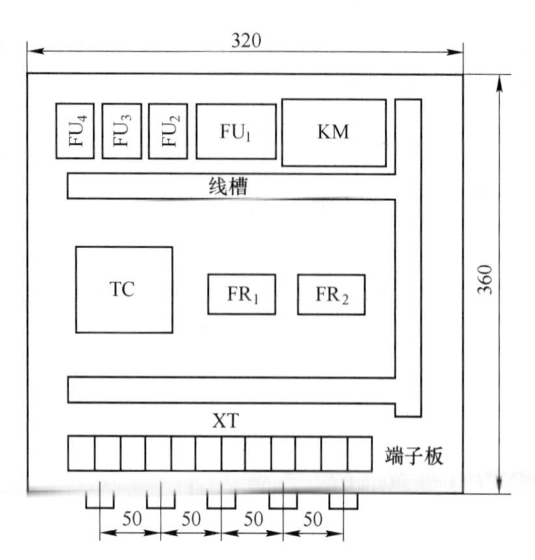

图 5-2　CW6132 型车床控制盘电器布置图

（1）各元器件均按实际安装位置绘出，元器件所占图面按实际尺寸以统一比例绘制；

（2）接线图中一般需要标识出电气设备和元器件的相对位置、文字符号、端子号、导线号、导线类型、导线截面积、屏蔽和导线绞合等；

（3）所有的电气设备和元器件都应该按其所在的实际位置绘制在图样上，且同一电器的各元器件根据其实际结构，使用与电路图相同的图形符号画在一起，文字符号以及接线端子的编号应与电路图的标注一致，以便对照检查线路；

（4）接线图中的导线有单根导线、导线组、电缆之分，可用连续线和中断线来表示。走向相同的导线可以合并，用线束来表示，到达接线端子或元器件的连接点时再分别画出。另外，导线及管子的型号、根数和规格应标注清楚。

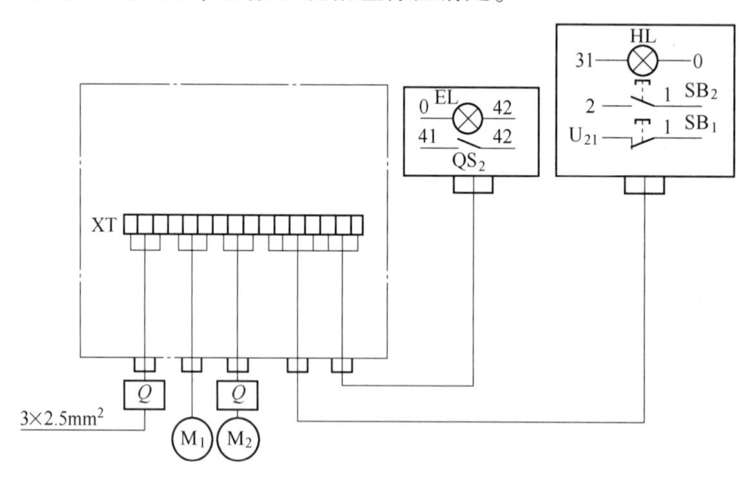

图 5-3　CW6132 型普通车床的接线图

5.1.2　三相异步电动机点动与连续运转控制

任何复杂的控制线路都是由一些基本控制线路构成的，就像搭积木一样，可以通过基本的几何图形组合成各种复杂的图案。基本的电气控制单元线路包括点动控制、连续运转控制、点动与长动结合的控制、正反转控制、位置控制、顺序互锁控制、多点控制、时间控制等，下面逐一进行介绍。

1. 三相异步电动机点动控制

（1）点动控制电路。

图 5-4 是电动机点动控制线路的原理图，由主电路和控制电路两部分组成。主电路由刀开关 QS、熔断器 FU_1、交流接触器 KM 的主触点和电动机 M 组成；控制电路由起动按钮 SB 和交流接触器线圈 KM 组成。

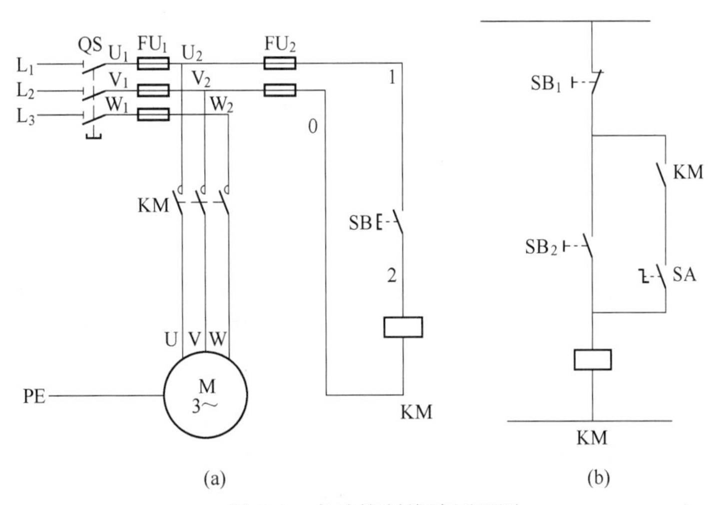

(a)　　(b)

图 5-4　点动控制线路原理图

（a）主电路和控制电路；（b）带自锁按钮的点长动控制电路

主电路中刀开关 QS 为电源开关，起隔离电源的作用；熔断器 FU_1 对主电路进行短路保护。由于点动控制电动机运行时间短，有操作人员在随时观测，所以一般不设过载保护环节。线路的工作过程如下。

起动：合上刀开关 QS→按下起动按钮 SB→接触器 KM 线圈通电→KM 主触点闭合→电动机 M 通电直接起动。

停机：松开 SB→KM 线圈断电→KM 主触点断开→M 断电停转。

按下按钮，电动机转动，松开按钮，电动机停转，这种控制就称为点动控制，它能实现电动机短时转动，常用于机床的对刀调整和电动葫芦等。

（2）点动控制线路的安装接线。

点动控制线路的安装接线图如图 5-5 所示。

1）所需元器件和工具。

木质控制板一块，交流接触器、熔断器、电源隔离开关、按钮、接线端子排、三相电动机、万用表及电工常用工具一套、导线、号码管等。

2）接线训练步骤。

①画出电路图，分析工作原理，并按规定标注线号。

②画出元器件明细表，并进行检测，将元器件的型号、规格、质量检查结果及有关测

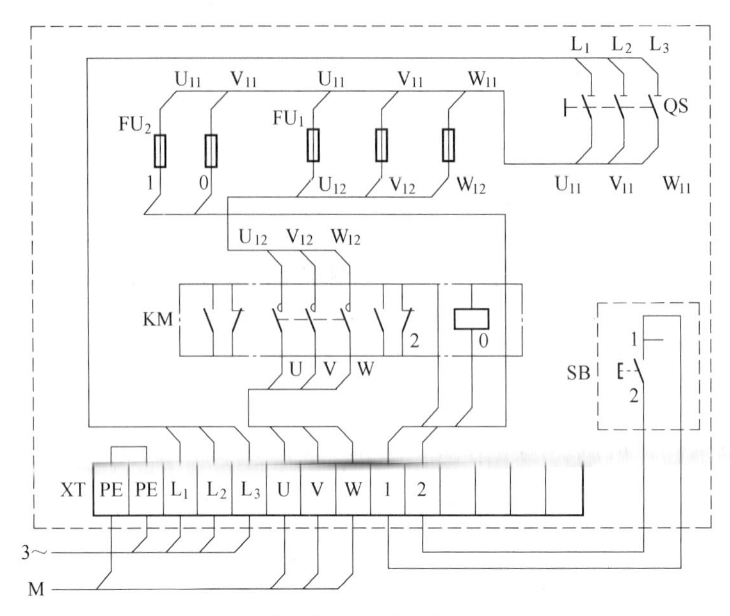

图 5-5　点动控制线路的安装接线图

量值记入点动控制线路元器件明细表中。检查内容有：电源开关的接触情况；拆下接触器的灭弧罩，检查相间隔板；检查各主触点表面情况；按压其触点架观察动触点包括电磁机构的衔铁、复位弹簧的动作是否灵活；检查接触器电磁线圈的电压与电源电压是否相符，用万用表测量电磁线圈的通断，并记下直流电阻值；测量电动机每相绕组的直流电阻值，并作记录。检查中发现异常应检修或更换元器件。

③在配电板上布置元器件，并画出元器件安装布置图及接线图。绘制安装接线图时将元器件的符号画在规定的位置，对照原理图的线号标出各端子的编号。控制按钮 SB 使用 LA_4 系列按钮盒和电动机 M 在安装板外，通过接线端子排 XT 与安装底板上的电气连接。控制板上各元器件的安装位置应整齐、匀称、间距合理、便于检修。

④按照接线图规定的位置定位打孔，将元器件固定牢靠。注意 FU 中间一相熔断器和 KM 中间一极触点的接线端子成一直线，以保证主电路走线美观和整齐；开关熔断器的受电端子应安装在控制板的外侧，若采用螺旋式熔断器，电源进线应接在螺旋式熔断器的底座中心端上，出线应接在螺纹外壳上。

⑤按电路图的编号在各元器件和连接线两端做好编号标志。按图接线，板前明线接线时注意：控制板上的走线应平整，变换走向应垂直，避免交叉，转角处要弯成慢直角控制板至电动机的连接导线要穿软管保护，电动机外壳要安装接地线。走线时应注意：走线通道应尽可能少，同一通道中的沉底导线应按主控电路分类集中，贴紧敷面单层平行密排；同一平面的导线应高低一致或前后一致，不能交叉。当必须交叉时，该根导线应在接线端子引出时合理水平跨越。导线与接线端子连接时，应不压绝缘层，不反圈，不露铜过长，要拧紧接线柱上的压紧螺钉：一个元器件接线端子上的连接导线不得超过两根，每节接线端子板上的连接导线一般只允许连接一根。检查线路并在测量电路的绝缘电阻后通电试车。

3）接线时，必须先接负载端，后接电源端；先接地线，后接三相电源线。

4）通电试车时，必须先空载点动后再连续运行，当运行正常时再负载运行。

点动控制线路带有短路保护的保护环节，常应用于：电葫芦控制；车床板箱快速移动控制。

2. 三相异步电动机连续运动控制

（1）连续运行控制电路。

在实际生产中往往要求电动机实现长时间连续转动，即所谓长动控制。如图 5-6 所示，主电路由开关 QS、熔断器 FU_1、接触器 KM 的主触点、热继电器 FR 的热元器件和电动机 M 组成；控制电路由停止按钮 SB_2、起动按钮 SB_1、接触器 KM 的动合辅助触点和线圈、热继电器 FR 的动断触点组成。

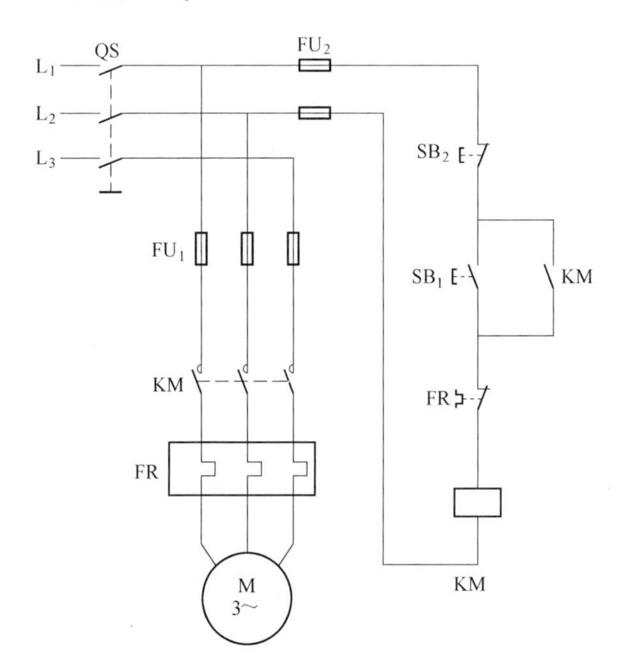

图 5-6　连续运行控制电路原理图

工作过程如下：

起动：合上刀开关 QS→按下起动按钮 SB_2→接触器 KM 线圈通电→KM 主触点和动合辅助触点闭合→电动机 M 接通电源运转，松开 SB_2，利用接通的 KM 动合辅助触点自锁，电动机 M 连续运转。

停机：按下停止按钮 SB_1→KM 线圈断电→KM 主触点和辅助动合触点断开→电动机 M 断电停转。

在电动机连续运行的控制电路中，当起动按钮 SB_2 松开后，接触器 KM 的线圈通过其辅助动合触点的闭合仍继续保持通电，从而保证电动机的连续运行。这种依靠接触器自身辅助动合触点的闭合面使线圈保持通电的控制方式称为自锁或自保。起到自锁作用的辅助动合触点称为自锁触点。

电路设有以下保护环节。

1）短路保护：短路时熔断器 FU 的熔体熔断而切断电路起保护作用。

2）电动机长期过载保护：采用热继电器FR，由于热继电器的热惯性较大，即使热元器件流过几倍于额定值的电流，热继电器也不会立即动作。因此在电动机起动时间不太长的情况下，热继电器不会动作，只有在电动机长期过载时，热继电器才会动作，其动断触点断开使控制电路断电，从而使KM主触点断开，起到保护电动机的作用。欠电压、失电压保护：通过接触器KM的自锁环节实现。当电源电压由于某种原因而严重欠电压或失电压，如停电时，接触器KM断电释放，电动机停止转动。当电源电压恢复正常时，接触器线圈不会自行通电，电动机也不会自行起动，只有在操作人员重新按下起动按钮后，电动机才能起动。

本控制线路具有如下优点：

1）防止电源电压严重下降时电动机欠电压运行。

2）防止电源电压变化使电动机自行起动而造成设备和人身事故。

（2）连续运行控制线路安装接线。

连续运行控制线路安装接线图如图5-7所示。

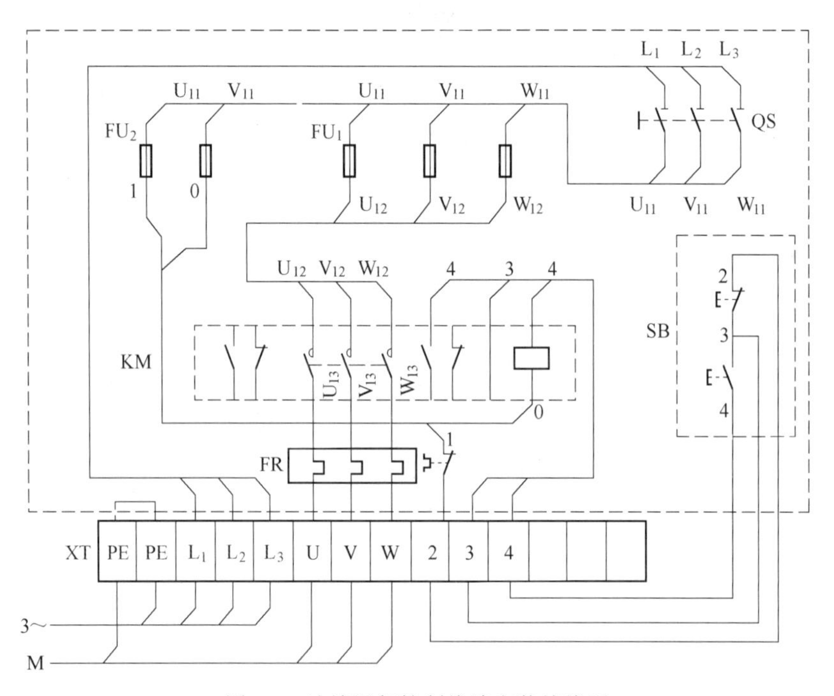

图5-7　连续运行控制线路安装接线图

1）所需元器件和工具。

木质控制板一块，交流接触器、熔断器、电源隔离开关、按钮、接线端子排、三相交流电动机、万用表及电工常用工具一套、导线、号码管等。

2）接线训练步骤。

①画出电路图，分析工作原理，并按规定标注线号。

②列出元器件明细表，并进行检测，将元器件的型号、规格、质量检查结果及有关测量值记入连续运行控制电路元器件明细表中。检查内容有：电源开关的接触情况；拆下接触器的灭弧罩，检查相间隔板；检查各主触点表面情况；按压其触点架观察动触点包括电

磁机构的衔铁、复位弹簧的动作是否灵活；电磁线圈的电压值和电源电压是否相符，用万用表测量电磁线圈的通断，并记下直流电阻值；测量电动机每相绕组的直流电阻值，并作记录。检查中发现异常应检修或更换。

③在配电板上布置元器件，并画出元器件安装布置图及接线图。绘制安装接线图时，将元器件的符号画在规定的位置，对照原理图的线号标出各端子的编号。注意热继电器应安装在其他发热电气的下方，整定电流装置的位置一般应安装在右边，保证整定和复位时的安全、方便。

④按照接线图规定的位置定位打孔将元器件固定牢靠。注意 FU_1 中间一相熔断器和 KM 中间一极触点的接线端子成一直线，以保证主电路走线美观、规整。

⑤按电路图的编号在各元器件和连接线两端做好编号标志，按图接线。接线时注意：热继电器的热元器件要串联在主电路中，其动断触点接入控制电路，不可接错，热继电器的接线：触点紧密可靠；出线端的导线不应过粗或过细，以防止轴向导热过快或过慢，使热继电器动作不准确。接触器的自锁触点用动合触点，且要与起动按钮并联。

⑥检查线路并在测量电路的绝缘电阻后通电试车。热继电器的整定电流必须按电动机的额定电流自行调整，一般热继电器应置于手动复位的位置上，若需自动复位时，可将复位调节螺钉以顺时针方向向里旋足，热继电器因电动机过载动作后，若需再次起动电动机，必须使热继电器复位，一般情况自动复位需 5min，手动复位需 2min。试车时先合上 QS，再按起动按钮 SB_2，停车时，先按停止按钮 SB_1，再断开 QS。

常见故障及处理方法：

a. 按下起动按钮，接触器不工作：检查熔断器是否熔断，检查电源电压是否正常，检查按压触点是否接触不良，检查接触器线圈是否损坏。

b. 不能自锁：检查起动按钮是否有损坏，检查接触器动合辅助触点是否未闭合或被卡住触点损坏。

3. 点动与长动结合控制

在生产实践中，机床调整完毕后，需要连续进行切削加工，要求电动机既能实现点动又能实现长动，其控制线路如图 5-8 所示。

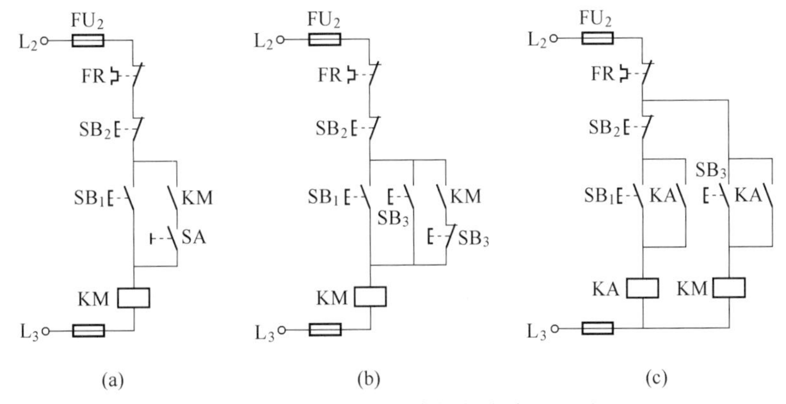

图 5-8　点动与长动结合控制线路原理图

(a) 带定位开关；(b) 带按钮互锁；(c) 带中间继电器

图 5-8（a）的线路比较简单，采用开关 SA 实现控制。点动控制时，先把 SA 打开，断开自锁电路→按动 SB_1→KM 线圈通电→电动机 M 点动；长动控制时，把 SA 合上，按动 SB_1→KM 线圈通电，自锁触点起作用，电动机 M 实现长动。

图 5-8（b）的线路采用复合按钮 SB_3 实现控制。点动控制时，按下复合按钮 SB_3 断开自锁回路→KM 线圈通电→电动机 M 点动；长动控制时，按下起动按钮 SB_1→KM 线圈通电，自锁触点起作用→电动机 M 长动运行。此电路在点动控制时，若接触 KM 的释放时间大于复合按钮的复位时间，则 SB_3 松开时，SB_3 动断触点已闭合，但接触器 KM 的自锁触点尚未打开，会使自锁电路继续通电，则线路不能实现正常的点动控制。

图 5-8（c）的线路采用中间继电器 KA 实现控制。点动控制时，按下起动按钮 SB_3→KM 线圈通电→电动机 M 点动；长动控制时，按下起动按钮 SB_1→中间继电器 KA 线圈通电并自锁→KM 线圈通电→M 实现长动。此线路多用了一个中间继电器，但工作可靠性提高了。

【任务实施】

任务完成后，由指导教师对本项任务完成情况进行评价：

（1）安全意识（20 分）；

（2）根据电气原理图，完成三相异步电动机点动及连续控制线路的安装与调试（60 分）；

（3）职业规范和环境保护（20 分）。

【知识小结】

常用低压电器的品种、规格很多，点动与连续运转控制工作原理不同，结构也各有差异。其主要技术参数有额定电流、额定电压及绝缘强度、机械和电气寿命等。通过完成本任务，对点动与连续运转控制的基本结构有一个整体的感性认识，并对一些主要部件的功能、作用及安装方法有初步的认识。

任务 5.2　三相异步电动机的正反转及位置控制线路安装与调试

【学习目标】

应知：

（1）熟悉三相异步电动机的正反转及自动往返控制线路的组成结构；

（2）了解三相异步电动机的正反转及自动往返控制的工作原理。

应会：

（1）掌握三相异步电动机的正反转及自动往返控制线路的选择方法；

（2）能对三相异步电动机的正反转及自动往返控制线路的主要部件进行检测、拆装和故障维修；

（3）初步养成安全操作的规范行为。

【学习指导】

观察三相异步电动机的正反转及自动往返控制线路的结构，学习其组成结构及工作原理后进行拆装练习，充分了解常用控制电器的总体结构，并能学会选择和正确使用各类常用低压控制电器。

全面、系统地观察三相异步电动机的正反转及自动往返控制线路的基本结构，能够说出部件的主要功能、作用和安装位置。对三相异步电动机的正反转及自动往返控制线路能进行正确的检测、接线和故障维修操作。

【知识学习】

5.2.1　正反转控制线路

1. 正反转控制线路的动作原理

在实际应用中，往往要求生产机械改变运动方向，如工作台前进、后退，电梯上升、下降等，这就要求电动机能实现正、反转。对于三相异步电动机来说，可通过两个接触器改变电动机定子绕组的电源相序来实现。电动机正反转控制线路如图 5-9 所示，接触器 KM_1 为正向接触器，控制电动机 M 正转：接触器 KM_2 为反向接触器，控制电动机 M 反转。

图 5-9（a）所示为无互锁控制线路，其工作过程如下。

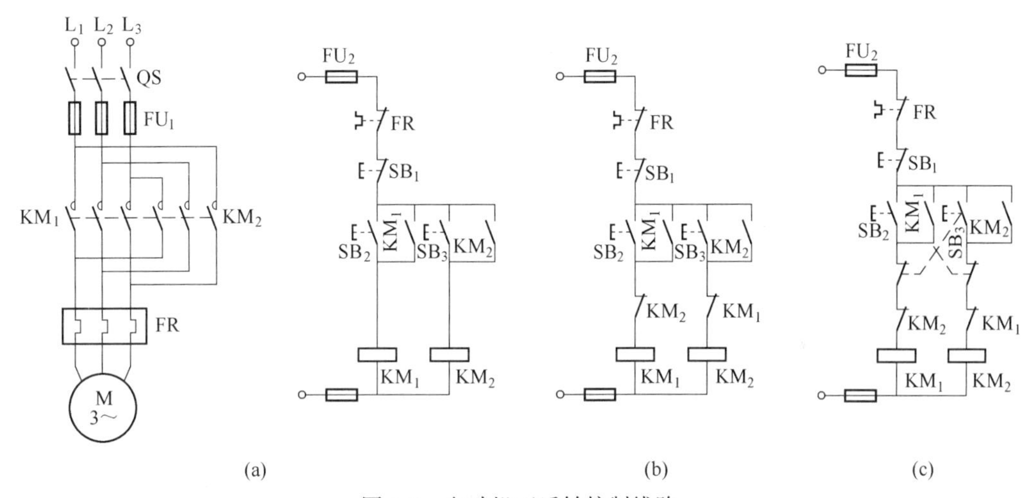

图 5-9　电动机正反转控制线路

（a）无互锁控制电路；（b）电气互锁控制电路；（c）复合互锁控制电路

正转控制：合上刀开关 QS→按下正向起动按钮 SB_2→正向接触器 KM_1 通电，KM_1 主触点和自锁触点闭合→电动机 M 正转。

反转控制：合上刀开关 QS→按下反向起动按钮 SB_3→反向接触器 KM_2 通电，KM_2 主触点和自锁触点闭合→电动机 M 反转。

停机：按停止按钮 SB_1→KM_1 或 KM_2 断电→M 停转。

该控制线路的缺点是若误操作会使 KM_1 与 KM_2 都通电，从而引起主线路电源短路，因此要求线路设置必要的互锁环节。

如图 5-9（b）所示，将任何一个接触器的辅助动断触点串入另一个接触器线圈电路中，则其中任何一个接触器先通电后，切断了另一个接触器的控制回路，即使按下相反方向的起动按钮，另一个接触器也无法通电，这种利用两个接触器的辅助动断触点互相控制的方式称为电气互锁。起互锁作用的动断触点称为互锁触点。另外，该线路只能实现“正-停-反”或者“反-停-正”控制，即必须按下停止按钮后，再反向或正向起动，这对需要频繁改变电动机运转方向的设备来说，是很不方便的。

为了提高生产率，直接正反向操作，利用复合按钮组成“正-反-停”或“反-正-停”的互锁控制，如图 5-9（c）所示，复合按钮的动断触点同样起到互锁的作用，这样的互锁称为按钮互锁。该线路既有接触器动断触点的电气互锁，也有复合按钮动断触点的按钮互锁，即具有双重互锁，该线路操作方便，安全可靠，故应用广泛。

2. 正反转控制线路的安装接线

请参照图 5-10 电动机正反转控制线路安装示意图。

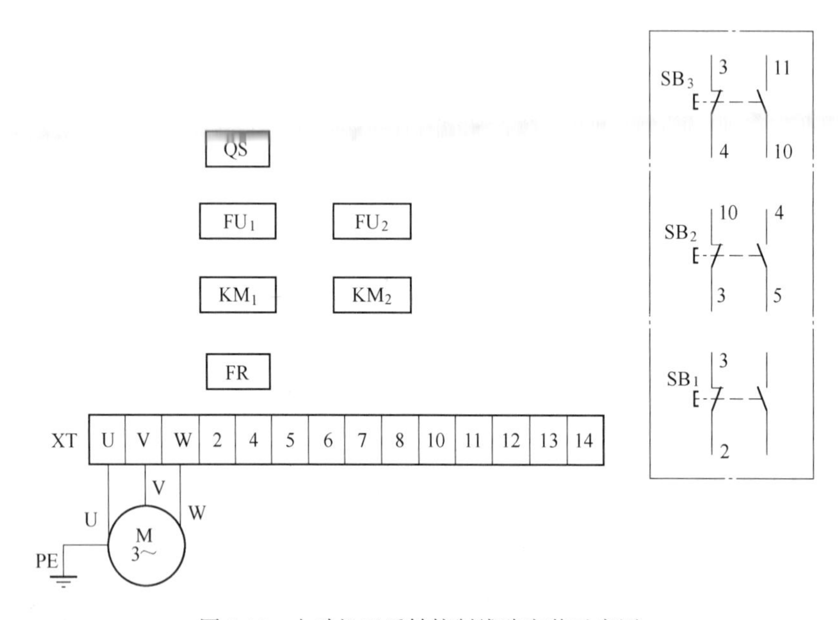

图 5-10　电动机正反转控制线路安装示意图

（1）所需元器件和工具。

木质控制板一块，交流接触器、断路器、热继电器、电源隔离开关、按钮、接线端子排、三相交流电动机、万用表及电工常用工具一套、导线、号码管等。

（2）接线训练步骤。

1）画出按钮和接触器双重互锁电动机正反转控制线路电路图，分析工作原理，并按规定标注线号。

2）列出元器件明细表并进行检测，将元器件的型号、规格、质量检查结果及有关测量值记入线路元器件明细表中。

3）在配电板上布置元器件，并画出元器件安装布置图及接线图。绘制安装接线图时将元器件的符号画在规定的位置，对照原理图的线号标出各端子的编号。按钮和电动机在安装板外，通过接线端子排 XT 与安装板上的电气连接。电动机必须安放平稳以防止在可逆运转时产生滚动而引起事故，并将其金属外壳接地。

4）按照接线图规定的位置定位打孔将元器件固定牢靠。

注意：FU_1 中间一相熔断器和 KM 中间一极触点的接线端子成一直线，以保证主电路走线美观、规整。

5）按电路图的编号在各元器件和连接线两端做好编号标志。

按图接线，接线时注意：互锁触点和按钮盒内的接线不能接错，否则将出现两相电源短路事故。

6）检查线路并在测量电路的绝缘电阻后通电试车。先进行空操作试验再带负荷试车，操作 SB_2、SB_3、SB_1 观察电动机正反转及停车。操作过程中电动机正反转操作的变换不宜过快和过于频繁。

常见故障及处理方法：

（1）按下起动按钮，接触器不工作：检查熔断器是否熔断，检查电源电压是否正常，检查按钮触点是否接触不良，检查接触器线圈是否损坏。

（2）不能自锁：检查起动按钮是否有损坏，检查接触器动合辅助触点是否未闭合或被卡住，触点损坏。

（3）不能互锁：检查起动按钮是否有损坏，检查接触器动断辅助触点是否未断开或被卡住，触点是否粘连。

5.2.2　位置控制线路

1. 自动往复控制

在机床电气设备中，有些是通过工作台自动往复循环工作的，例如，龙门刨床的工作台前进、后退。电动机的正反转是实现工作台自动往复循环的基本环节。自动往复循环控制线路如图 5-11 所示。控制线路按照行程控制原则，利用生产机械运动的行程位置实现控制。

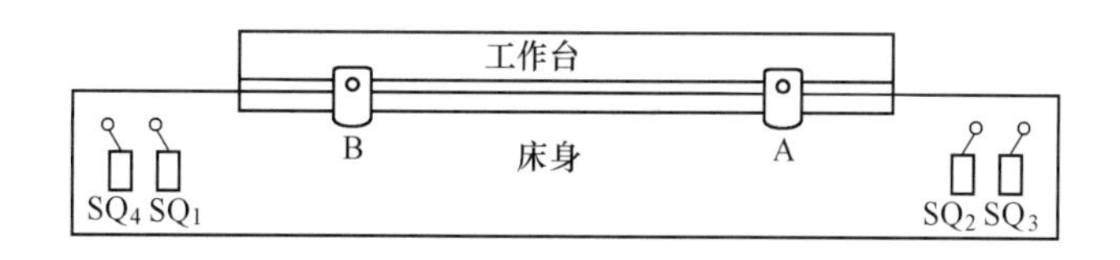

图 5-11　自动往复循环控制线路示意图

（1）自动往复循环控制电路。

自动往复循环控制电路原理图如图 5-12 所示。

工作过程如下：合上电源开关 QS→按下起动按钮 SB_2→接触器 KM_1 通电→电动机 M 正转→工作台向前→工作台前进到一定位置，撞块压动限位开关 SQ_1→SQ_1 动断触点断开→KM_1 断电→电动机 M 停止正转，工作台停止向前。SQ_1 动合触点闭合→KM_2 通电→电动机 M 改变电源相序而反转，工作台向后→工作台后退到一定位置，撞块压动限位开关 SQ_2→SQ_2 动断触点断开→KM_2 断电→M 停止后退。SQ_1 动合触点闭合→KM_1 通电→电动机 M 又正转，工作台又前进，如此往复循环工作，直至按下停止按钮 SB_1→KM_1（或 KM_2）断电→电动机停止转动。

另外，SQ_3、SQ_4 分别为反、正向终端保护限位开关，防止行程开关 SQ_1、SQ_2 失灵时造成工作台从机床上冲出而发生事故。

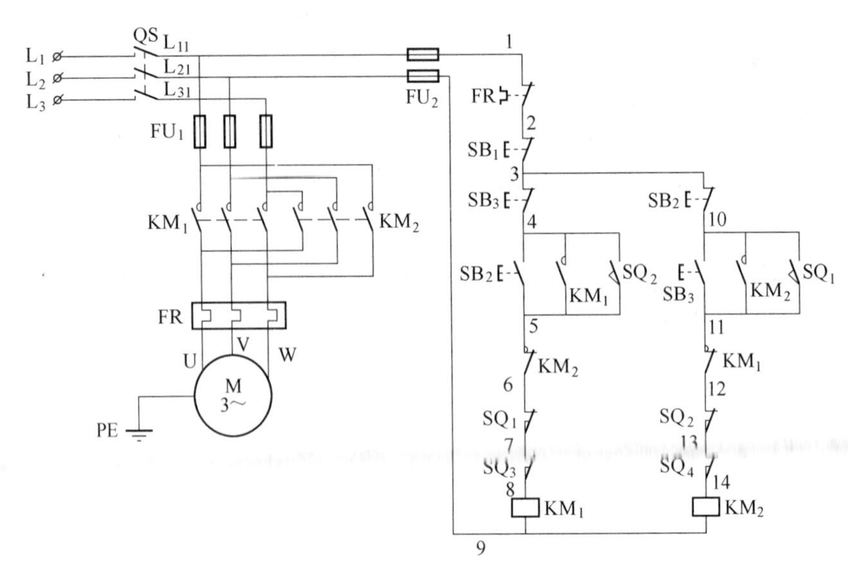

图 5-12　自动往复循环控制电路原理图

（2）自动往复循环控制电路的安装接线。

自动往复循环控制电路的安装接线请参照图 5-13，在正反转控制电路安装接线图的基础上把正反转按钮用行程开关替代即可。

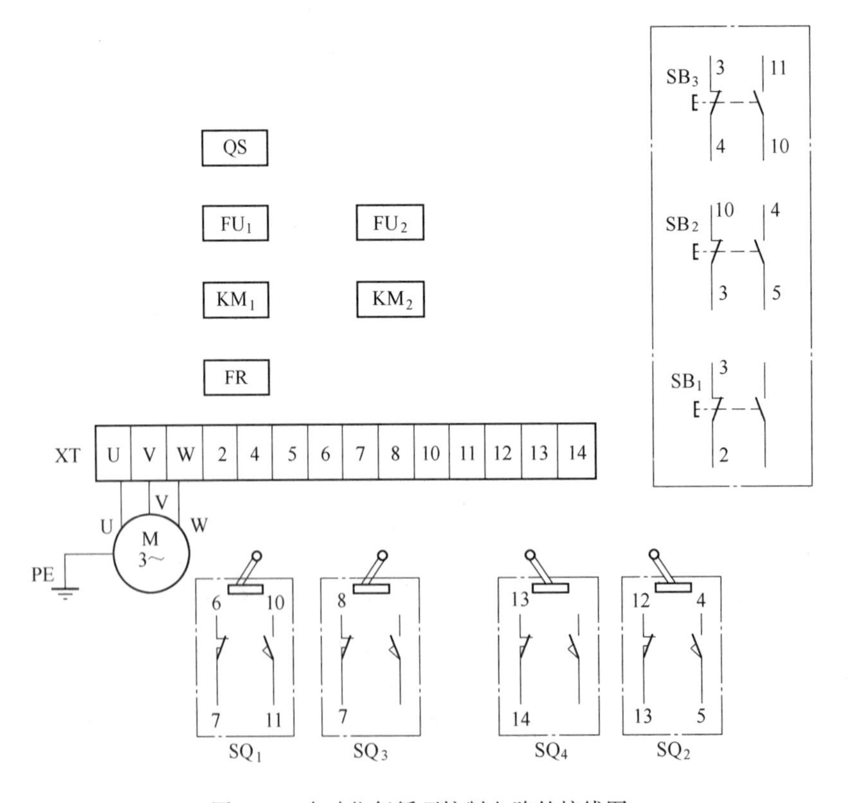

图 5-13　自动往复循环控制电路的接线图

1）所需元器件和工具。

木质控制板一块、交流接触器、行程开关、熔断器、热继电器、电源隔离开关、按钮、接线端子排、三相电动机、万用表及电工常用工具一套、导线、号码管等。

2）接线训练步骤。

①画出电动机带限位保护的自动往复循环控制线路电路图，分析工作原理，并按规定标注线号。

②列出元器件明细表并进行检测，将元器件的型号、规格、质量检查结果及有关测量值记入元器件明细表中。特别注意检查行程开关的滚轮、传动部件和触点是否完好，操作滚轮看其动作是否灵活，用万用表测量其动合、动断触点的切换动作。

③在配电板上布置元器件，并画出元器件安装布置图及接线图。

④按照接线图规定的位置定位打孔将元器件固定牢靠。元器件的固定位置和双重互锁的正反转控制线路的安装要求相同。按钮行程开关和电动机在安装板外，通过接线端子排与安装底板上的电器连接，在设备规定的位置上安装行程开关，检查并调整挡块和行程开关滚轮的相对位置，保证动作准确、可靠。

⑤按电路图的编号在各元器件和连接线两端做好编号标志。按图接线，接线时注意：互锁触点和按钮盒内的接线不能接错，否则将出现两相电源短路事故。

⑥检查线路并在测量电路的绝缘电阻后通电试车。试车时先进行空操作试验，用绝缘棒拨动限位开关的滑轮检查线路能否自动往返、限位保护是否起作用，然后再带负荷试车。

（3）常见的故障。

1）运动部件的挡铁和行程开关滚轮的相对位置不对正，滚轮行程不够，造成行程开关动断触点不能分断，电动机不能停转。

故障现象：挡铁压下行程开关后，电动机不停车；检查接线没有错误，用万用表检查行程开关动断触点的动作情况及电路的连接情况均正常；在正反转试验时，操作按 SB_1、SB_2、SB_3 电路工作正常。

处理方法：用手摇动电动机轴，观察挡铁压下后行程开关的情况。调整挡铁与行程开关的相对位置后，重新试车。

2）主电路接错，KM_1、KM_2 主触点接入线路时没有换相。

故障现象：电动机起动后设备运行，运动部件到达规定位置，碰撞挡块操作行程开关时接触器动作，但部件运动方向不改变，继续按原方向移动而不能返回；行程开关动作时两只接触器可以切换，表明行程控制作用及接触器线圈所在的辅助电路接线正确。

处理方法：主电路换相连线后重新试车。

行程开关接入线路中的方法：限位控制的接线是将行程开关的动断触点串入相对应的接触器线圈回路中。未到限位时，限位开关不动作，只有碰撞限位开时才动作，起到限位保护的作用。

2. 顺序互锁控制

在生产机械中往往有多台电动机，各种电动机的作用不同，需要按一定顺序动作，才能保证整个动作过程的合理性和可靠性。例如：X62W 万能铣床上要求主轴电动机起动后，进给电动机才能起动；平面磨床中，要求砂轮电动机起动后，冷却泵电动机才能起动等。这种只有当电动机起动后，另一台电动机才允许起动的控制方式称为电动机的顺序控制。

（1）多台电动机先后顺序工作的控制线路。

生产实践中，有时要求一个拖动系统中多台电动机实现先后顺序工作，例如机床中要求电动机起动后，主轴电动机才能起动。图5-14为两台电动机顺序起动的控制线路。

图5-14（a）是两台电动机顺序起动的主电路。

图5-14（b）是顺序起动电路，其中KM_1的辅助动合触点起自锁和顺序控制的双重作用。

图5-14（c）是顺序起动逆序停止电路，实现$M_1 \rightarrow M_2$的顺序起动$M_2 \rightarrow M_1$的顺序停止控制。顺序停止控制分析：KM_2线圈断电，SB_1动断触点并联的KM_2辅助动合触点断开后，SB_1才能起停止制动的作用，所以停止顺序为$M_2 \rightarrow M_1$。

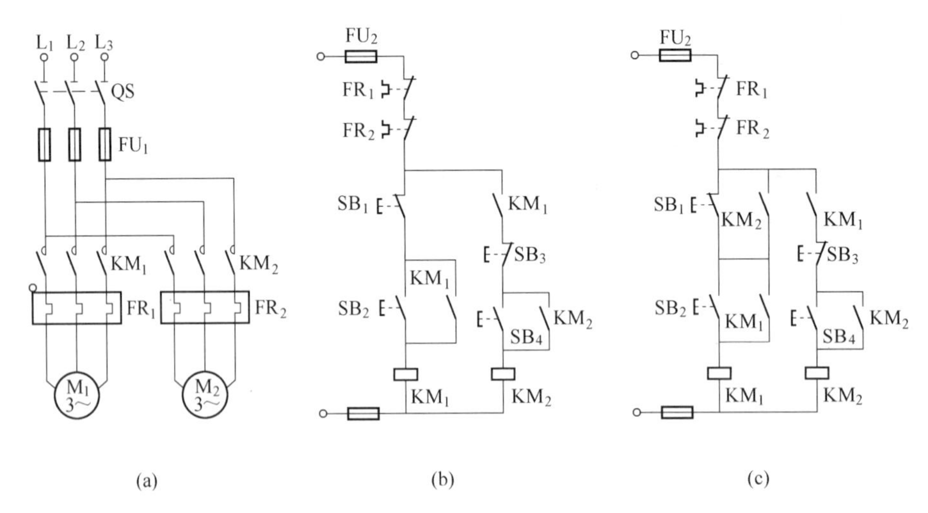

图5-14　两台电动机顺序起动的控制线路

（a）主电路；（b）顺序起动电路；（c）顺序起动逆序停止电路

电动机顺序控制的接线规律是：

1）要求接触器KM_1动作后接触器KM_2才能动作，将接触器KM_1的动合触点串接触器KM_2的线圈电路中；

2）要求接触器KM_1动作后接触器KM_2不能动作，将接触器KM_1的动断触点串接触器KM_2的线圈电路中；

3）要求接触器KM_2停止后接触器KM_1才能停止，将接触器KM_2的动合触点与接触器KM_1的停止按钮并接。

（2）顺序控制电路安装。

1）器材的准备。

①识读电动机顺序控制电路原理图5-15，熟悉电路所用元器件的作用和电路的工作原理。

②检查所用的元器件的外观，所需元器件见表5-1顺序控制元器件明细表。

③用万用表、绝缘电阻表检测所用元器件及电动机的有关技术数据是否符合要求。

表 5-1　顺序控制元器件明细表

序号	代号	名称	型号	规　　格	数量
1	M	三相异步电机	Y112M-4	4kW、380V、△接法、8.8A、1440r/min	1
2	QF	低压断路器	DZ47-C32	三极、32A	1
3	FU_1	熔断器	RL1-60/25	500V、60A、配熔体 25A	3
4	FU_2	熔断器	RL1-15/2	500V、15A、配熔体 2A	2
5	KM_1、KM_2	接触器	CJ10-10	10A、线圈电压 380V	2
6	FR	热继电器	JR16-20/3	三极、20A、整定电流 8.8A	2
7	SB_1 ~ SB_2	按钮	LA10-3H	保护式、380V、5A、按钮数 4 位	2
8	XT	接线端子排	JX2-1015	380V、10A、15 节	1

2）顺序控制线路的安装。

根据元器件选配安装工具和控制板，工艺要求和安装步骤如下：

①绘制布置图如图 5-16 所示，在控制板上按布置图安装元器件，并贴上醒目的文字符号。

②按线槽布线工艺布线，并在导线上套上号码管。

③安装电动机及保护接地线。

④自检电路。

按照原理图 5-15 核查接线，有无错接、漏接、脱落、虚接等现象，检查导线与各端子的接线是否牢固。

用万用表检查电路通断情况，用手动操作来模拟触点分合动作。

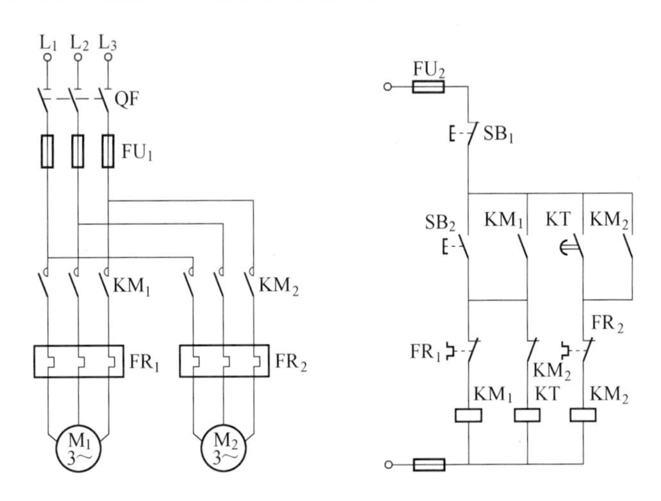

图 5-15　采用时间继电器的顺序起动控制线路

检查主电路：首先取下主电路熔断器中的熔管，用万用表分别测量熔断器中熔管上下接线端子之间电阻，应均为断路（$R\to\infty$）。若某次测量结果为短路（$R\to0$），这说明所测两相之间的接线有短路现象，检查并排除故障。其次压下接触器 KM_1，重复上述测量，测量结果应为短路（$R\to0$），若某次测量结果为断路（$R\to\infty$），这说明所测两相之间的接线有断路现象，检查找出断路点并排除故障。

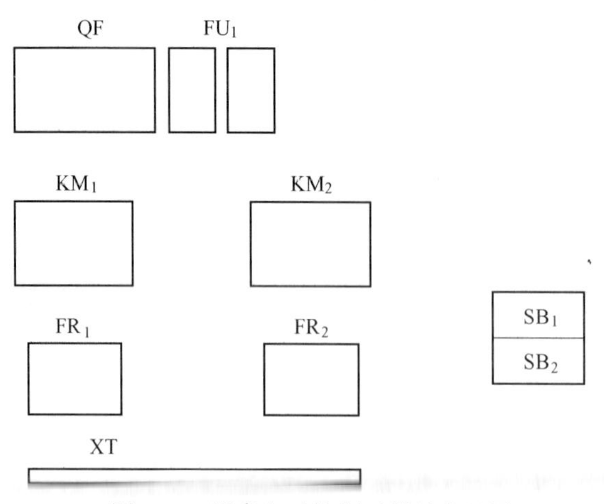

图 5-16 顺序起动控制元器件布置图

检查控制电路：首先取下控制电路熔体，用万用表测量熔断器下接线端子之间的电阻，控制电路阻值应为无穷大，若测量结果为短路（$R \to 0$），说明控制电路存在短路故障，应检查并排除故障，然后按下按钮 SB_2 测量控制电路的电阻值，控制电路的电阻值应为接触器线圈电阻，松开后电阻值无穷大，否则应检查电路排除故障。

⑤通电试车。

上述各项检查完全合格后，清点所用材料，清除安装板上的线头杂物，检查三相电源，将热继电器按整定电流 9.6A 整定好，在工作人员监护下通电试车。

步骤为：

a. 通电试车前，应熟线路的操作过程；

b. 试车时应注意观察电动机和元器件的状态是否正常。若发现异常现象，应立即切断电源重新检查，排出故障；

c. 通电试车后，断开电源，拆除导线，整理材料和操作台。

（3）故障设置与检修训练。

以顺序起动，逆序停止控制电路为例，常见故障现象有：

1）电动机 M_1、M_2 均不能起动。

可能的故障原因：

①电源开关未接通：检查 QF，如上口有电，下口没电，QF 存在故障，需检修或更换，如果下口有电，QF 正常。

②熔断器熔芯熔断：熔芯熔断，更换同规格熔芯。

③热继电器未复位：复位 FR 动断触点。

2）电动机 M_1 起动后 M_2 不能起动。

可能的故障原因：

①KM_2 线圈控制电路不通：检查 KM_2 线圈电路导线有无脱落，若有脱落需恢复，检查 KM_2 线圈是否损坏，如坏了需更换，检查 SB_2 按钮是否正常，若不正常需修复更换。

②KM_1 动合辅助触点故障：检查 KM_1 动合辅助触点是否闭合，不闭合需修复。

③KM_2 电源缺相或没电：检查 KM_1 主触点以下至 M_2 部分有无导线脱落，如有脱落

现象需恢复；检查 KM_2 主触点是否存在故障，若存在需修复或更换接触器。

④M_2 电动机烧坏：拆下 M_2 电源线，检修电动机。

【任务实施】

任务完成后，由指导教师对本任务完成情况进行评价：

（1）安全意识（20 分）；

（2）根据电气原理图，完成正反转控制及位置控制线路的安装与调试（60 分）；

（3）职业规范和环境保护（20 分）。

【知识小结】

常用三相异步电动机的正反转及自动往返控制线路工作原理各有不同，因而有多种分类方法，结构也各有差异。其主要技术参数有额定电流、额定电压及绝缘强度、机械和电气寿命等。通过完成本任务，对常用三相异步电动机的正反转及自动往返控制线路的基本结构有一个整体的感性认识，并对一些主要部件的功能、作用及安装方法有初步的认识。

任务 5.3　三相异步电动机星形-三角形起动控制线路安装与调试

【学习目标】

应知：

（1）熟悉三相异步电动机Y-△降压起动线路及制动控制线路的组成结构；

（2）了解常用三相异步电动机Y-△降压起动线路及制动控制线路的工作原理。

应会：

（1）掌握三相异步电动机Y-△降压起动线路及制动控制线路安装与调试方法；

（2）能对三相异步电动机Y-△降压起动线路及制动控制线路的主要部件进行检测、拆装和故障维修；

（3）初步养成安全操作的规范行为。

【学习指导】

观察三相异步电动机Y-△降压起动线路及制动控制线路的结构，通过学习其组成结构及工作原理后进行拆装练习，充分了解常用控制电器的总体结构，并能学会选择和正确使用各类常用控制电器。

全面、系统地观察三相异步电动机Y-△降压起动线路及制动控制线路的基本结构，能够说出部件的主要功能、作用和安装位置。对三相异步电动机Y-△降压起动线路及制动控制线路能进行正确的检测、接线和故障维修操作。

【知识学习】

5.3.1　星-三角形降压起动控制电路

交流电动机从接入电源开始，转速由零上升到某一稳定转速为止的过程称为起动过程或起动。10kW 及其以下容量的三相异步电动机通常采用全压起动，即起动时电动机的定子绕组直接接在额定电压的交流电源上。但当电动机容量超过 10kW 时，因起动电流较大，线路压降大，负载端电压降低，影响起动电动机附近电气设备的正常运行，所以一般采用降压起动。所谓降压起动是指起动时降低加在电动机定子绕组上的电压，待电动机起动后再将电压恢复到额定值，使之运行在额定电压下，降压起动可以减少起动时对线路的影响，但电动机的电磁转矩与定子端电压二次方成正比，所以使得电动机的起动转矩相应减小。降压起动方式有Y-△降压起动、自耦变压器降压起动、软起动、延边三角形降压起动定子串电阻降压起动等。常用的有Y-△降压起动与自耦变压器降压起动，软起动是一种代电动机控制技术，正在一些场合推广使用，后两种已很少采用。

如果电动机在正常运转时用三角形联结，起动时先把它改接成星形，使加在绕组上的电压降低到额定值的1/3，因而I_{st}减小，起动电流为三角形接法的1/3，待电动机的转速升高后，再通过开关把它改接成三角形，使它在额定电压下运转，利用这种方法起动时，起动转矩只有直接起动的1/3。所以用这种起动方法，只适用于轻载或空载下起动，常见的起动线路有以下几种。

1. 按钮、接触器控制Y-△降压手动起动电路

按钮、接触器控制Y-△降压手动起动电路如图5-17所示。Y-△降压手动起动电路工作原理如下。先关上电源开关QS→Y电动机降压起动。

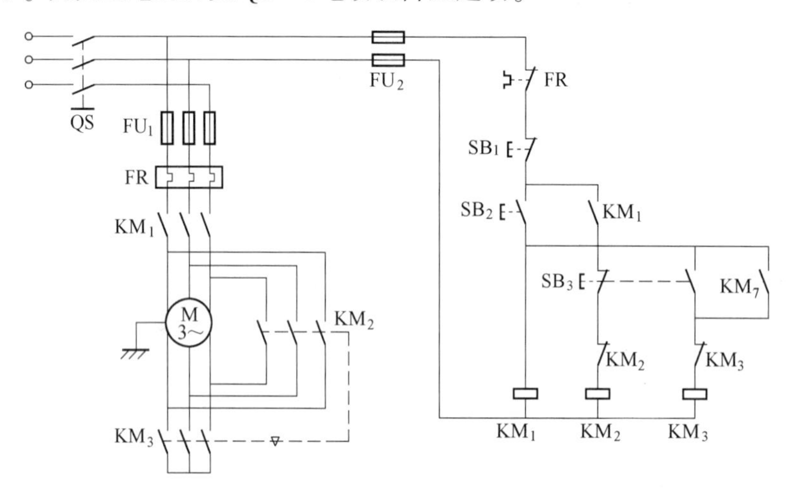

图5-17 按钮、接触器控制Y-△降压手动起动电路

2. 时间继电器自动控制Y-△降压起动电路

图5-18为QX4系列自动Y-△起动器电路，适用于125kW及以下的三相笼型异步电动机Y-△降压起动和停止的控制。该电路由接触器KM_1、KM_2、KM_3，热继电器FR，时间继电器KT，按钮SB_1、SB_2等元器件组成，具有短路保护、过载保护和失电压保护等功能。先合上电源开关QS，按下起动按钮SB_2，KM_1、KT、KM_3线圈同时通电并实现KM_1的自锁，电动机三相定子绕组接成星形接入三相交流电源进行降压起动，当电动机转速接近额定转速时，通电延时型时间继电器动作，KT常闭触头断开，KM_3线圈断电释放；同时KT常开触头闭合，KM_2线圈通电吸合并自锁，电动机绕组接成三角形全压运行。当KM_2通电吸相合后，KM_1常闭触头断开，使KT线圈断电，避免时间继电器长期工作。KM_2、KM_3常闭触头为互锁触头，以防同时接成星形和三角形造成电源短路。

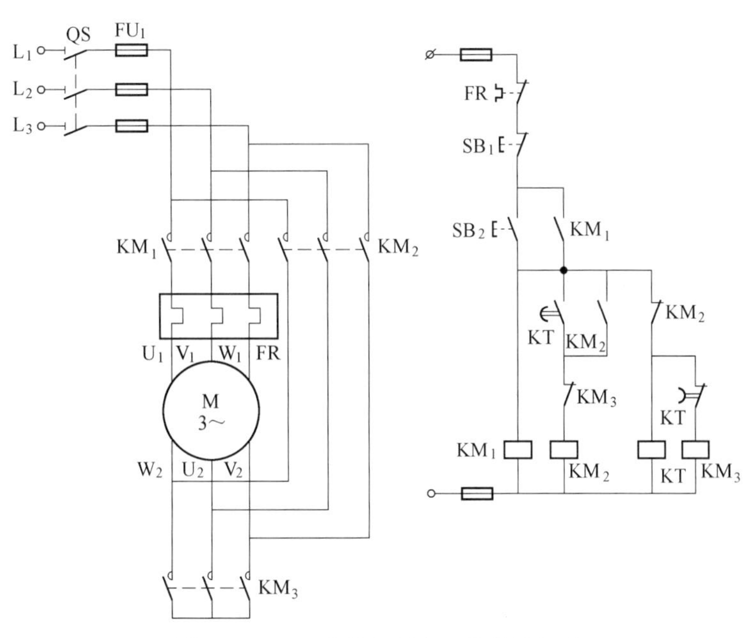

图 5-18　QX4 系列自动Y-△起动器电路

3. 技能训练：三相异步电动机Y-△起动控制

（1）实训目的。

1）熟悉空气阻尼式时间继电器的结构、原理及使用方法；

2）掌握异步电动机Y-△起动控制电路的工作原理及接线方法；

3）进一步熟悉电路的接线方法，故障分析及排除方法。

（2）实训仪器和设备。

交流接触器 3 个，热继电器 1 个，二联按钮 1 个，时间继电器 1 个，三相转换开关 1 个，三相电动机△接法 1 台，电工工具 1 套。

（3）实训原理及线路。

图 5-19 是三相异步电动机Y-△起动的控制电路。

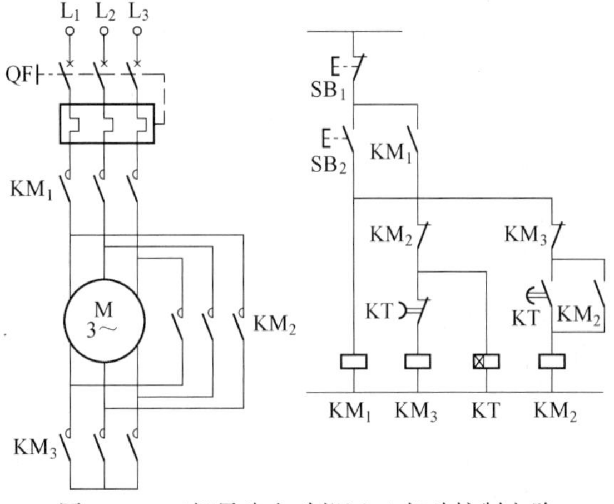

图 5-19　三相异步电动机Y-△起动控制电路

（4）实训步骤。

1）检查元器件是否良好，要弄清时间继电器的类型；

2）用粗线接好主回路，用细线接好控制电路，经老师检查后进行下列操作；

3）合上 QS，按下 SB，观察各元器件的动作；

4）调节 KT 的延时，观察其动作时间和电动机的起动情况。

（5）思考题。

1）异步电动机Y-△起动控制电路有何优点和缺点？适用于什么情况？

2）时间继电器 KT 的延时太短有何影响？

3）若延时常开、常闭触头接反会发生什么现象？为什么？

5.3.2　制动控制线路

三相异步电动机的电磁转矩 T 与转速 n 方向相同时，电动机就处于电动状态，此时，电动机从电网吸收电能并转换为机械能向负载输出，电动机运行于机械特性的一、三象限。电动机在拖动负载的工作中，只要电磁转矩 T 与转速 n 的方向相反，电动机就处于制动运行状态，此时电动机运行于机械特性的二、四象限。异步电动机制动运行的作用仍然是快速减速、停车和匀速下放重物。

所谓制动就是给电动机一个与转动方向相反的转矩使它迅速停转，制动的方法一般有两类：机械制动和电气制动。所谓的机械制动是用机械装置产生机械力来强迫电动机迅速停车，电气制动是使电动机的电磁转矩方向与电动机旋转方向相反，起制动作用，电气制动有反接制动、能耗制动、再生制动以及派生的电容制动等，这些制动方法各有特点，适用不同场合，以下介绍几种典型的制动控制电路。

1. 电动机单向反接制动控制

反接制动是利用改变电动机电源的相序，使定子绕组产生相反方向的旋转磁场，因而产生制动转矩的一种制动方法，电源反接制动时，转子与定子旋转磁场的相对转速接近两倍的电动机同步转速，所以定子绕组中流过的反接制动电流相当于全压起动时起动电流的两倍，因此反接制动转矩大，制动迅速，冲击大，通常适用于 10kW 及以下的小容量电动机，为了减小冲击电流，通常在笼型异步电动机定子电路中串入反接制动电阻，定子反接制动电阻接法有三相电阻对称接法和在两相中接入电阻的不对称接法两种，显然，采用三相电阻对称接法既限制了反接制动电流又限制了制动转矩，而采用不对称电阻接法只限制了制动转矩，但对未串制动电阻的那一相，仍具有较大的电流。另外，当电动机转速接近零时，要及时切断反相序电源，防止电动机反向再起动，通常用速度继电器来检测电动机转速并控制电动机反相序电源的断开。

图 5-20 为电动机单向反接制动控制电路。图中 KM_1 为电动机正向运行接触器，KM_2 为反接制动接触器，KS 为速度继电器，R 为反接制动电阻，起动电动机时，合上电源开关 QF，按下 SB_2，KM_1 线圈通电并自锁，KM_1 主触头闭合，电动机 M 全压起动。当与电动机有机械联接的 KS 速度继电器转速超过其动作值时，其相应触头闭合，为反接制动做准备。停止时，按下停止按钮 SB_1，其常闭触头断开，使线圈 KM_1 断电释放，KM_1 主触头断开，切断电动机原相序三相交流电源，电动机仍以惯性高速旋转。当将停止按钮 SB_1

按到底时，其常开触头闭合，使线圈 KM 通电并自锁，电动机定子串入三相对称电阻 R 并接入反相序三相交流电源进行反接制动，电动机转速迅速下降。当转速下降到 KS 释放转速时，释放，其常开触头复位，断开线圈 KM_2 电路，KM_2 断电释放，主触头断开电动机反相序交流电源，反接制动结束，电动机自然停车至零。

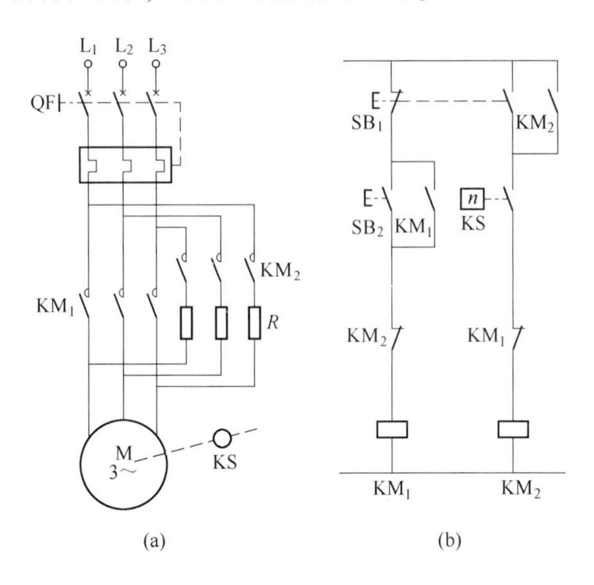

图 5-20　电动机单向反接制动控制电路

（a）主电路；（b）控制线路

2. 电动机单向运行能耗制动控制

能耗制动是在电动机脱离三相交流电源后，向定子绕组内通入直流电源，建立静止磁场，转子以惯性旋转，转子导体切割定子恒定磁场产生转子感应电动势，从而产生转子感应电流，利用转子感应电流与静止磁场的作用产生制动的电磁转矩，达到制动的目的。在制动过程中，电流、转速和时间三个参量都在变化，可任取一个作为控制信号。按时间作为变化参量，控制电路简单，实际应用较多，图 5-21 为电动机单向运行时间原则控制的能耗制动控制电路图。

电路工作原理：电动机现已处于单向运行状态，所以 KM_1 通电并自锁。若要使电动机停转，只要按下停止按钮 SB_1，KM_1 线圈断电释放，其主触头断开，电动机断开三相交流电源，同时，KM_1、KT 线圈通电并自锁，KM_2 主触头将电动机定子绕组接入直流电源进行能耗制动，电动机转速迅速降低，当转速接近零时，通电延时时间继电器 KT 延时时间到，KT 常闭延时断开触头动作，使 KM_1、KT 线圈相继断电释放，能耗制动结束。图中 KT 的瞬动常开触头与 KM_2 自锁触头串接，其作用是：当发生 KT 线圈断线或机械卡住故障，致使 KT 常闭通电延时断开触头断不开，常开瞬动触头也合不上时，只要按下停止按钮 SB_1，即可成为点动能耗制动。若无 KT 的常开瞬动触头串接 KM_2 常开触头，在发生上述故障时，按下停止按钮 SB_1 后，将使 KM_2 线圈长期通电吸合，使电动机两相定子长期接入直流电源。

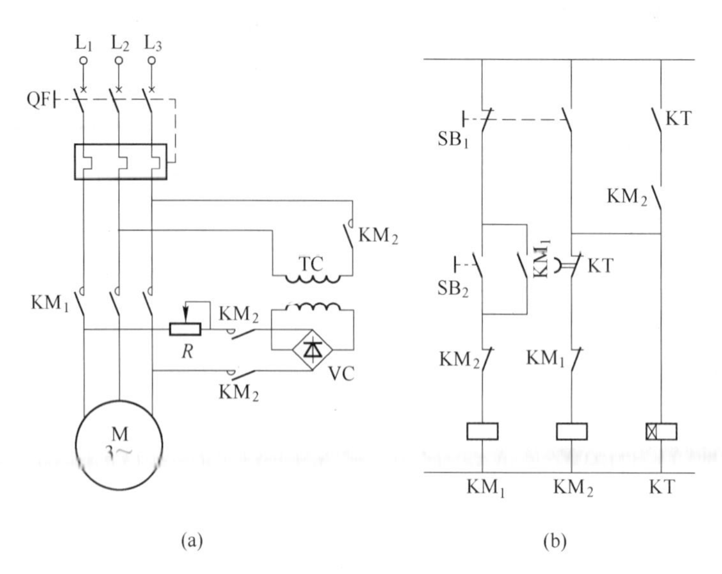

图 5-21　电动机单向运行时间原则控制的能耗制动控制电路

（a）主电路；（b）控制线路

【任务实施】

任务完成后，由指导教师对本项任务完成情况进行评价：

（1）安全意识（20 分）；

（2）根据电气原理图，完成Y-△控制电路的安装与调试（60 分）；

（3）职业规范和环境保护（20 分）。

【知识小结】

常用三相异步电动机的Y-△降压起动及制动控制线路工作原理各有不同，因而有多种分类方法，结构也各有差异。其主要技术参数有额定电流、额定电压及绝缘强度、机械和电气寿命等。通过完成本任务，对常用三相异步电动机的Y-△降压起动及制动控制线路的基本结构有一个整体的感性认识，并对一些主要部件的功能、作用及安装方法有初步的认识。

【项目总结】

由按钮、继电器、接触器等低压控制电器组成的电气控制线路，具有线路简单、维修方便、价格低廉等许多优点，多年来在各种生产机械的电气控制领域中一直获得广泛的应用。

由于生产机械的种类繁多，所要求的控制线路也是千变万化、多种多样的，因此本项目着重阐明组成这些线路的基本规律和典型线路环节。这样，再结合具体的生产工艺要求，就不难掌握电气控制线路的分析方法与设计。

学习完本项目后，学生将能够达到以下要求：

（1）了解电气控制的基本知识；

（2）掌握根据电气原理图绘制安装接线图的方法；

（3）掌握检查和测试元器件的方法；

（4）掌握三相异步电动机的起停、点动/长动控制线路的原理、安装和调试；

（5）掌握三相异步电动机的正反转控制线路的原理、安装和调试；

（6）掌握三相异步电动机Y-△起动及制动控制线路的原理、安装和调试；

(7) 培养学生良好的安全意识和职业素养。

【思考与练习题】

1. 填空题

(1) 电路图一般分________、________、________三部分进行绘制。

(2) 用Y-△降压起动时，起动电流为直接用△接法起动时的________，所以对降低________很有效。但起动转矩也只有直接用△接法起动时________，因此只适用于________起动。

(3) 在电气控制原理电路图中常用到几种"锁"字电路，如自锁、________以及顺序联锁等。

(4) 在实际生产中往往要求电动机实现长时间连续转，即所谓________。

(5) Y-△降压起动控制线路是按________原则实现控制。

(6) 电动机正反转控制电路必须有________，使换相时不发生相间短路。

(7) 异步电动机的损耗有________、________、________和附加杂散损耗。

(8) 三相笼型异步电动机在运行中断了一根电源线，则电机转速________。

(9) 三相异步电动机的定子________、________、________部分组成。

(10) Y-△降压起动时，起动电流和起动转矩各降为直接起动时的________、________倍。

2. 选择题

(1) 对于交流电机，下列哪种方法属于变转差率调速？(　　)

A. 改变电源频率　　B. 改变定子绕组的极对数

C. 转子回路中串入可调电阻　　D. 改变电源电压

(2) 下列异步电动机的制动方法中，(　　) 制动最强烈。

A. 能耗　　B. 回馈　　C. 倒拉反接　　D. 电源反接

(3) 三相异步电机采用Y-△起动机时，下列描绘中 (　　) 是错误的。

A. 正常运行时作△接法　　B. 起动时作Y接法

C. 可以减小起动电流　　D. 适合要求重载起动的场合

(4) 三相异步电动机要想实现正反转，应该 (　　)。

A. 调整三线中的两线　　B. 三线都调整

C. 接成星形　　D. 接成三角形

(5) 主电路粗线条绘制在原理图的 (　　)。

A. 左侧　　B. 右侧　　C. 下方

(6) 接触器的型号为CJ10-160，其额定电流是 (　)。

A. 10A　　B. 160A　　C. 10~160A　　D. 大于160A

(7) 交流接触器的作用是 (　　)。

A. 频繁通断主电路　　B. 频繁通断控制电路

C. 保护主电路　　D. 保护控制电路

3. 判断题

(1) 降压起动的目的是为了减小起动电流。　( )
(2) 自变压器降压起动的方法适用于频繁起动的场合。　( )
(3) 交流电动机的控制电路必须采用交流操作。　( )
(4) 频敏变阻器只能用于三相笼型异步电动机的起动控制中。　( )
(5) 绕线转子异步电动机转子电路的起动电阻可兼作调速电阻使用。　( )
(6) 失电压保护的目的是防止电源电压恢复时电动机自起动。　( )
(7) 在反接制动控制电路中，必须采用以时间为变化参量进行控制。　( )
(8) 现有 3 个按钮，欲使它们都能控制接触器 KM 通电，则它们的常开触点应串联接的线圈电路中。　( )
(9) 绕线转子异步电动机转子电路串频敏变阻器的起动方式可以使起动平稳，克服不了机械冲击。　( )
(10) 电动机控制电路中如果使用热继电器作其过载保护，就不必再装设熔断器作短路保护。　( )

4. 分析及简答题

(1) 三相异步电动机的起动基本要求有哪些？
(2) 什么叫三相异步电动机的降压起动？有哪几种降压起动的方法？

项目6 西门子 S7-200 SMART、MCGS 组态基础及应用

学习本项目的主要目的是了解 S7-200 SMART 的基本硬件结构及工作原理，熟悉 STEP 7-Micro/WIN SMART 编程软件的使用，掌握三相异步电动机的Y-△起动控制方法；熟悉 HMI 组态软件 MCGS 的使用，掌握触摸屏 TPC7062K 和 PLC 通信以及综合应用；了解伺服电机和步进电机的基本知识，知道伺服电机和步进电机的 PLC 控制方法。本项目通过介绍 S7-200 SMART PLC 以及昆仑通态 HMI 设备及组态软件，要求学生在认识 PLC 和 HMI 设备的基础上，掌握 PLC 的编程应用以及组态的方法，为后续系统学习可编程序控制器打下良好的基础。

【知识目标】

(1) 了解西门子 S7-200 SMART 的硬件结构及工作原理；

(2) 认识伺服电机和步进电机的工作原理及控制方法；

(3) 熟悉 STEP 7-Micro/WIN SMART 编程软件的使用；

(4) 熟悉组态软件 MCGS 的使用及触摸屏 TPC7062K 的应用；

(5) 掌握三相异步电动机的Y-△起动 PLC 控制方法；

(6) 培养学生良好的安全意识和职业素养。

【能力目标】

要能够使用 S7-200 SMART PLC 实现对三相异步电动机的星-三角起动控制，学生必须先对 S7-200 SMART 的硬件结构和工作原理有基本了解，知道 STEP 7-Micro/WIN SMART 编程软件的使用。本项目根据这一要求设计了任务 6.1，通过完成此任务中的两个子任务，可以使学生掌握 S7-200 SMART PLC 的基本应用。任务 6.2 让学生了解组态的相关知识，在认识 MCGS 组态软件的基础上，掌握触摸屏 TPC7062K 和 PLC 的综合应用。任务 6.3 主要是拓展学生的知识面，让学生了解伺服电机和步进电机的相关知识，伺服电机和步进电机在自动化领域应用非常广泛，有能力的学生可以在此基础上进行深入学习。

任务 6.1 PLC 与电机控制

【学习目标】

应知：

(1) 了解 S7-200 SMART 的基本硬件结构及工作原理；

(2) 熟悉 STEP 7-Micro/WIN SMART 编程软件。

应会：

(1) 掌握 STEP 7-Micro/WIN SMART 编程软件的使用；

(2) 掌握三相异步电动机的Y-△起动 PLC 控制方法。

【学习指导】

学习 S7-200 SMART 的硬件结构和软件系统，应用 S7-200 SMART 实现三相异步电动机的Y-△起动控制，初步掌握 S7-200 SMART 的编程应用。

要实现三相异步电动机的Y-△起动 PLC 控制，必须了解 S7-200 SMART PLC 的基本结构、工作原理、掌握 I/O 端口接线、程序编写、下载以及调试运行。

【知识学习】

6.1.1　认识西门子 S7-200 SMART

西门子（SIMATIC）公司是欧洲最大的电子和电气设备制造商之一，生产的 SIMATIC 可编程序控制器在世界上处于领先地位。其第一代可编程序控制器是 1975 年投放市场的 SIMATIC S3 系列的控制系统。在 1979 年，西门子公司将微处理器技术应用到可编程序控制器中，研制出了 SIMATIC S5 系列，取代了 S3 系列，目前 S5 系列产品仍然有小部分在工业现场使用，在 20 世纪末，西门子又在 S5 系列的基础上推出了 S7 系列产品。最新的 SIMATIC 产品为 SIMATIC S7 和 C7 等几大系列。

SIMATIC S7 系列产品分为通用逻辑模块、S7-200 系列、S7-200 SMART 系列、S7-1200 系列、S7-300 系列、S7-400 系列和 S7-1500 系列七个产品系列。S7-200 是在德州仪器公司的小型 PLC 的基础上发展而来的，因此其指令系统、程序结构、编程软件和 S7-300/400 有较大的区别，在西门子 PLC 产品系列中是一个特殊的产品。2012 年 7 月，西门子推出了高性价比小型 PLC S7-200 SMART，近几年逐渐成了 S7-200 的更新换代产品。S7-200 SMART 是 S7-200 的升级版本，是西门子家族的新成员，于 2012 年 7 月发布。其绝大多数的指令和使用方法与 S7-200 类似，其编程软件也和 S7-200 的类似，而且在 S7-200 中运行的程序大部分都可以在 S7-200 SMART 中运行。S7-1200 系列是在 2009 年才推出的新型小型 PLC，定位于 S7-200 和 S7-300 产品之间。S7-300/400 是由西门子的 S5 系列发展而来，是西门子公司的最具竞争力的 PLC 产品。2013 年，西门子公司又推出了新品 S7-1500 系列产品。西门子 PLC 系列产品家族见表 6-1。

表 6-1　西门子 PLC 系列产品家族一览表

序号	控制器	产品定位	性 能 特 征
1	通用逻辑模块	低端的独立自动化系统中简单的开关量解决方案和智能逻辑控制器	作为时间继电器、计数器和辅助接触器的替代开关设备；有数字量、模拟量和通信模块；用户界面友好，配置简单；使用拖放功能和智能电路开发；经济实用，在小型的自动化控制系统中应用广泛
2	S7-200	低端的离散自动化系统和独立自动化系统中使用的紧凑型逻辑控制器模块	串行模块结构、模块化扩展；紧凑设计，CPU 集成 I/O；实时处理能力，高速计数器和报警输入和中断；易学易用的软件；多种通信选项
3	S7-200 SMART	低端的离散自动化系统和独立自动化系统中使用的紧凑型逻辑控制器模块	集成了 PROFINET 接口；串行模块结构、模块化扩展；紧凑设计，CPU 集成 I/O；实时处理能力，高速计数器和报警输入和中断；易学易用的软件；多种通信选项
4	S7-1200	低端的离散自动化系统和独立自动化系统中使用的小型逻辑控制器模块	可升级及灵活的设计；集成了 PROFINET 接口；集成了强大的计数、测量、闭环控制及运动控制功能；直观高效的 STEP 7 Basic 工程系统，可以直接组态控制器和 HMI

续表 6-1

序号	控制器	产品定位	性能特征
5	S7-300	中端的离散自动化系统中使用的逻辑控制器模块	通用型应用和丰富的 CPU 模块种类；高性能，模块化紧凑设计；使用 MMC 存储程序和数据，系统免维护
6	S7-400	高端的离散和过程自动化系统中使用的逻辑控制器模块	特别强的通信和处理能力；定点加法或乘法的指令执行速度最快为 0.03μs；大型 I/O 框架和最高 20MB 的主内存；快速响应，实时性强，垂直集成；支持热插拔和在线 I/O 配置，避免重启；具备等时模式，可以通过 PROFIBUS 控制高速机器
7	S7-1500	适用于离散自动化领域内的各种中高端系统	SIMATIC S7-1500 控制器除了包含多种创新技术之外，还设定了新标准，最大程度提高生产效率。无论是小型设备还是对速度和准确性要求较高的复杂设备装置，都一一适用；无缝集成到 TIA 博途中，极大提高了工程组态的效率

1. S7-200 SMART 系列 PLC 概述

S7-200 SMART 系列 PLC 的 CPU 模块有 12 个型号，分为两条产品线：经济型产品线和标准型产品线。CPU 标识符的首字母指示产品线，分为经济型（c）和标准型（s）；标识符的第二个字母指示交流电源/继电器输出（R）或直流电源/直流晶体管（T）。标识符中的数字指示板载数字量 I/O 总数。新的经济型号由小写字符“s”（仅限串行端口）后加 I/O 计数进行指示。

其中标准型有 8 个型号，经济型有 4 个型号，见表 6-2。标准型 PLC 中有 20 点、30 点、40 点和 60 点四类，每类中又分为继电器输出和晶体管输出两种，CPU 模块可以扩展，其参数见表 6-3。经济型 PLC 中有 20 点、30 点、40 点和 60 点四类，目前只有继电器输出形式，CPU 模块不能扩展，其参数见表 6-4。

表 6-2 S7-200 SMART 系列 CPU 模块型号

CPU 型号	SR20	ST20	CR20s	SR30	ST30	CR30s	SR40	ST40	CR40s	SR60	ST60	CR60s
经济型串行、不可扩展	×	×	√	×	×	√	×	×	√	×	×	√
标准型、可扩展	√	√	×	√	√	×	√	√	×	√	√	×
继电器输出	√	×	√	√	×	√	√	×	√	√	×	√
晶体管输出 DC	×	√	×	×	√	×	×	√	×	×	√	×
数字量 I/O 点数	20	20	20	30	30	30	40	40	40	60	60	60

表 6-3 S7-200 SMART 系列标准型 CPU 模块主要技术指标

型　　号	CPU SR20，CPU ST20	CPU SR30，CPU ST30	CPU SR40，CPU ST40	CPU SR60，CPU ST60
尺寸：W×H×D	90mm×100mm×81mm	110mm×100mm×81mm	125mm×100mm×81mm	175mm×100mm×81mm

续表 6-3

型　号		CPU SR20, CPU ST20	CPU SR30, CPU ST30	CPU SR40, CPU ST40	CPU SR60, CPU ST60
用户程序存储器		12KB	18KB	24KB	30KB
用户数据存储器		8KB	12KB	16KB	20KB
程序空间（永久保存）		最大 10KB	最大 10KB	最大 10KB	最大 10KB
主机数字量 I/O 点数		12DI/8DQ	18DI/12DQ	24DI/16DQ	36DI/24DQ
扩展模块		最多 6 个	最多 6 个	最多 6 个	最多 6 个
信号板		1	1	1	1
高速计数器	单相	4 个，200kHz 2 个，30kHz	5 个，200kHz 1 个，30kHz	4 个，200kHz 2 个，30kHz	4 个，200kHz 2 个，30kHz
	A/B 相	2 个，100kHz 2 个，20kHz	3 个，100kHz 1 个，20kHz	2 个，100kHz 2 个，20kHz	2 个，100kHz 2 个，20kHz
脉冲输出		2 个，100kHz	3 个，100kHz	3 个，100kHz	3 个，100kHz
PID 回路		8	8	8	8
实时时钟，备用时间 7 天		有	有	有	有

注：脉冲输出仅适用于带晶体管输出的 CPU 型号，不适用于带有继电器输出的 CPU 型号。

表 6-4　S7-200 SMART 系列经济型 CPU 模块主要技术指标

型　号		CPU CR20s	CPU CR30s	CPU CR40s	CPU CR60s
尺寸：W×H×D		90mm×100mm×81mm	110mm×100mm×81mm	125mm×100mm×81mm	175mm×100mm×81mm
用户程序存储器		12KB	12KB	12KB	12KB
用户数据存储器		8KB	8KB	8KB	8KB
程序空间（永久保存）		最大 2KB	最大 10KB	最大 10KB	最大 10KB
主机数字量 I/O 点数		12DI/8DQ	18DI/12DQ	24DI/16DQ	36DI/24DQ
扩展模块		无	无	无	无
信号板		无	无	无	无
高速计数器	单相	4 个，100kHz	4 个，100kHz	4 个，100kHz	4 个，100kHz
	A/B 相	2 个，50kHz	2 个，50kHz	2 个，50kHz	2 个，50kHz
脉冲输出		2 个，100kHz	3 个，100kHz	3 个，100kHz	3 个，100kHz
PID 回路		8	8	8	8
实时时钟，备用时间 7 天		无	无	无	无

经济型 CPU 与标准型 CPU 相比较，其差异如下。

（1）无以太网端口；RS485 端口现为编程端口；

（2）STEP 7-Micro/WIN SMART 使用 USB-PPI 电缆通过 RS485 端口对 CPU 编程；

（3）CPU 保留一个 STEP 7-Micro/WIN SMART 程序员连接；

（4）没有需要使用以太网端口的 CPU 指令；

（5）不支持数据日志；

（6）无实时时钟；

（7）无 MicroSD 读卡器；

（8）不提供信号板支持；

（9）不提供信号模块支持；

（10）无 24V 直流传感器电源；

（11）无运动控制；

（12）仅支持具有 PROFIBUS/RS485 功能的 HMI；

（13）12KB 梯形图内存 8KB V 内存；

（14）保持性存储器限制为 2KB。

2. S7-200 SMART 系列 PLC 的特点

S7-200 SMART 完善了现有产品线，扩展了 I/O 能力，提升了芯片的存储能力，实现了 PLC 之间的以太网通信功能，改进了运动控制功能，优化了编程软件，与 SMART LINE 触摸屏、V20 变频器、V90 伺服系统组成新型的 SMART 小型自动化解决方案，全面覆盖客户对于自动控制、人机交互、变频调速及伺服定位的各种需求。广泛应用于产品包装、食品饮料、交通、制药、污水处理、纺织等行业，如图 6-1 所示。

图 6-1　S7-200 SMART 应用的行业领域

S7-200 SMART 系列 PLC 是在 S7-200 系列 PLC 的基础上发展而来的，它具有一些新的优良特性，具体如下。

（1）机型丰富，更多选择。

提供不同类型、I/O 点数丰富的 CPU 模块，单体 I/O 点数最高可达 60 点，可满足大部分小型自动化设备的控制需求。另外，CPU 模块配备标准型和经济型供用户选择，对于不同的应用需求，产品配置更加灵活，最大限度地控制成本。

（2）选件扩展，精确定制。

新颖的信号板设计可扩展通信端口、数字量通道、模拟量通道。在不额外占用电控柜空间的前提下，信号板扩展能更加贴合用户的实际配置，提升产品的利用率，同时降低用户的扩展成本。

（3）高速芯片，性能卓越。

配备西门子专用高速处理器芯片，基本指令执行时间可达 0.15μs，在同级别小型 PLC 中遥遥领先，应对烦琐的程序逻辑及复杂的工艺要求时表现从容不迫。

（4）以太互联，经济便捷。

CPU 模块本体标配以太网接口，集成了强大的以太网通信功能，通过普通的网线即可将程序下载到 PLC 中，方便快捷。而且以太网接口还可以和其他 CPU 模块、触摸屏、计算机进行通信，轻松进行设备组态。同时每个 CPU 还集成一个 RS485 接口，支持和变频器通信的 Mosbus RTU、USS、Modbus 协议，还支持自由口通信、PPI 协议。此外，还支持扩展板功能，通过扩展板可以扩展另外一个 RS485 或 RS232 接口。

（5）三轴脉冲，运动自如。

在 OEM（Original Equipment Manufacturer）机械设备上，运动控制是非常重要的因素，S7-200 SMART CPU 模块本体最多集成 3 路高速脉冲输出，频率高达 100kHz，支持 PWM/PTO 输出方式以及多种运动模式，可自由设置运动包络。配以方便易用的向导设置功能，快速实现设备调速、定位等功能，对广大自动化设备生产厂商很有价值。

（6）通用 SD 卡，快速更新。

本机集成 Micro SD 卡插槽，使用市面上通用的 Micro SD 卡即可实现程序的更新和 PLC 固件升级，极大地方便了客户工程师对最终用户的服务支持，省去了因 PLC 固件升级而返厂服务的不便。

（7）软件友好，编程高效。

在继承西门子编程软件强大功能的基础上，STEP 7-Micro/WIN SMART 编程软件融入了更多的人性化设计，如新颖的带状式菜单、全移动式界面窗口、方便的程序注释功能、强大的密码保护等，同时支持分屏工作和 help 文件检索功能，工程师不需要携带手册，基本上各种问题全在里面，能大幅度提高产品的开发效率。

（8）完美整合，无缝集成。

SIMATIC S7-200 SMART 可编程序控制器、SMART LINE 触摸屏和 SINAMICS V20 变频器完美整合，为 OEM 客户带来高性价比的小型自动化解决方案，满足客户对于人机交互、控制、驱动等功能的全方位需求。

3. S7-200 SMART 系列 PLC 基本结构

S7-200 SMART 的基本组成结构主要包括 CPU 模块、存储器、I/O 模块、通信模块、电源、扩展模块以及外部设备等，如图 6-2 所示。

（1）CPU 模块。

CPU 是 PLC 的核心部件，主要用来运行用户程序、监控 I/O 接口状态以及进行逻辑判断和数据处理。CPU 用扫描的方式读取输入单元的状态或数据，从内存逐条读取用户程序，通过解释后按指令的规定产生控制信号，然后分时、分渠道地执行数据的存取、传

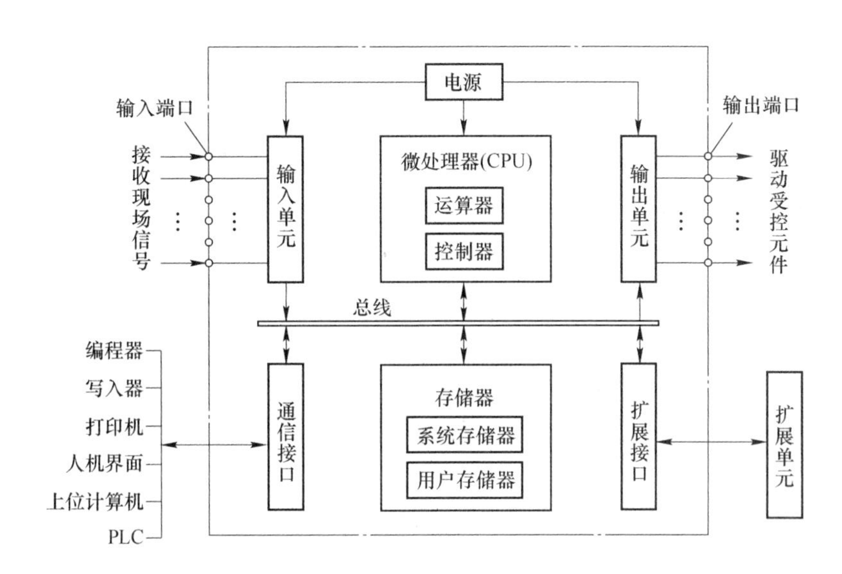

图 6-2　S7-200 SMART PLC 基本结构

送、比较和变换等处理过程，完成用户程序所设计的逻辑或算术运算任务，并根据运算结果控制输出单元，响应外部设备的请求以及进行各种内部诊断。

S7-200 SMART 有两种不同类型的 CPU 模块：标准型和紧凑型，全方位满足不同行业、不同客户、不同设备的各种需求。标准型是可扩展 CPU 模块，可满足对 I/O 点数有较大需求，逻辑控制较为复杂的应用；紧凑型 CPU 模块直接通过单机本体满足相对简单的控制需求。

（2）存储器。

存储器主要有两种：一种是可读/写操作的随机存储器 RAM，另一种是只读存储器 ROM、PROM、EPROM 和 E^2PROM。在 PLC 中，存储器主要用于存放系统程序、用户程序及工作数据。

系统程序由 PLC 制造厂家编写，直接固化在只读存储器 ROM、PROM 或 EPROM 中，用户不能访问和修改。系统程序和 PLC 的硬件组成有关，主要完成系统诊断、命令解释、功能子程序调用管理、逻辑运算、通信及各种参数设定等功能。

用户程序是用户根据生产工艺的控制要求而编制的应用程序。用户程序和中间运算数据存放的随机存储器 RAM 中，RAM 存储器是一种高密度、低功耗、价格便宜的半导体存储器，可用锂电池做备用电源。

（3）I/O 模块。

I/O 模块是输入（Input）模块和输出（Output）模块的简称。输入模块用来采集输入信号，如开关、按钮、传感器等信号；输出模块用来控制外部的负载和执行器，如接触器线圈、电磁阀、指示灯、继电器、驱动器等。此外，I/O 模块还有电平转换与隔离的作用。

（4）电源。

S7-200 SMART 使用 AC 220V 电源或 DC 24V 电源，主要为 CPU、存储器和 I/O 接口等内部电子电路工作提供电源。还可以为输入电路和外部的电子传感器提供 DC 24V

电源。

（5）通信模块。

S7-200 SMART SR/ST CPU 模块本体集成 1 个以太网接口和 1 个 RS 485 接口，通过扩展 CM01 信号板或者 EM DP01 模块，其通信端口数量最多可增至 4 个，可满足小型自动化设备与触摸屏、变频器及其他第三方设备进行通信的需求。

1）以太网通信。

所有 CPU 模块配备以太网接口，支持西门子 S7 协议、有效支持多种终端连接：

① 可作为程序下载端口（使用普通网线即可）。

② 与 HMI 触摸屏进行通信，最多支持 8 台设备。

③ 通过交换机与多台以太网设备进行通信，实现数据的快速交互，包含 8 个 CPU 与其他 S7-200 SMART CPU 之间的 PUT/GET 主动连接，8 个 CPU 与其他 S7-200 SMART CPU 之间的 PUT/GET 被动连接。

④ 开放式以太网通信，支持 TCP、UDP、ISO_on_TCP 通信协议，支持 8 个主动和 8 个被动连接。

2）PROFIBUS 通信。

使用 EM DP01 扩展模块可以将 S7-200 SMART SR/ST CPU 作为 PROFIBUS-DP 从站连接到 PROFIBUS 通信网络。通过模块上的旋转开关可以设置 PROFIBUS-DP 从站地址。该模块支持 9600 波特到 12M 波特之间的任一 PROFIBUS 波特率，最大允许 244 输入字节和 244 输出字节。支持 MPI 从站、PROFIBUS-DP 从站协议。

3）串口通信。

S7-200 SMART CPU 模块均集成 1 个 RS 485 接口，可以与变频器、触摸屏等第三方设备通信。如果需要额外的串口，可通过扩展 CM01 信号板来实现，信号板支持 RS232/RS485 自由转换。串口支持 Modbus RTU、USS、自由口通信等协议。

4）与上位机的通信。

通过 PC Access SMART，操作人员可以轻松通过上位机读取 S7-200 SMART 的数据，从而实现设备监控或者进行数据存档管理。PC Access SMART 是为 S7-200 SMART 与上位机进行数据交互而定制开发的 OPC 服务器协议。

（6）扩展模块。

S7-200 SMART 家族提供各种各样的扩展模块和信号板，通过额外的 I/O 和通信接口，使得 S7-200 SMART 可以很好地按照用户的应用需求来配置。

S7-200 SMART 共提供了 12 种不同的扩展模块。通过扩展模块，可以很容易地扩展控制器的本地 I/O，以满足不同的应用需求。S7-200 SMART 共提供了 4 种不同的信号板。使用信号板，可以在不额外占用电控柜空间的前提下，提供额外的数字量 I/O、模拟量 I/O和通信接口，达到精确化配置。

（7）外部设备。

S7-200 SMART CPU 配有多种通信接口，通过这些通信接口可以与触摸屏、打印机、其他 PLC、上位计算机、路由器、伺服驱动器等外部设备进行通信，组成多机系统或连成网络，实现更大规模控制。

4. S7-200 SMART 硬件结构

S7-200 SMART 硬件结构主要是指 CPU 模块的外形结构、CPU 模块的接线、CPU 扩展模块及接线、CPU 及其扩展模块的安装等。由于篇幅有限，CPU 扩展模块及接线、CPU 及其扩展模块的安装内容在此就不叙述了，可以参考使用手册进行学习。

(1) S7-200 SMART CPU 模块外形结构。

S7-200 SMART 有标准型和经济型两种 CPU 模块，全方位满足不同行业、不同客户、不同设备的需求。标准型是可扩展 CPU 模块，满足对 I/O 点数有较大需求，逻辑控制较为复杂的应用；经济型 CPU 模块不能扩展，直接通过单机本体满足相对简单的控制需求。

S7-200 SMART CPU 将微处理器、集成电源和多个数字量 I/O 点集成在一个紧凑的盒子中，形成功能比较强大的 S7-200 SMART 系列 PLC，其外形结构如图 6-3 所示。

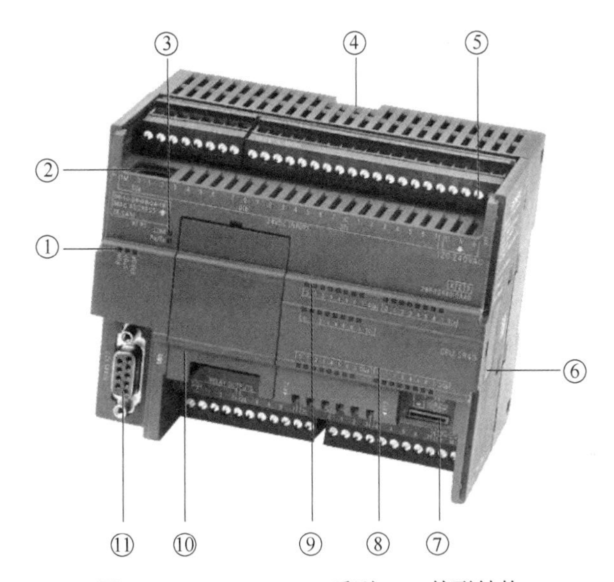

图 6-3　S7-200 SMART 系列 PLC 外形结构

①运行状态指示灯。显示 PLC 的 RUN、STOP 和 ERROR 状态，一目了然。

②集成以太网口。用于程序下载和设备组网，使用普通网线即可实现，方便快捷。

③通信状态指示灯。显示 LINK、RX/TX 通信状态。

④导轨安装夹片。用于将 PLC 安装在标准 DIN 导轨上，安装便捷，支持导轨式和螺钉式安装。

⑤接线端子。所有模块的输入、输出端子均可拆卸，便于调试和维护。

⑥扩展模块接口。插针式连接，模块连接更加紧密、方便。

⑦通用 Micro SD 卡插槽。使用市面上通用的 Micro SD 卡即可实现程序的更新和 PLC 固件升级，操作步骤简单，极大地方便了客户工程师对最终用户的远程服务支持，也省去了因 PLC 固件升级返厂服务的不便。

⑧输出端子指示灯。当有输出信号时，对应端子触点指示灯亮起。

⑨输入端子指示灯。当有输入信号时，对应端子触点指示灯亮起。

⑩信号扩展板安装处。信号板扩展实现精确化配置，同时不占用电控柜空间。

⑪RS-485 通信端口。用于串口通信，如自由口通信、USS 通信和 Modbus 通信等。

（2）S7-200 SMART CPU 模块的接线。

1）输入端子接线。

以 CPU ST40 DC/DC/DC 为例介绍输入端的接线。1M 是输入端的公共端子，与 DC 24V 的电源相连，输入端有 PNP 型和 NPN 型两种接法。当电源的负极与公共端子连接时，是 PNP 接法，如图 6-4 所示。当电源的正极与公共端子连接时，是 NPN 接法，如图 6-5 所示。L+和 N 是 PLC 电源输入端。

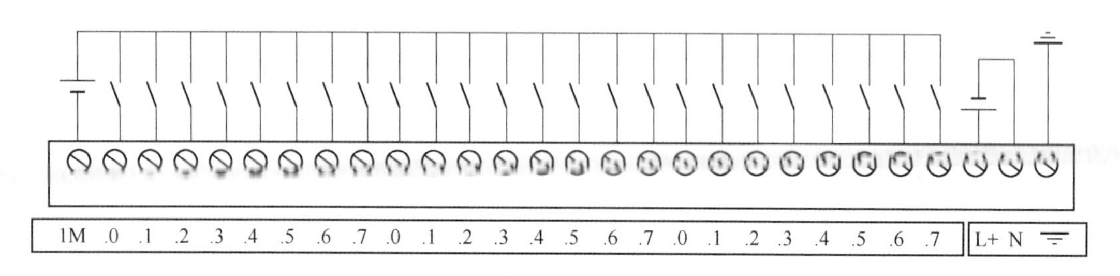

图 6-4　PNP 接法

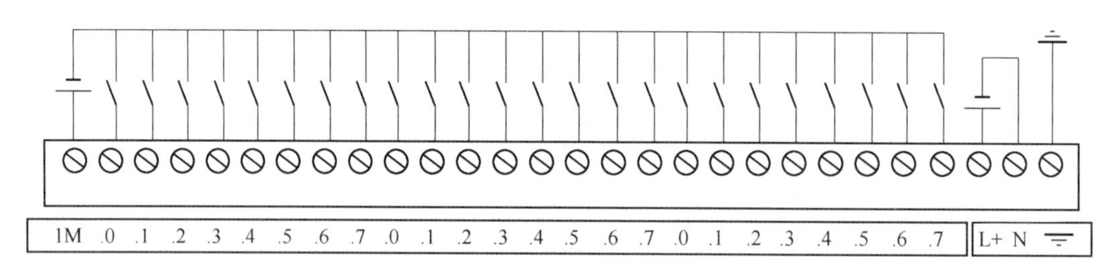

图 6-5　NPN 接法

［例 6-1］　有一台 CPU SR40 AC/DC/继电器，现有 DC 24V 的三线 PNP 型接近开关和二线 PNP 型接近开关各一只，该如何接线?

COM 端接 DC 24V 电源负极，三线 PNP 型接近开关，正、负极接电源正、负极，信号线接 PLC 的 I0. 0 端；二线 PNP 型接近开关，正极接电源正极，信号线接 PLC 的 I0. 1 端，如图 6-6 所示。

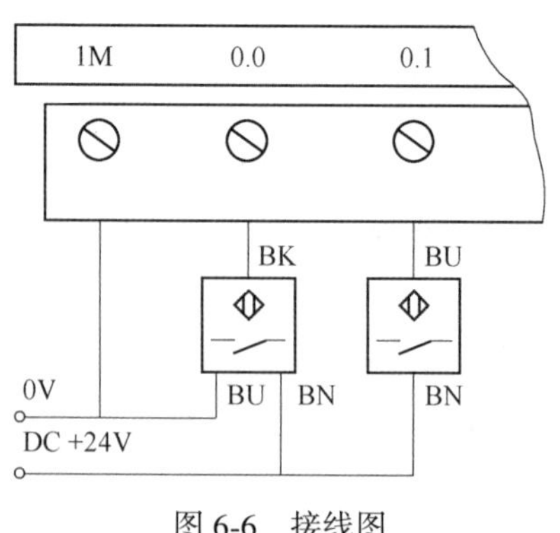

图 6-6　接线图

2）输出端子接线。

S7-200 SMART 系列 CPU 的数字量输出有两种形式：一种是 24V 直流输出，另一种是继电器输出。CPU ST40 DC/DC/DC 的含义是：第一个 DC 表示 PLC 的供电电源是 DC 24V，第二个 DC 表示输入端子的电源电压为 DC 24V，第三个 DC 表示直流输出，即输出端子的负载电源是 DC 24V，直流输出接线如图 6-7 所示；CPU ST40 AC/DC/继电器的含义是：AC 表示 PLC 的供电电源是 AC 220V，DC 表示输入端子的电源电压为 DC 24V，继电器表示继电器输出，即输出端子的负载电源可以是 DC 24V，也可以是 AC 220V，继电器输出接线如图 6-8 所示。

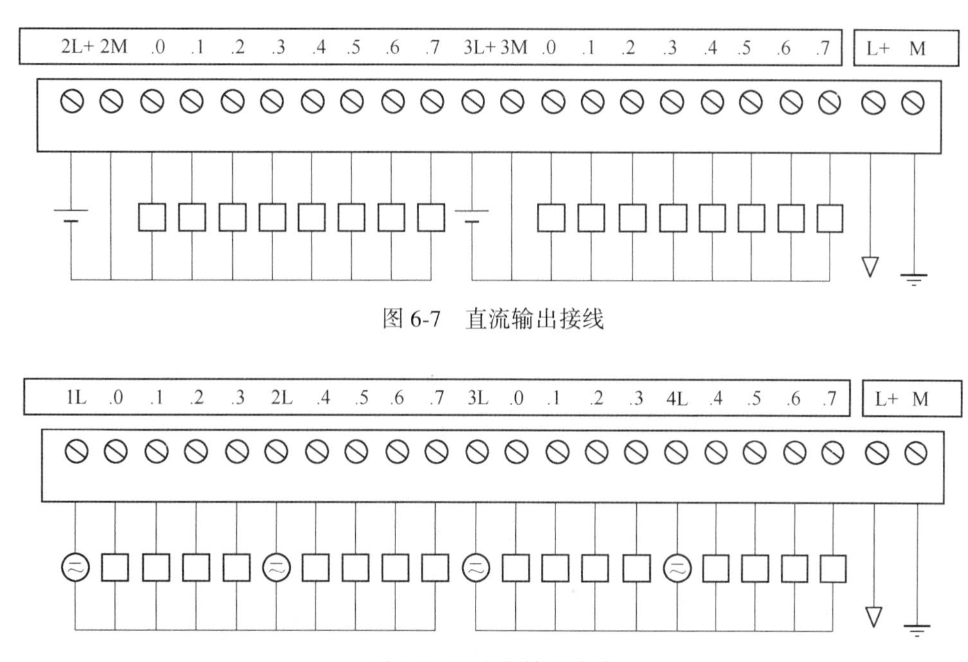

图 6-7 直流输出接线

图 6-8 继电器输出接线

M 和 L+端子为 DC 24V 的电源端子，为外接传感器供电，其负载能力有限，一般不使用。继电器输出是分组排布的，每组负载的电源可以是 DC 24V，也可以是 AC 220V。也就是输出端可以同时接 LED 灯和交流接触器，互不影响。由于自动化设备负载类型多样，有直流负载，也有交流负载，因此继电器输出的 PLC 应用较多。但是要控制步进电机和伺服电机，则必须选择直流输出的 PLC。

5. S7-200 SMART 编程软件

STEP 7-Micro/WIN SMART 是专门为 S7-200 SMART 开发的编程软件，能在 Windows XP SP3/Windows 7 上运行，支持 LAD（梯形图）、FBD（功能块图）、STL（语句表）编程语言。在沿用 STEP 7-Micro/WIN 优秀编程理念的同时，更多的人性化设计使编程更容易上手，项目开发更加高效。

（1）软件安装。

1）安装文件。STEP 7-Micro/WIN SMART 目前最新的版本是 V2.3，文件大小在 280MB 左右，可以兼容 Windows 7 或者 Windows 10 系统。安装包文件是免费的，在西门子（中国）官网下载。

2）安装环境。Windows 7 操作系统 32/64bit，或者 Windows 10 操作系统 32/64bit，硬盘空间至少 350MB，建议安装在 Windows 10 操作系统环境中。

3）软件安装。打开安装包文件，双击“setup.exe”执行文件，开始安装。使用默认的安装语言“中文（简体）”，单击“确定”按钮，如图 6-9 所示。

单击“下一步”按钮，如图 6-10 所示。

选择“我接受许可证协定和有关安全的信息的所有条件”，单击“下一步”按钮，如图 6-11 所示。

图 6-9　软件安装（1）

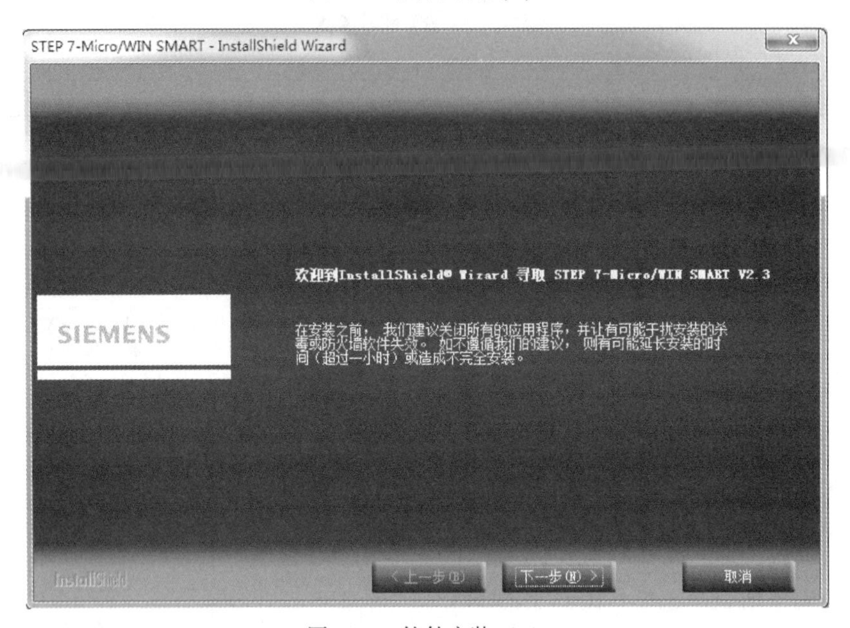

图 6-10　软件安装（2）

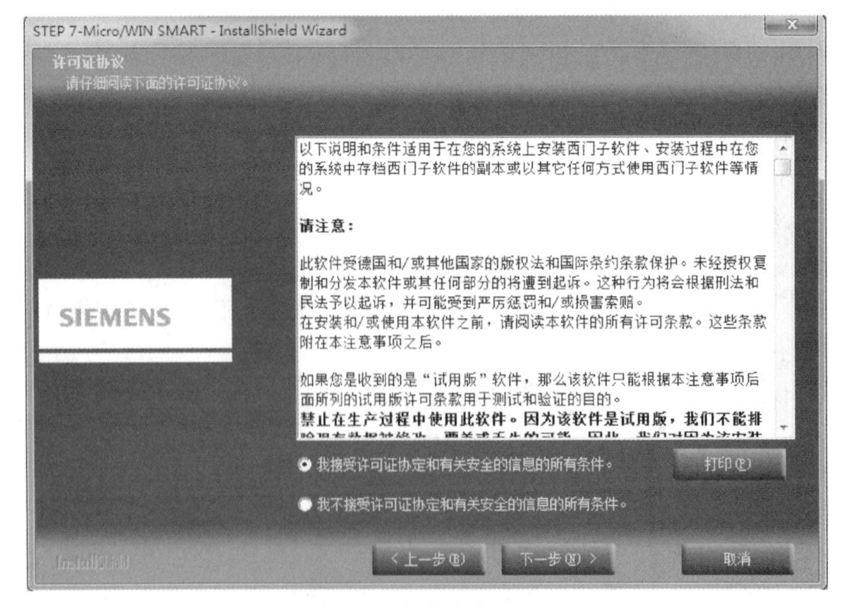

图 6-11　软件安装（3）

单击“浏览”按钮，选择软件安装的目录文件夹，如图 6-12 所示，单击“下一步”按钮，程序开始安装，如图 6-13 所示。

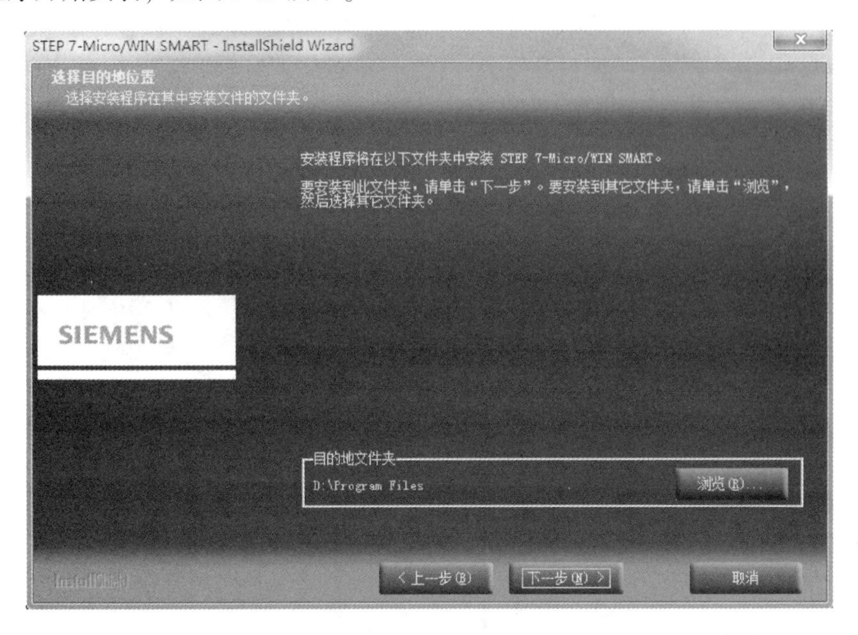

图 6-12　软件安装（4）

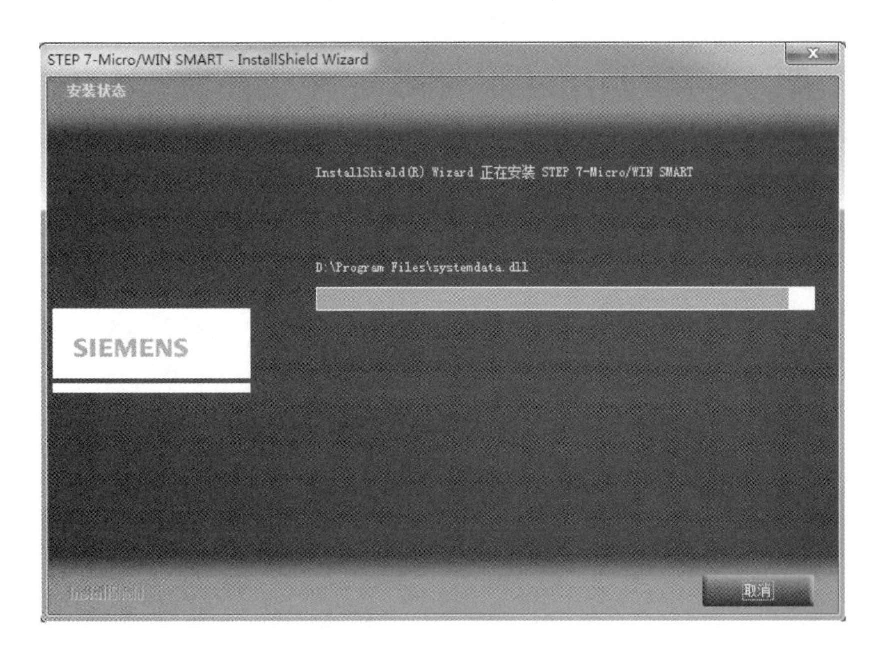

图 6-13　软件安装（5）

安装结束，单击“完成”按钮，如图 6-14 所示。

（2）软件使用。

1）软件打开。打开 STEP 7-Micro/WIN SMART 软件通常有 3 种方法。

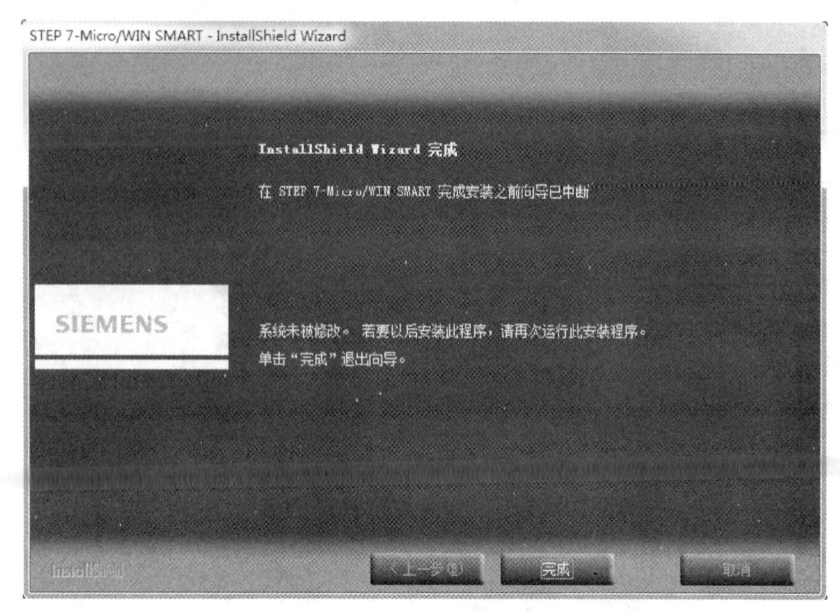

图 6-14　软件安装（6）

①双击桌面上的快捷方式图标，这是最快捷的打开方式。

②直接双击保存的程序文档。

③从电脑开始菜单中打开。

2）新建一个项目。以经典控制电路“起-保-停”的控制梯形图为例，如图 6-15 所示，介绍程序的输入、编译、通信、下载、运行和监控。

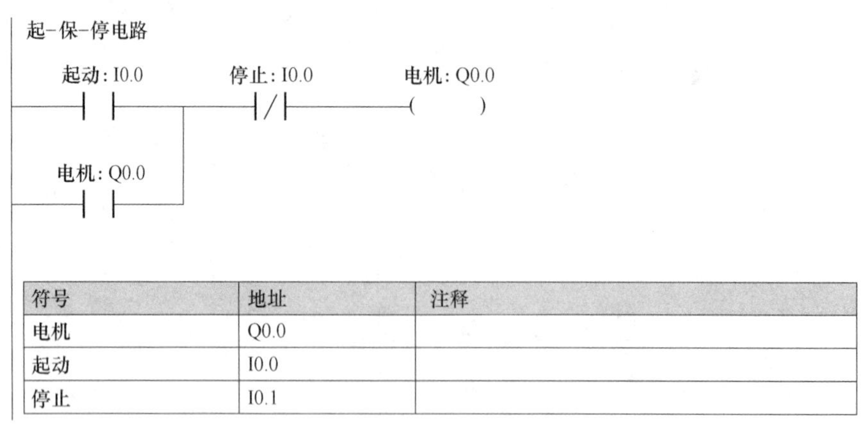

符号	地址	注释
电机	Q0.0	
起动	I0.0	
停止	I0.1	

图 6-15　“起-保-停”控制梯形图

①起动和配置 STEP 7-Micro/WIN SMART 软件。

起动 STEP 7-Micro/WIN SMART 软件，弹出软件主界面，如图 6-16 所示。

展开软件界面左边指令树中的“项目 1”节点，双击“CPU ST40”，弹出系统块界面，如图 6-17 所示。单击“模块”下方的“CPU ST40（DC/DC/DC）”，单击“下三角”按钮，在下拉列表框中选择所需要的 CPU 型号，然后单击“确定”按钮。

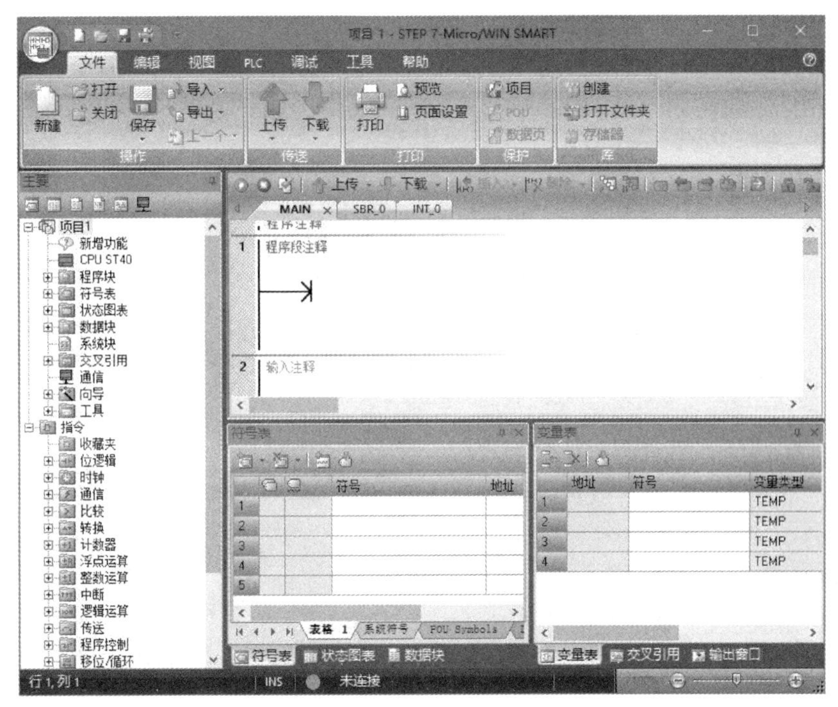

图 6-16　软件主界面

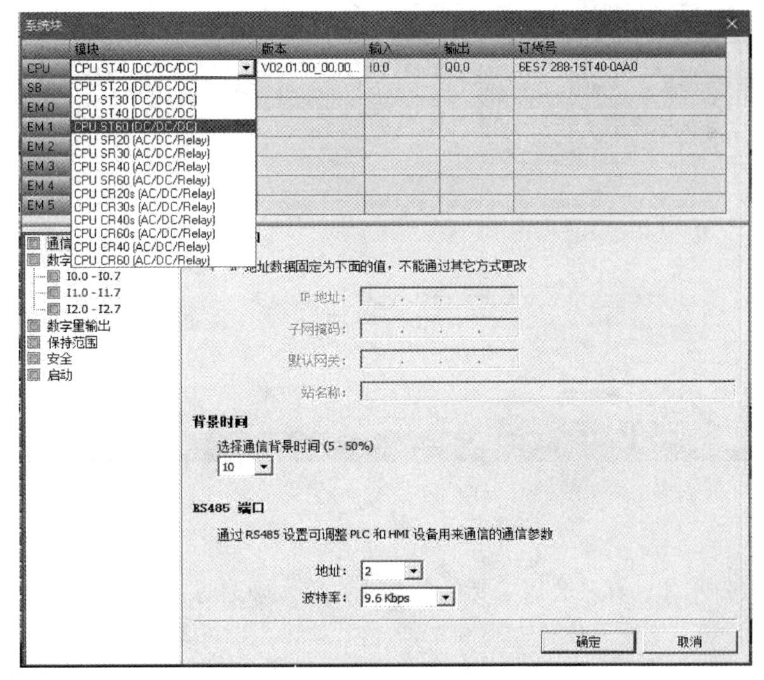

图 6-17　系统块界面

展开指令树中的指令节点，依次双击常开触点按钮、常闭触点按钮、输出线圈按钮，再双击常开触点按钮，接着单击红色问号，输入寄存器及其地址，输入完毕后如图 6-18 所示。

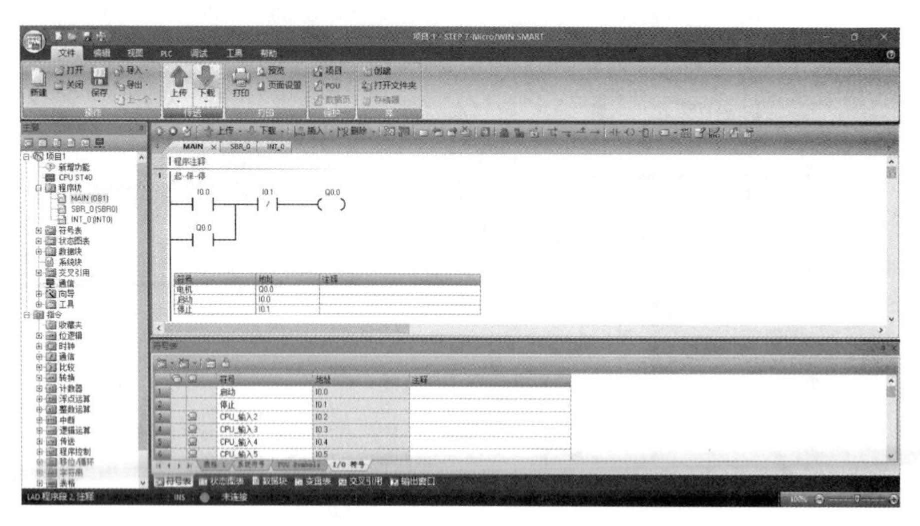

图 6-18　编写程序

②程序编译。

程序输入完成后，单击工具栏的编译按钮进行编译，若程序有错误，则输出窗口会显示错误信息。双击错误信息即跳到程序中该错误的所在处，进行修改再编译，直到 0 个错误为止，如图 6-19 所示。

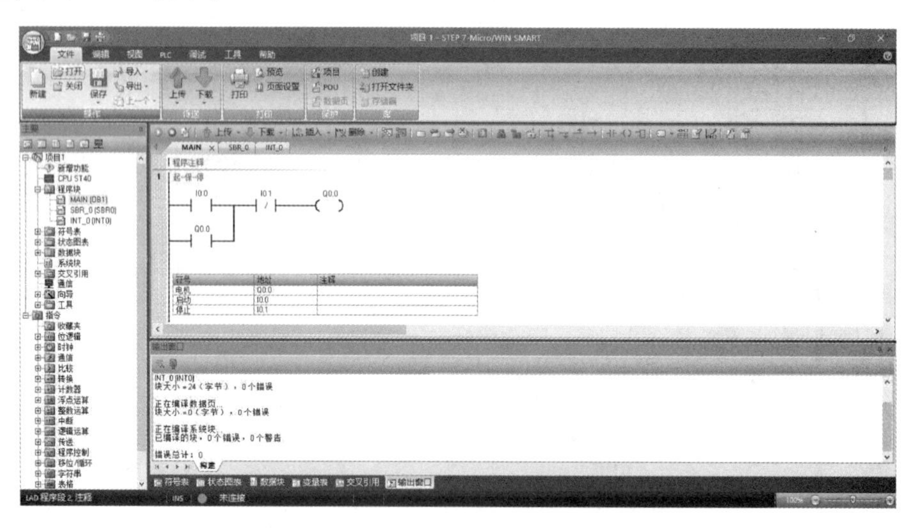

图 6-19　程序编译

③连机通信。

S7-200 SMART 和计算机通信主要是以太网通信，即通过网线连接通信。双击项目树中的通信按钮，弹出通信界面，如图 6-20 所示。单击下三角按钮，选择计算机网卡。再双击“更新可访问的设备”选项，显示 PLC 的 MAC 地址、IP 地址、子网掩码，其中 PLC 的 IP 地址“192.168.2.1”非常重要，是设置计算机 IP 地址的参考。

设置计算机 IP 地址。要实现以太网通信，必须将计算机的 IP 地址设置成与 PLC 在同一个网段，即计算机的 IP 地址和 PLC 的 IP 地址除最末一个数字不同外，其他数字完全相同。单击控制面板的“查看网络状态和任务”，再单击“本地连接”，单击“属性”按

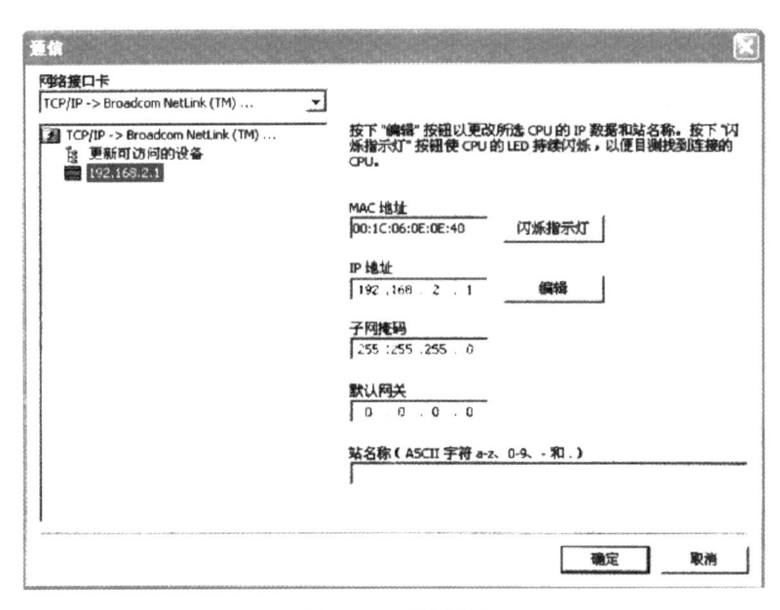

图 6-20　通信界面

钮，选中列表框中的"Internet 协议版本 4"，单击"属性"按钮，设置计算机的 IP 地址和子网掩码，如图 6-21 所示。

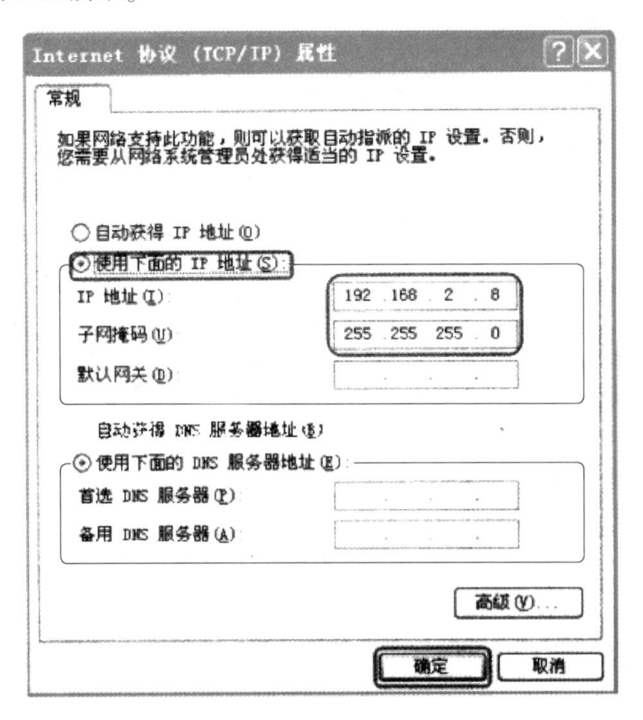

图 6-21　计算机 IP 地址设置

④程序下载。

单击工具栏中的下载按钮，弹出下载界面，如图 6-22 所示。单击"下载"按钮，下载成功后，窗口界面有"下载已成功完成!"字样提示，最后单击"关闭"按钮。

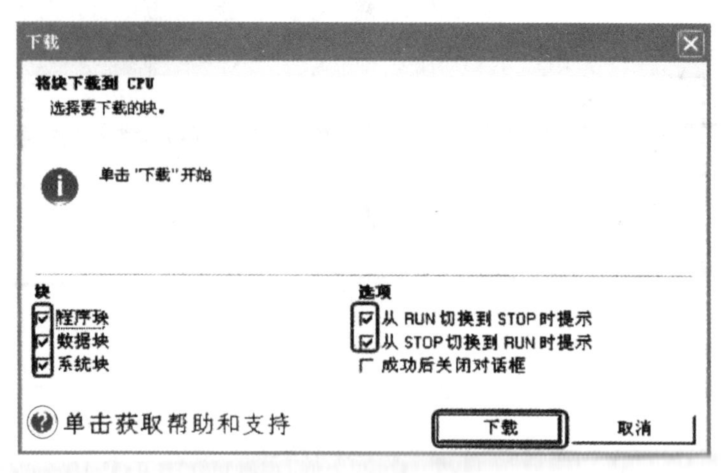

图 6-22　程序下载界面

⑤运行和停止。

单击工具栏中的“运行”按钮，PLC 处于运行模式，执行下载的程序；单击工具栏中的“停止”按钮，PLC 处于停止模式，停止执行下载的程序。

⑥程序状态监控。

当程序处于监控状态，单击工具栏中的“程序状态”按钮，开启程序状态监控功能，闭合的触点成蓝色，断开的触点成灰色。

6.1.2　PLC 控制三相异步电动机星-三角起动

Y-△（星-三角）起动是三相异步电动机较常见的一种起动方式。三相异步电动机在起动过程中起动电流较大，所以容量大的电动机可以采用Y-△换接起动。这是一种简单的降压起动方式，在起动时将定子绕组接成星形，待起动完毕后再接成三角形。采用Y-△起动时，起动电流是原来三角形接法直接起动时的 1/3，起动电压是原来三角形接法直接起动时的根号 1/3。这样可以降低起动电流，减小对电网及电气设备的危害，此方法只适合于几十千瓦的小型电动机，若是大型电动机则采用自耦变压器起动方式。

三相异步电动机Y-△降压起动的继电器-接触器电路原理图如图 6-23 所示，其控制要求如下：

（1）按下起动按钮 SB_2，KM_1 和 KM_3 吸合，电动机Y自动，6s 后，KM_3 断开，KM_2 吸合，电动机△运行，起动完成；

（2）按下停止按钮 SB_1，接触器全部断开，电动机停止运行；

（3）如果电动机超负荷运行，热继电器 FR 断开，电动机停止运行。

1. 控制要求分析

三相异步电动机Y-△降压起动控制，主要是对其主回路进行控制，将其继电器-接触器控制回路使用 PLC 代替，即使用“软继电器”取代“硬继电器”，控制灵活方便。

2. I/O 点分配

根据控制要求，三相异步电动机Y-△降压起动的 PLC 输入、输出端子分配见表 6-5。

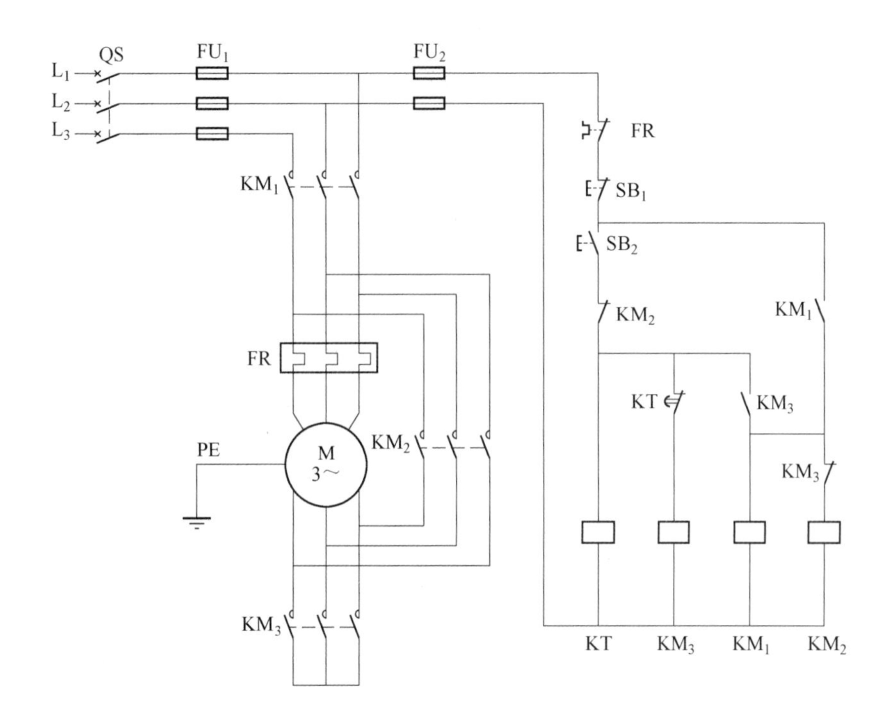

图 6-23　Y-△降压起动继电器-接触器电路原理图

表 6-5　I/O 端口分配表

输 入 信 号			输 出 信 号		
PLC 地址	电气符号	功能说明	PLC 地址	电气符号	功能说明
I0.0	SB_2	起动按钮，常开触点	Q0.0	KM_1	主接触器线圈
I0.1	SB_1	停止按钮，常闭触点	Q0.1	KM_2	△接法接触器线圈
I0.2	FR	热继电器动断触点	Q0.2	KM3	Y接法接触器线圈

3. PLC 接线

三相异步电动机Y-△降压起动的 PLC 控制系统外部接线图如图 6-24 所示。

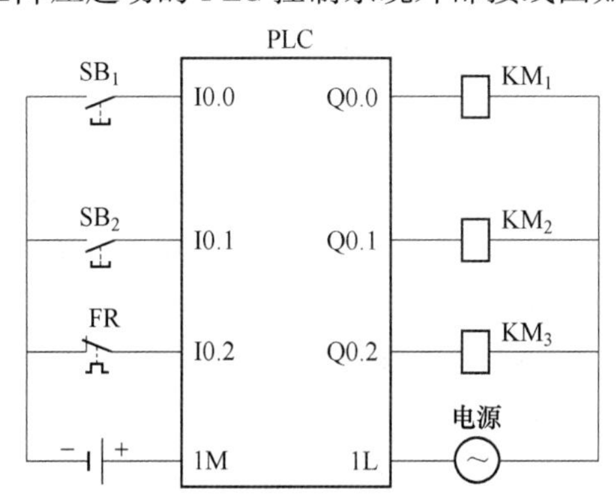

图 6-24　三相异步电动机Y-△降压起动的 PLC 控制系统外部接线图

4. 程序设计

根据控制要求，其对应的梯形图如图 6-25 所示。

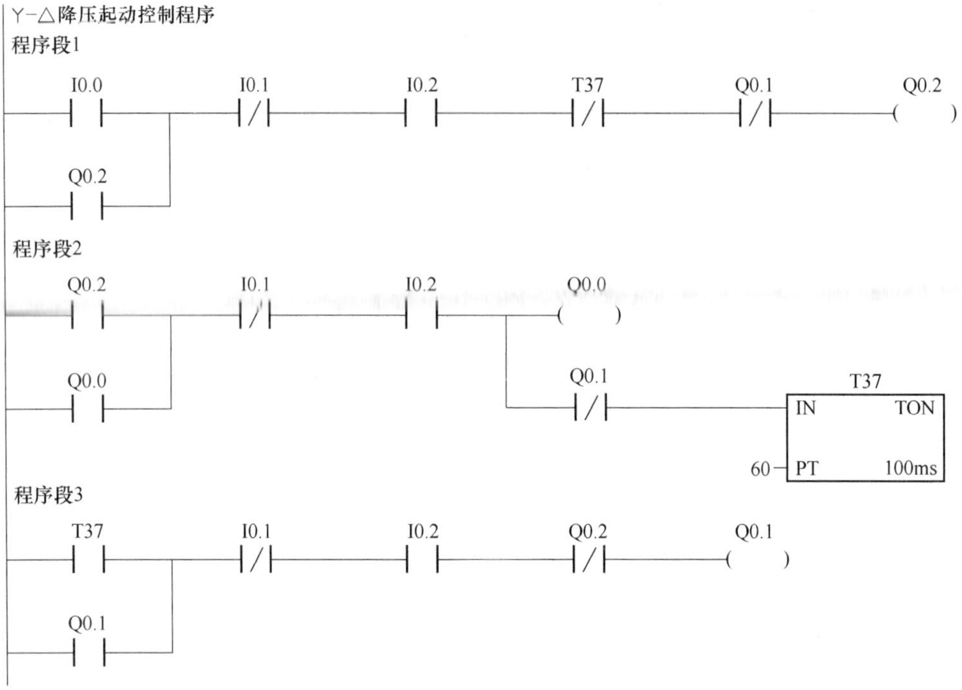

图 6-25　三相异步电动机Y-△降压起动的 PLC 控制系统的梯形图

5. 调试运行

将编译好的程序下载到 PLC 中，进行调试、运行。

【任务实施】

任务完成后，由指导教师对本任务完成情况进行评价：

（1）安全意识（20 分）；

（2）掌握 S7-200 SMART PLC 的编程方法，完成Y-△起动控制线路的安装与调试（60 分）；

（3）职业规范和 6S 管理（20 分）。

【知识小结】

S7-200 SMART 带来两种不同类型的 CPU 模块：标准型和经济型，全方位满足不同行业、不同客户、不同设备的各种需求。标准型作为可扩展 CPU 模块，可满足对 I/O 规模有较大需求，逻辑控制较为复杂的应用；而经济型 CPU 模块直接通过单机本体满足相对简单的控制需求。CPU 模块本体集成 1 个以太网接口和 1 个 RS 485 接口，通过扩展 CM01 信号板，其通信端口数量最多可增至 3 个，可满足小型自动化设备连接触摸屏、变频器等第三方设备的众多需求。STEP 7-Micro/WIN SMART 是专门为 S7-200 SMART 开发的编程软件，能在 Windows 10/Windows 7 上运行，支持 LAD、FBD、STL 语言。在沿用

STEP 7-Micro/WIN优秀编程理念的同时，更多的人性化设计使编程更容易上手，项目开发更加高效。通过完成本任务，对 S7-200 SMART PLC 有个基本的认识，会进行程序编写和 PLC 接线，掌握三相异步电动机Y-△降压起动的程序、PLC 接线和主回路接线。

任务 6.2　触摸屏和 PLC 的综合应用

【学习目标】

应知：

(1) 了解嵌入式 TPC 的行业应用；

(2) 了解 MCGS 嵌入版组态软件及与 PLC 的连接应用。

应会：

(1) 掌握工业自动化组态软件嵌入版 MCGS V7.6 的安装方法及步骤；

(2) 建立 TPC 与西门子 S7-200 SMART 通信；

(3) 熟悉工程建立、组态、下载、模拟运行、连机运行和连接 PLC 运行过程与方法；

(4) 掌握控制西门子 PLC 输出点及读写数据方法。

【学习指导】

通过建立工程，熟练的建立 MCGS 与西门子 S7-200 SMART 的通信，能够熟练地建立工程、建立组态窗口、新建元器件、规划画面、下载、连接 PLC 及模拟运行。

全面、系统地掌握 MCGS 组态软件的使用，通过工程项目，熟悉西门子 PLC 与 MCGS 的连接，输出点的读写数据方法、联机调试方法。

【知识学习】

6.2.1　认识 MCGS 组态软件

1. 什么是 MCGS 组态软件

MCGS（Monitor and Control Generated System）是一套基于 Windows 平台的，用于快速构造和生成上位机监控系统的组态软件系统。MCGS 为用户提供了解决实际工程问题的完整方案和开发平台，能够完成现场数据采集、实时和历史数据处理、报警和安全机制、流程控制、动画显示、趋势曲线和报表输出以及企业监控网络等功能。

使用 MCGS，用户无须具备计算机编程的知识，就可以在短时间内轻而易举地完成一个运行稳定、功能全面、维护量小并且具备专业水准的计算机监控系统的开发工作。

MCGS 具有操作简便、可视性好、可维护性强、高性能、高可靠性等突出特点，已成功应用于石油化工、钢铁行业、电力系统、水处理、环境监测、机械制造、交通运输、能源原材料、农业自动化、航空航天等领域，经过各种现场的长期实际运行，系统稳定可靠。

目前，MCGS 组态软件已经成功推出了 MCGS 通用版组态软件、MCGSWWW 网络版组态软件和 MCGSE 嵌入版组态软件。三类产品风格相同，功能各异，三者完美结合，融为一体，形成了整个工业监控系统的从设备采集、工作站数据处理和控制、上位机网络管理和 Web 浏览的所有功能，很好地实现了自动控制一体化的功能。

本节以 MCGS 嵌入版为例。

MCGS 产品外观如图 6-26 所示。

图 6-26　MCGS 产品外观图

2. 安装 MCGS 软件

MCGS 组态软件是专为标准 Microsoft Windows 系统设计的 32 位应用软件。因此，它必须运行在 Microsoft Windows 95、Windows NT 4.0 或以上版本的 32 位操作系统中。

具体安装步骤如下：

(1) 在安装包中双击 AutoRun.exe 文件，弹出 MCGS 嵌入版安装程序窗口，如图 6-27 所示。

图 6-27　安装程序窗口

（2）在安装程序窗口中选择“安装组态软件”，启动安装程序开始安装。

（3）随后，安装程序将提示用户指定安装目录，用户不指定时，系统默认安装到 D：\MCGSE 目录下，如图 6-28 所示。

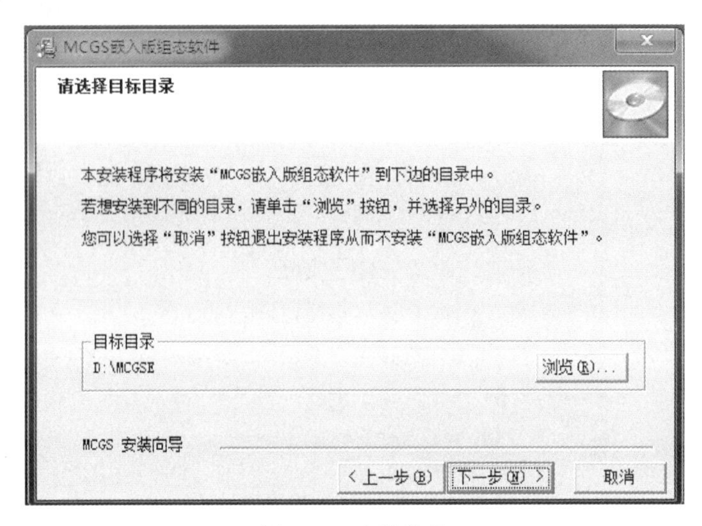

图 6-28　安装路径

（4）安装过程大约要持续数分钟。

（5）MCGS 系统文件安装完成后，安装程序要建立像标群组和安装数据库引擎，这一过程可能持续几分钟，请耐心等待。

（6）安装过程完成后，安装程序将弹出“安装完成”对话框，上面有两个复选框，“是，我现在要重新启动计算机”和“不，我将稍后重新启动计算机”。一般在计算机上初次安装时需要选择重新启动计算机，如图 6-29 所示，按下“结束”按钮，操作系统重新启动，完成安装。如果选择“不，我将稍后重新启动计算机”，单击“结束”按钮，系统将弹出警告提示，提醒“请重新启动计算机后再运行 MCGS 组态软件”。

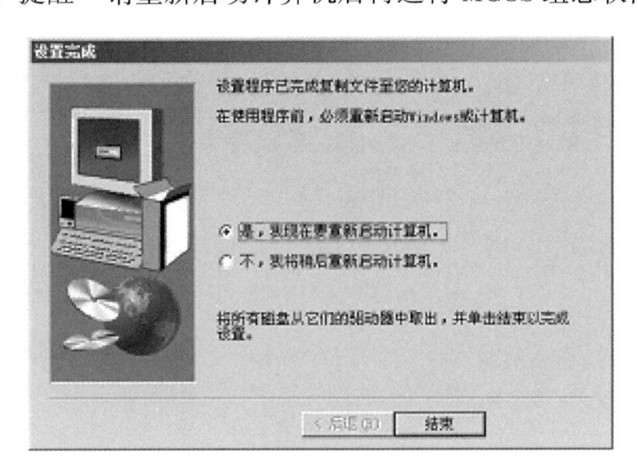

图 6-29　安装完成

安装完成后，Windows 操作系统的桌面上添加了图 6-30 所示的两个图标，分别用于启动 MCGS 组态环境和运行环境。

同时，Windows 开始菜单中也添加了相应的 MCGS 程序组，如图 6-31 所示；MCGS 程序组包括 5 项：MCGSE 电子文档、MCGSE 模拟运行环境、MCGSE 自述文档、MCGSE 组态环境以及卸载 MCGSE 组态软件。运行环境和组态环境为软件的主体程序，自述文件描述了软件发行时的最后信息，MCGSE 电子文档则包含了有关 MCGSE 最新的帮助信息。

图 6-30 MCGSE 图标

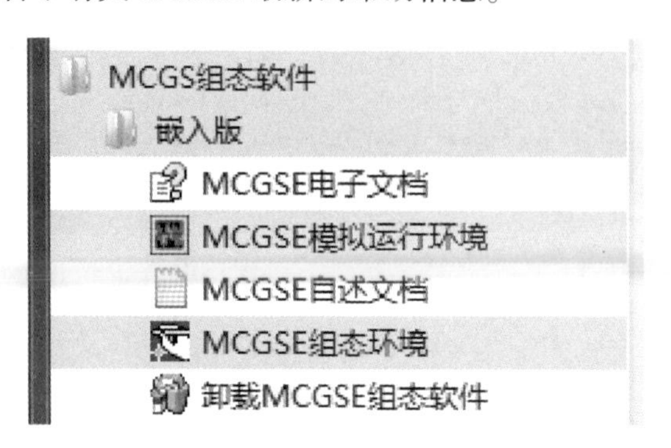

图 6-31 Windows 开始菜单目录

6.2.2 触摸屏 TPC7062K 和 PLC 的综合应用

本节通过实例介绍 MCGS 嵌入版组态软件同西门子 S7-200 SMART 通信的步骤，PLC 控制的过程，实际操作地址是西门子 Q0.0、Q0.1、Q0.2、VW0 和 VW2。

1. 设备组态

(1) 在工作台中激活设备窗口，用鼠标双击“设备窗口”进入设备组态画面，单击工具条中的“设备工具箱”，打开“设备工具箱”，如图 6-32 所示。

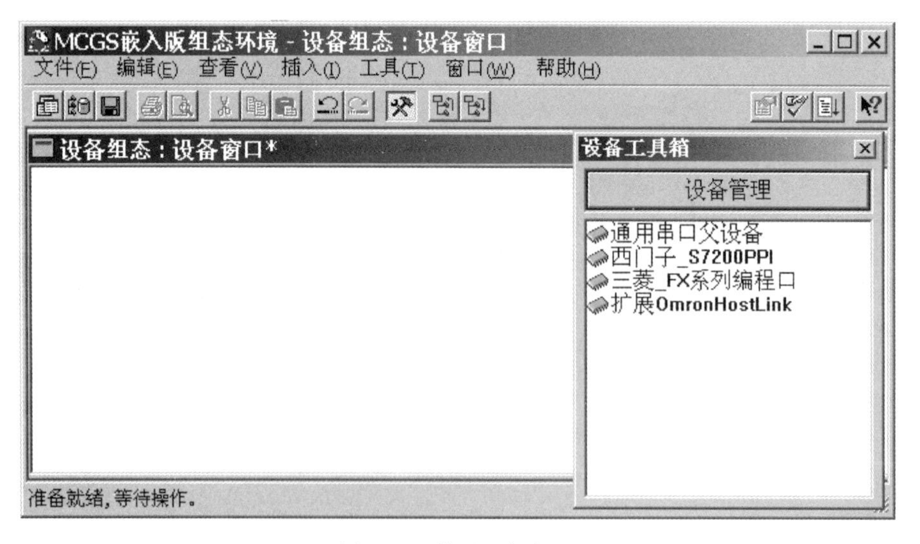

图 6-32 激活设备窗口

(2) 在设备工具箱中，用鼠标按顺序先后双击“通用串口父设备”和“西门子_

S7200PPI”添加至组态画面窗口，如图 6-33 所示。提示“是否使用‘西门子—S7200PPI’驱动的默认通信参数设置串口父设备参数”，如图 6-34 所示，选择“是”按钮。

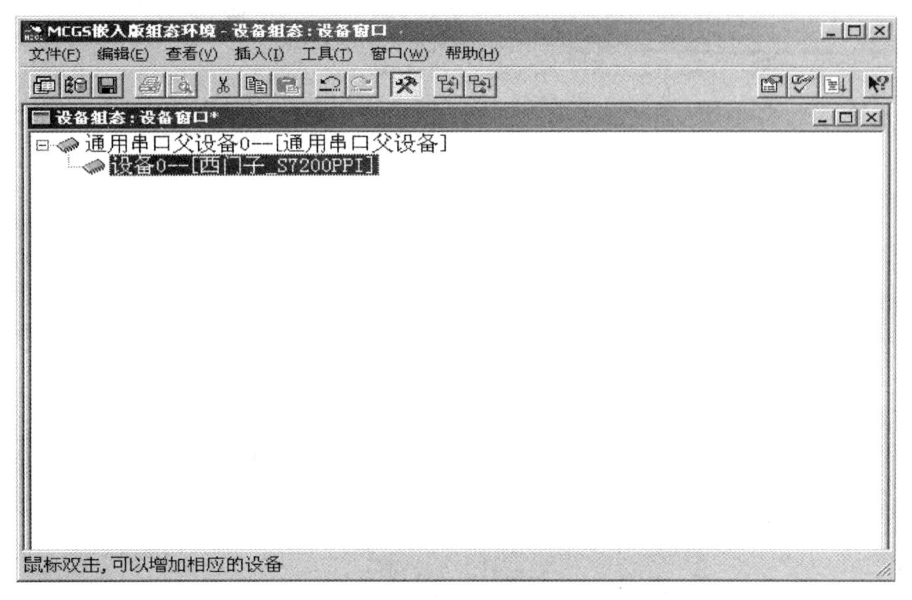

图 6-33 设备组态

图 6-34 设备组态：S7-200 PLC

所有操作完成后关闭设备窗口，返回工作台。

2. 窗口组态

（1）在工作台中激活用户窗口，鼠标单击“新建窗口”按钮，建立新画面“窗口 0”，如图 6-35 所示。

（2）接下来单击“窗口属性”按钮，弹出“用户窗口属性设置”对话框，在“基本属性”页，将“窗口名称”修改为“西门子 200 控制画面”，单击“确认”按钮进行保存，如图 6-36 所示。

（3）在用户窗口双击 西门子200控制画面 进入“动画组态西门子 200 控制画面”，单击打开“工具箱”。

（4）建立基本元器件。

1）按钮：从工具箱中单击“标准按钮”构件，在窗口编辑位置按住鼠标左键拖放出一定大小后，松开鼠标左键，这样一个按钮构件就绘制在窗口中，如图 6-37 所示。

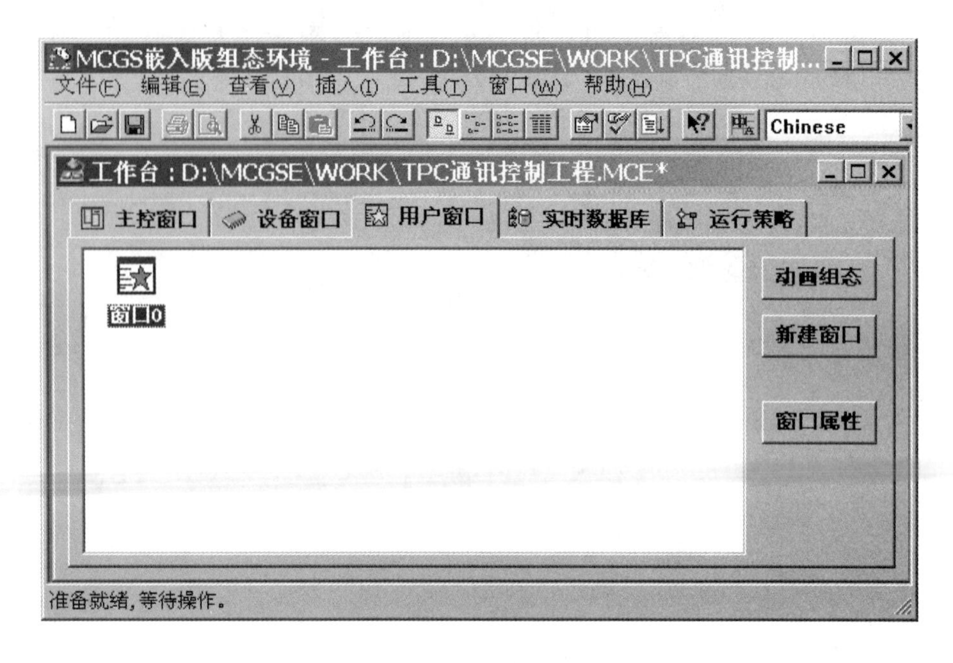

图 6-35　新建窗口

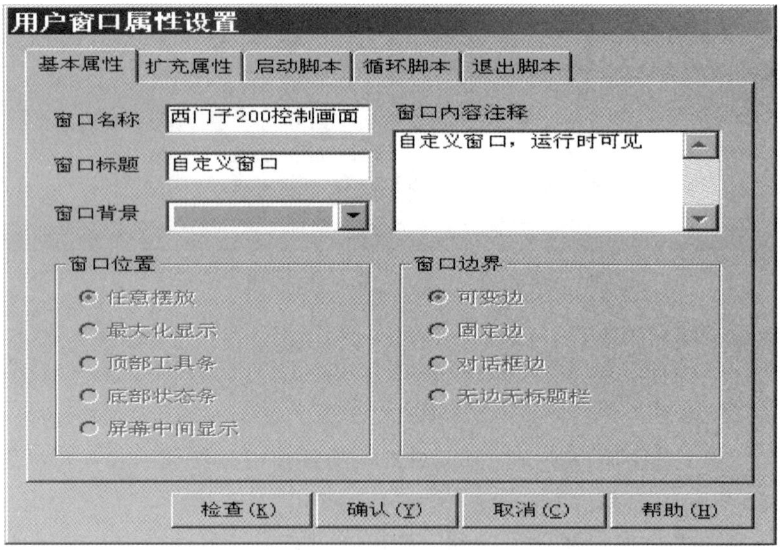

图 6-36　设置窗口属性

接下来双击该按钮打开“标准按钮构件属性设置”对话框，在“基本属性”页中将“文本”修改为 Q0.0，单击“确认”按钮保存，如图 6-38 所示。

按照同样的操作分别绘制另外两个按钮，文本修改为 Q0.1 和 Q0.2，完成后如图 6-39 所示。

按住键盘的〈Ctrl〉键，然后单击鼠标左键，同时选中 3 个按钮，使用工具栏中的等高宽、左（右）对齐和纵向等间距对 3 个按钮进行排列对齐，如图 6-40 所示。

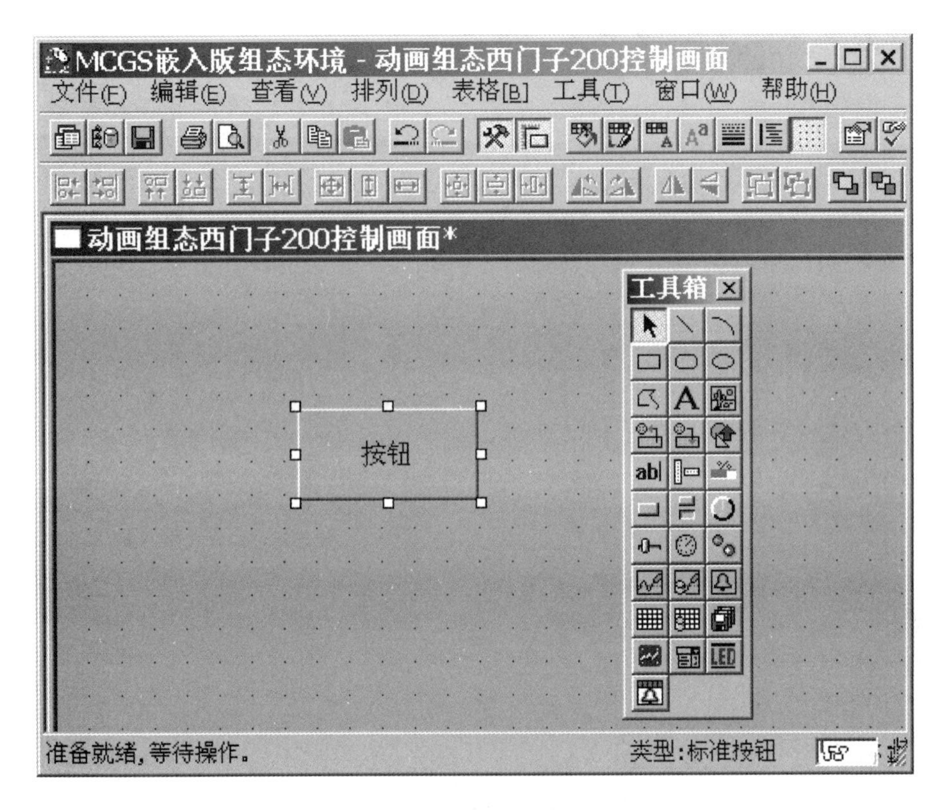

图 6-37　添加按钮

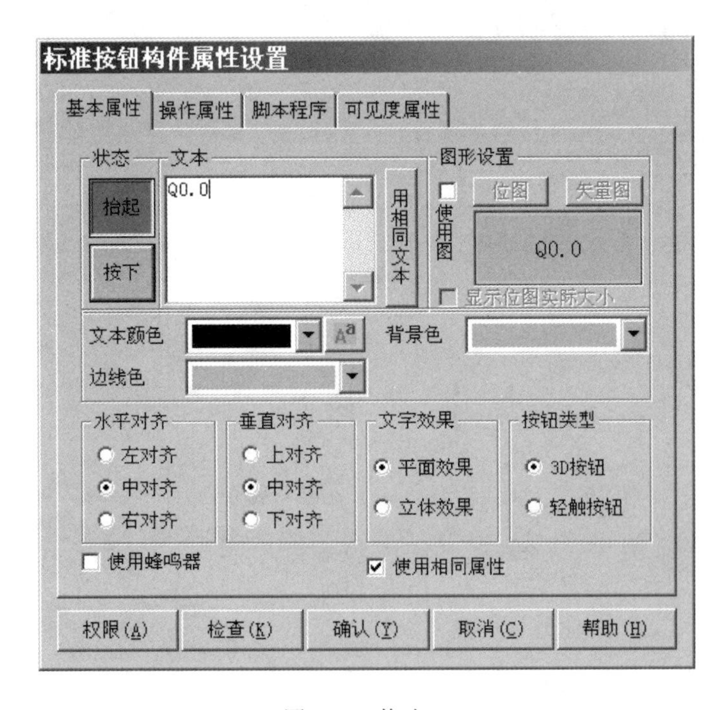

图 6-38　修改 IO

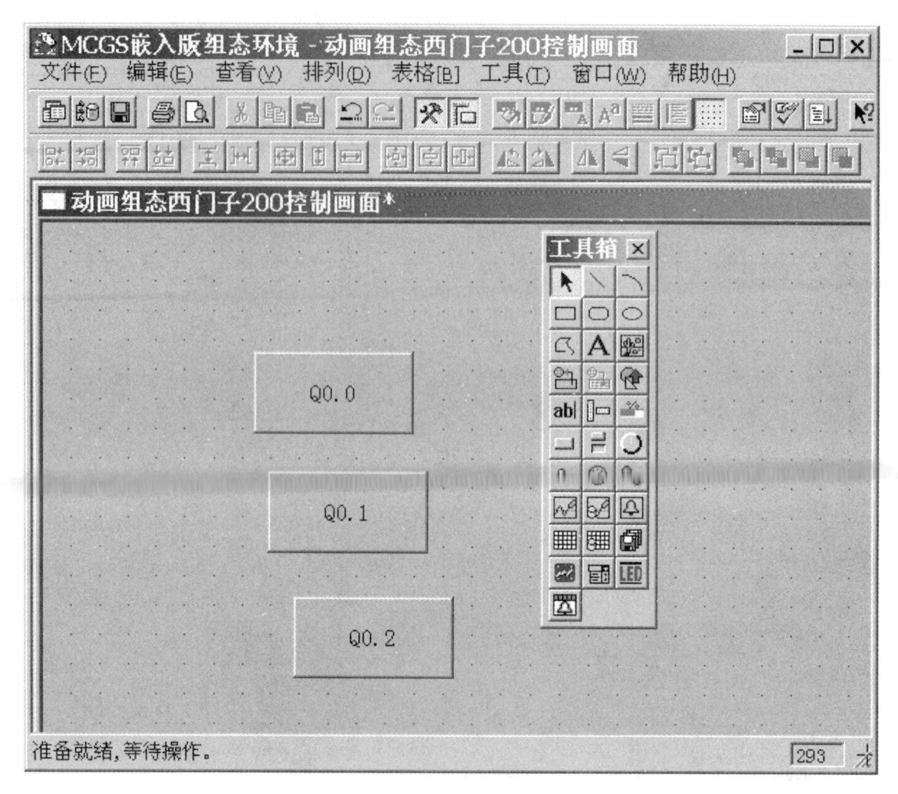

图 6-39　添加输出按钮（1）

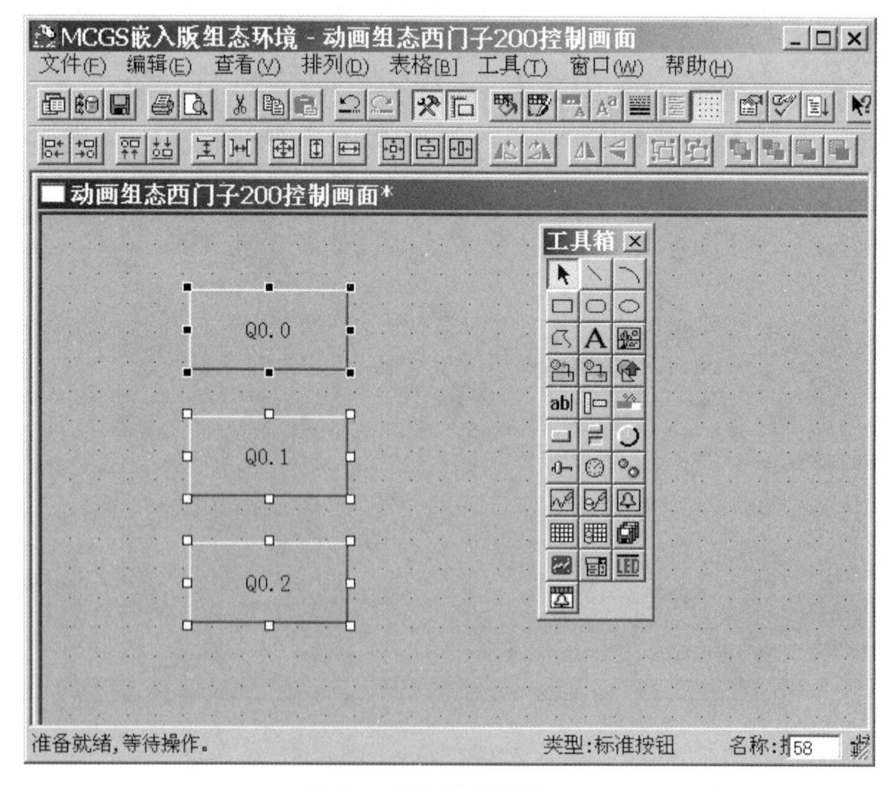

图 6-40　添加输出按钮（2）

2）指示灯：单击工具箱中的“插入元器件”按钮，打开“对象元器件库管理”对话框，选中图形对象库指示灯中的一款，单击“确认”按钮添加到窗口画面中，并调整到合适大小，用同样的方法再添加两个指示灯，摆放在窗口中按钮旁边的位置，如图 6-41 所示。

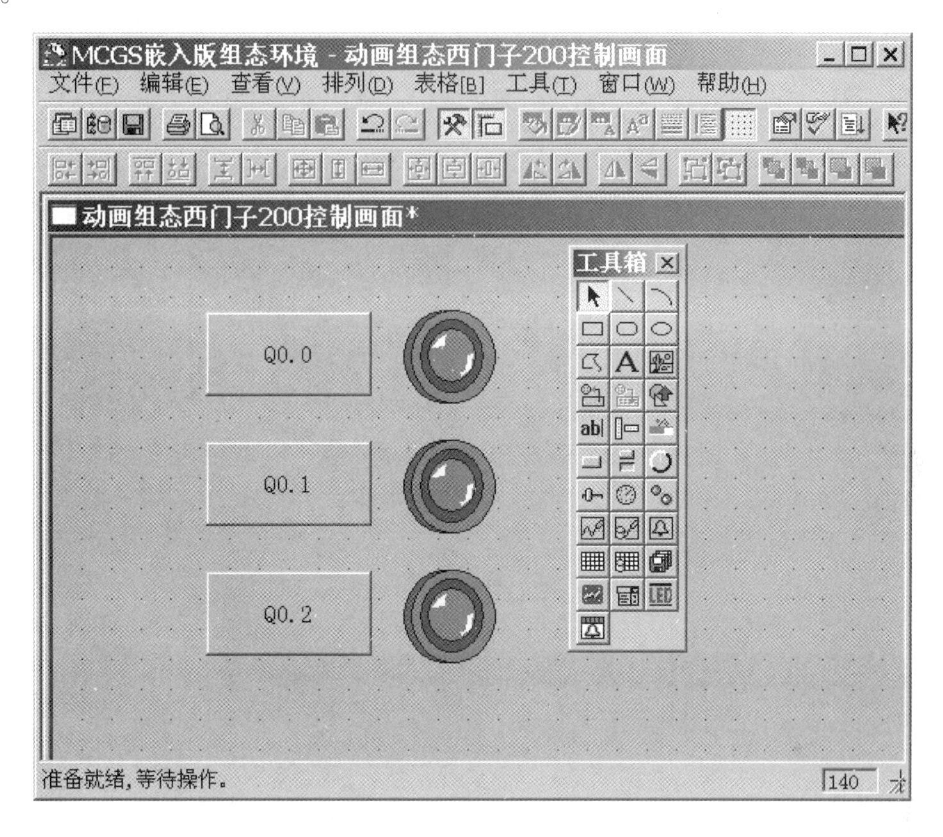

图 6-41　指示灯

3）标签：单击选中工具箱中的“标签”构件，在窗口按住鼠标左键，拖放出一定大小“标签”，如图 6-42 所示。然后双击该标签，弹出“标签动画组态属性设置”对话框，在属性页，在“文本内容输入”中输入 VW0，单击“确认”按钮，如图 6-43 所示。

用同样的方法添加另一个标签，文本内容输入 VW2，如图 6-44 所示。

4）输入框：单击工具箱中的“输入框”构件，在窗口按住鼠标左键，拖放出两个一定大小的“输入框”，分别摆放在 VW0、VW2 标签的旁边位置，如图 6-45 所示。

5）建立数据链接。

①按钮：双击 Q0.0 按钮，弹出“标准按钮构件属性设置”对话框，如图 6-46 所示，在“操作属性”页，默认“抬起功能”按钮为按下状态，勾选“数据对象值操作”，选择“清 0”，如图 6-47 所示，单击 ? 弹出“变量选择”对话框，选择“根据采集信息生成”，通道类型选择“Q 寄存器”，通道地址为“0”，数据类型选择“通道的第 00 位”，读写类型选择“读写”。如图 6-48 所示，设置完成后单击确认按钮。即在 Q0.0 按钮抬起时，对西门子 200 的 Q0.0 地址“清 0”。

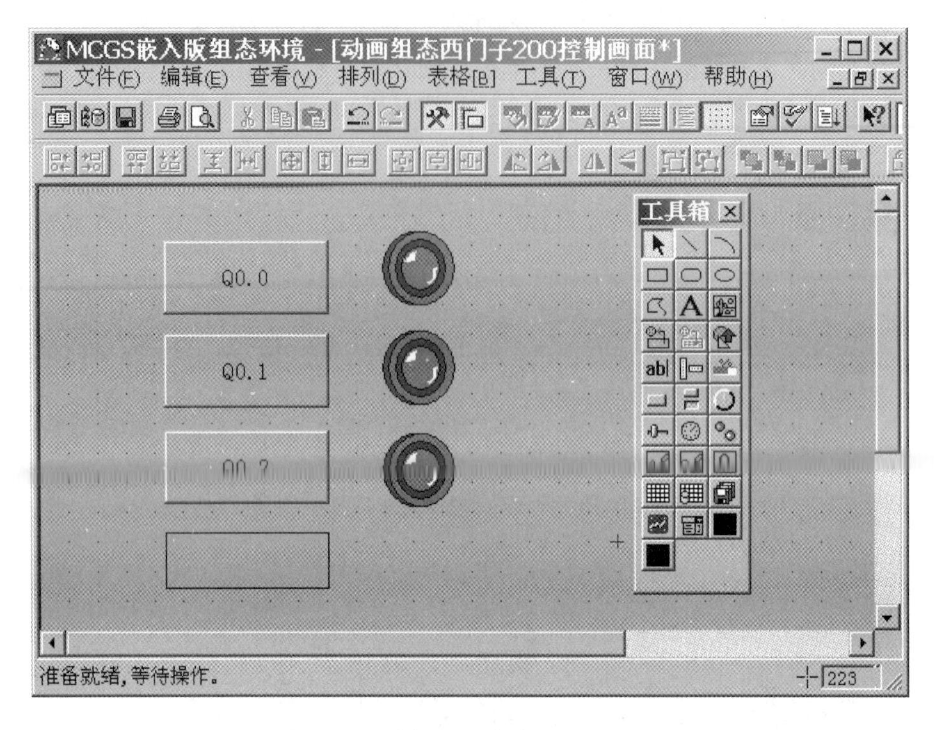

图 6-42　标签

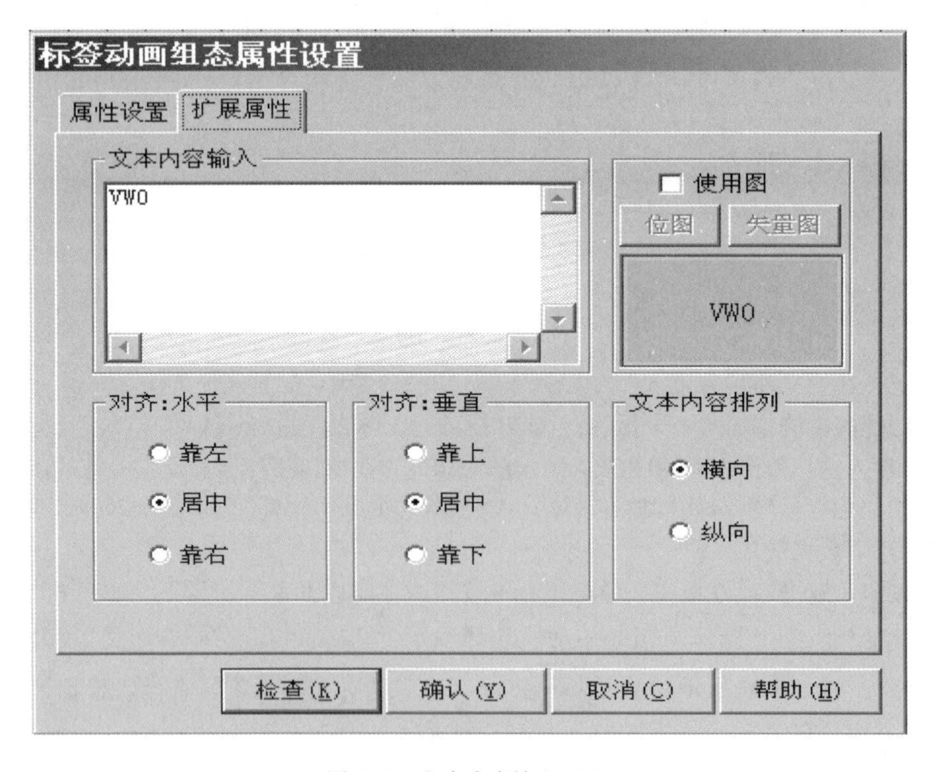

图 6-43　文本内容输入（1）

用同样的方法添加另一个标签，文本内容输入 VW2，如图 6-44 所示。

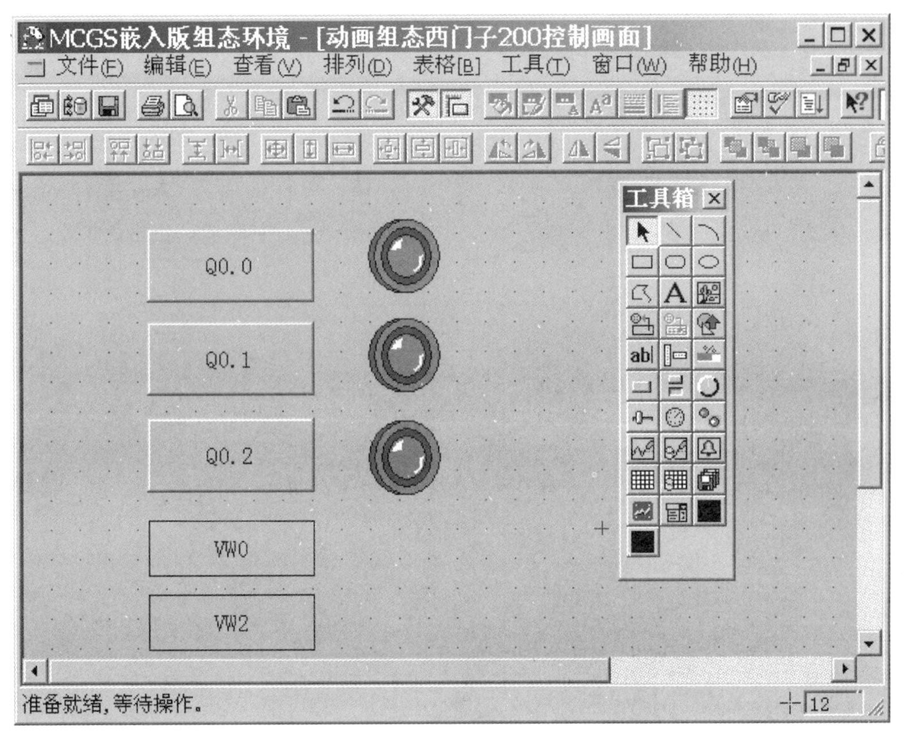

图 6-44　文本内容输入（2）

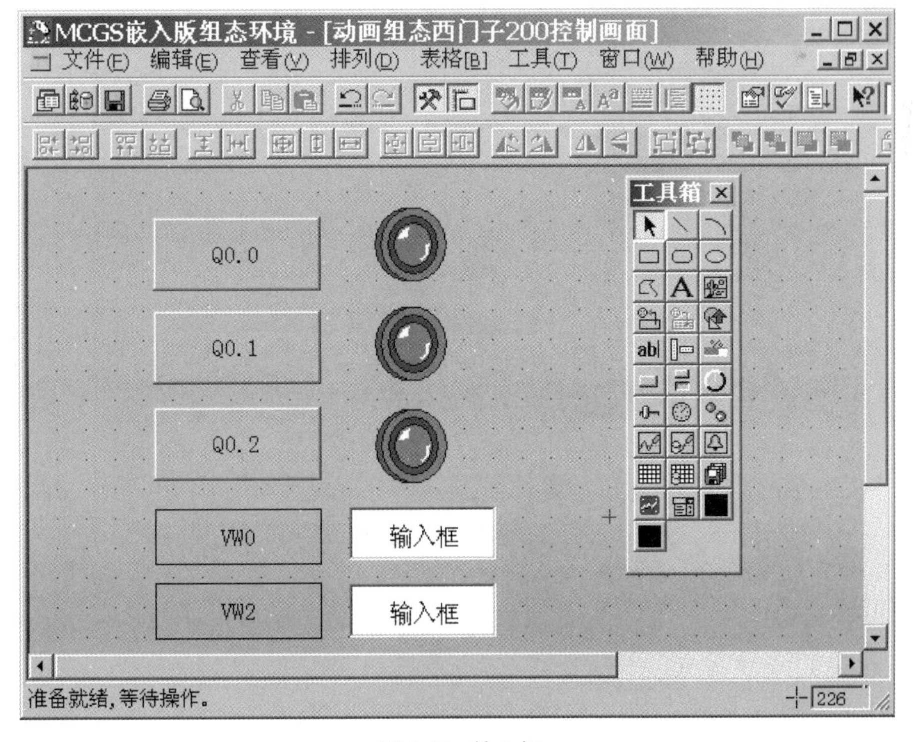

图 6-45　输入框

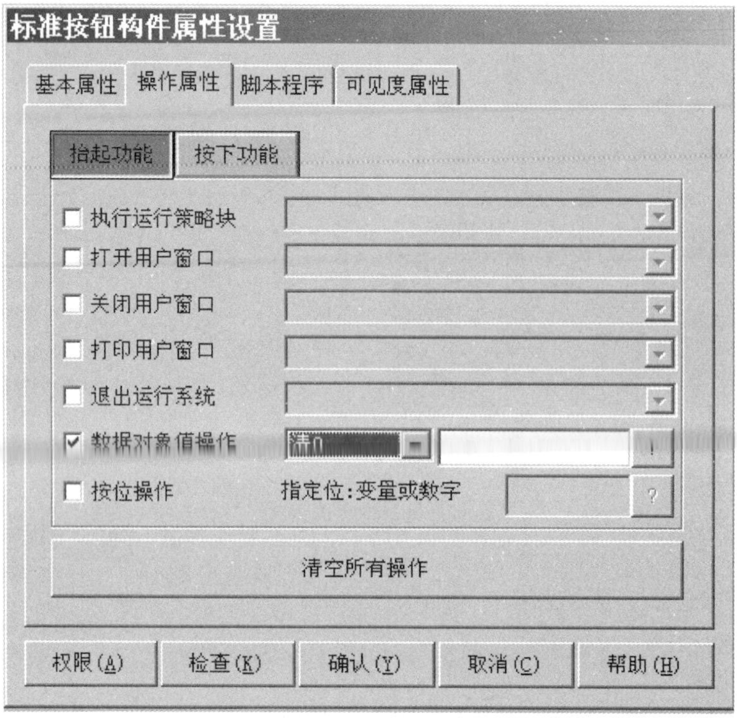

图 6-46　属性设置

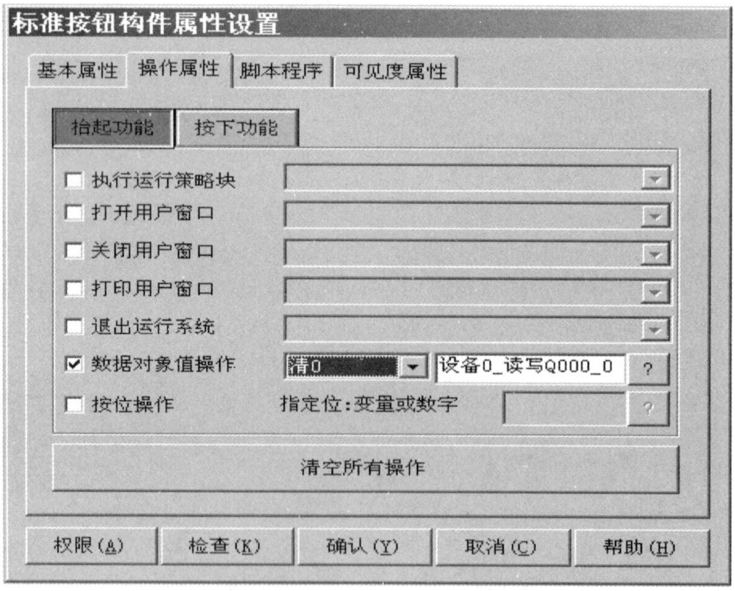

图 6-47　读写类型选择

用同样的方法，单击“按下功能”按钮，进行设置，数据对象值操作→置 1→设备 0_读写 Q000_0，如图 6-49 所示。

用同样的方法，分别对 Q0.1 和 Q0.2 的按钮进行设置。

Q0.1 按钮→“抬起功能”时“清 0”；“按下功能”时“置 1”→变量选择→Q 寄存

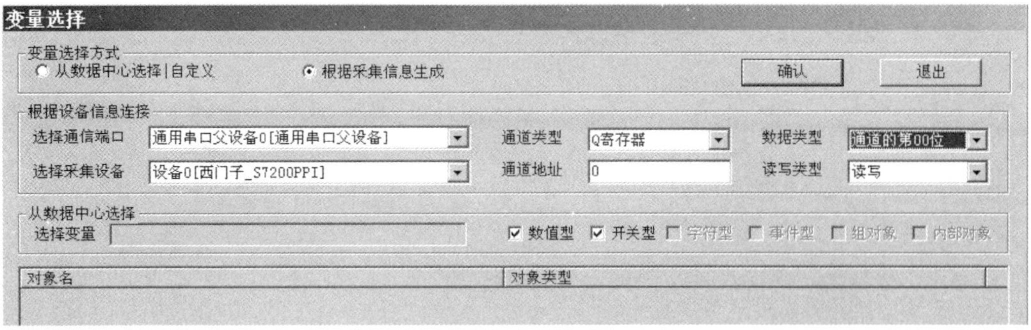

图 6-48　地址“清 0”

器，通道地址为 0，数据类型为通道第 01 位。

Q0.2 按钮→“抬起功能”时“清 0”；“按下功能”时“置 1”→变量选择→Q 寄存器，通道地址为 0，数据类型为通道第 02 位。

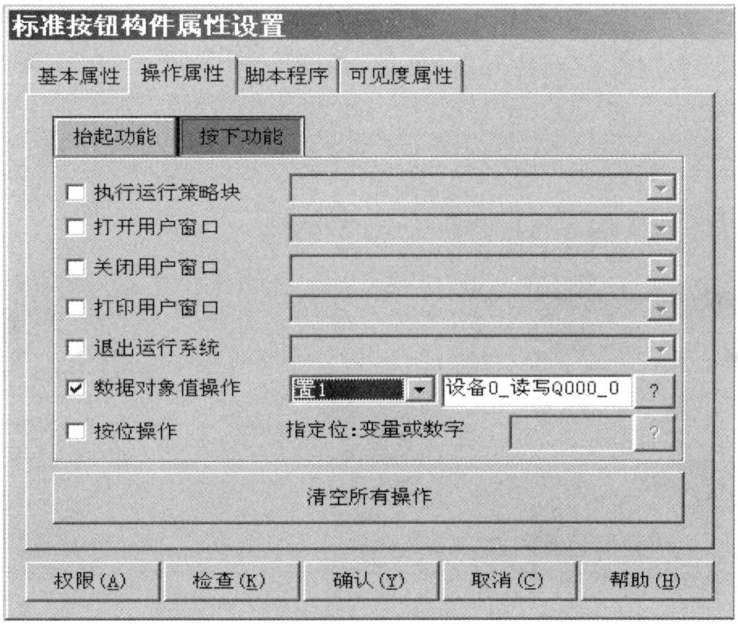

图 6-49　按下功能

②指示灯：双击 Q0.0 旁边的指示灯构件，弹出“单元属性设置”对话框，在数据对象页，单击 ? 选择数据对象“设备 0_读写 Q000_0”，如图 6-50 所示。用同样的方法，将 Q0.1 按钮和 Q0.2 按钮旁边的指示灯分别连接变量“设备 0_读写 Q000_1”和“设备 0_读写 Q000_2”。

③ 输入框：双击 VW0 标签旁边的输入框构件，弹出“输入框构件属性设置”对话框，在“操作属性”页，单击 ? 进入“变量选择”对话框，选择“根据采集信息生成”，通道类型选择“V 寄存器”；通道地址为“0”；数据类型选择“16 位 无符号二进制”；读写类型选择“读写”。如图 6-51 所示，设置完成后单击“确认”按钮。

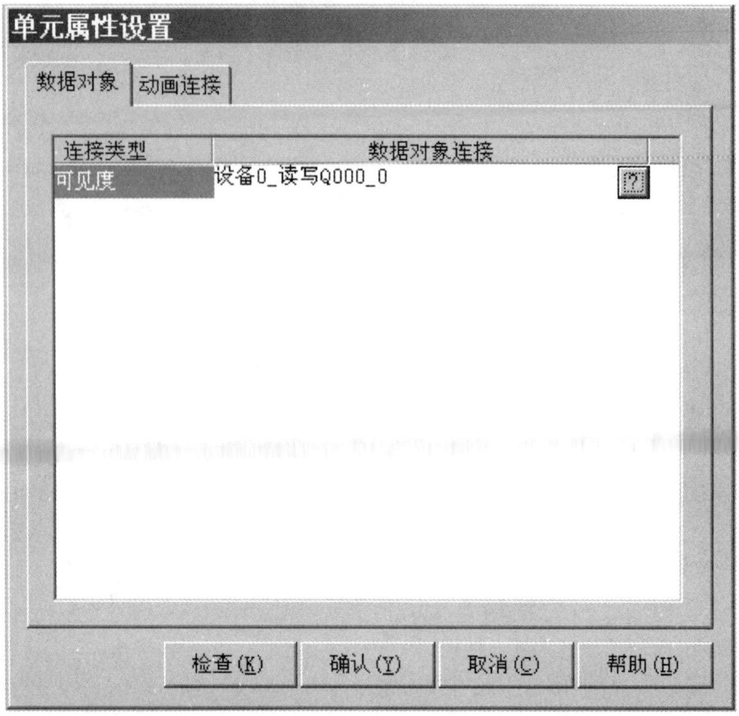

图 6-50　选择数据对象

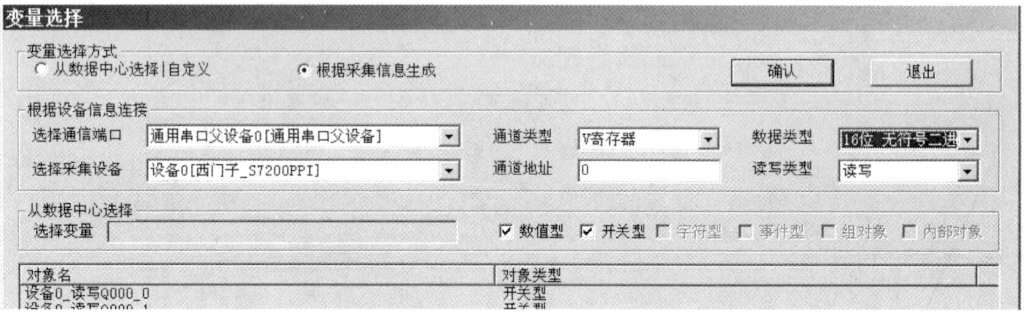

图 6-51　输入框构件属性设置

用同样的方法，双击 VW2 标签旁边的输入框进行设置，在“操作属性”页，选择对应的数据对象：通道类型选择“V 寄存器”；通道地址为“2”；数据类型选择“16 位无符号二进制”；读写类型选择“读写”。

组态完成后，下载到 TPC。

【任务实施】

任务完成后，由指导教师对本任务完成情况进行评价：

(1) 安全意识（20 分）；

(2) 掌握 MCGS 的组态方法，完成对三相异步电动机连续控制线路的安装与调试（60 分）；

(3) 职业规范和6S管理 (20分)。

【知识小结】

通过本任务的训练，能应用MCGS组态软件实现PLC作状态的监控，在组态时，首先要根据工艺要求建立MCGS的数据库变量表，然后新建监控系统窗口。制作监控画面，并对画面进行连接变量、连接动画及其权限设置。在设备窗口调用驱动程序，定义PLC的通信协议，开通PLC通信并与数据库变量实现连接，这些设置非常重要，一定要正确设置，最后编写策略和脚本程序，来完成监控任务。

任务 6.3　特种电动机的应用

【学习目标】

应知：

(1) 了解伺服电动机的基本结构及工作原理；

(2) 了解步进电动机的基本结构及工作原理。

应会：

(1) 掌握伺服电动机的工作原理及应用；

(2) 掌握步进电动机的工作原理及应用。

【学习指导】

学习伺服电动机、步进电动机的基本结构和工作原理，理解应用S7-200 SMART PLC控制伺服电动机、步进电动机的方法，初步掌握伺服电动机和步进电动机的应用。

要实现伺服电动机和步进电动机的PLC控制，必须了解伺服电动机、步进电动机的基本结构、工作原理，掌握其应用方法。

【知识学习】

6.3.1　伺服电动机的应用

伺服电动机可以实现转矩控制、速度控制和位置控制，具有控制精度高、起动转矩大、适应性强、运行范围广、无自转现象等优点。目前国外著名的伺服电动机品牌主要有三菱、安川、松下、三洋、富士、西门子、罗克韦尔、科尔摩根等，国内比较知名的伺服电动机品牌主要有汇川、埃斯顿、台达、步科等。

1. 伺服电动机的结构原理

伺服主要靠脉冲来定位，伺服电动机接收1个脉冲，就会旋转1个脉冲对应的角度，进而通过运动机构转换成位移。同时，伺服电动机本身也可以发脉冲，电动机每旋转一个角度，都会发出对应数量的脉冲。如此一来，系统就知道发了多少脉冲给伺服电动机，同时又接收了多少脉冲回来，形成一种半闭环控制，这能够很精确地控制电动机的转动，从而实现精确定位。伺服电动机内部的转子是永磁铁，驱动器控制的U/V/W三相电形成电磁场，转子在此磁场的作用下转动，同时电动机自带的编码器反馈信号给驱动器，驱动器根据反馈值与目标值进行比较，调整转子转动的角度，伺服电动机的精度决定于编码器的精度（线数）。伺服电动机分为直流和交流伺服电动机两大类。

(1) 直流伺服电动机。

直流伺服电动机的基本结构及工作原理与一般直流电动机相类似。为了适应各种不同伺服系统的需要，直流伺服电动机从结构上做了许多改进，如无槽电枢伺服电动机；空心杯形电枢伺服电动机；无刷直流执行伺服电动机；扁平形结构的直流力矩电动机等。这些类型的电动机具有转动惯量小、机电时间常数小、对控制信号响应速度快、低速运行特性好等特点。直流伺服电动机既可采用电枢控制，也可采用磁场控制，但一般多采用电枢控制。

电枢控制具有机械特性和控制特性线性度好、特性曲线为一组平行线、空载损耗较小、控制回路电感小、响应迅速等优点，所以自动控制系统中多采用电枢控制。磁场控制只用于小功率电动机。

把电枢电压作为控制信号，实现电动机的转速控制，这就是电枢控制方法。电枢控制时，其控制电路如图 6-52 所示。图 6-52 中将励磁绕组接于恒定电压 U_f，控制电压 U 接到伺服电动机电枢两端。

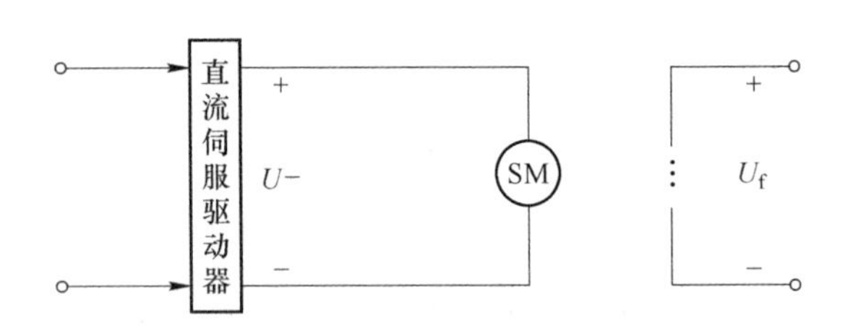

图 6-52　直流伺服电动机的电枢回路

在电枢电压 U 不变的情况下，直流伺服电动机的转速随转矩的变化关系 $n=fT_e$，直流伺服电动机的机械特性同一般他励直流电动机的机械特性相同。直流伺服电动机不同控制电压下 U 为额定控制电压的机械特性曲线，如图 6-53 所示，在不同电压下，机械特性为一组平行线。在一定的负载转矩下，当励磁不变时，调节电枢电压 U，就可以调节电动机的转速。当控制电压 $U=0$ 时，电动机立即停转。要电动机反转，可改变电枢电压 U 的极性。

直流伺服电动机的主要优点如下：

1）体积小、重量轻、效率高，一般适用于功率较大的系统；

2）电枢控制时的机械特性和调节特性都是斜率不变的平行直线族；

3）起动转矩大，调速范围广，从每分钟几十转到数千转。

主要缺点是：

1）结构较复杂，电刷和换向器需经常维护；

2）换向产生的火花，带来电磁干扰；

3）其控制信号来自直流放大器，因而直流放大器的零点漂移会影响系统的精度和稳定性。

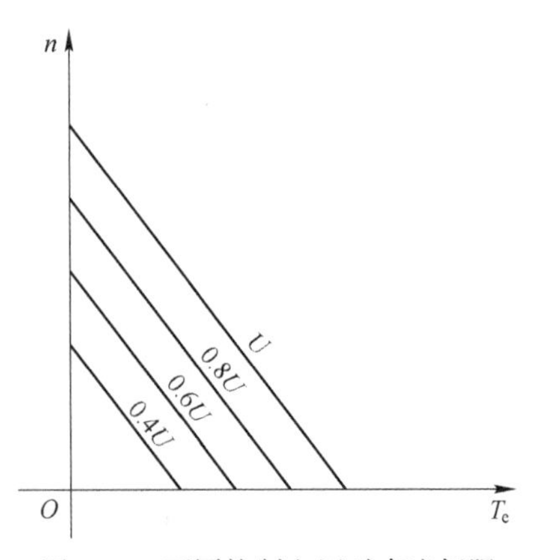

图 6-53　不同控制电压时直流伺服电动机的机械特性

（2）交流伺服电动机，如图 6-54 所示。

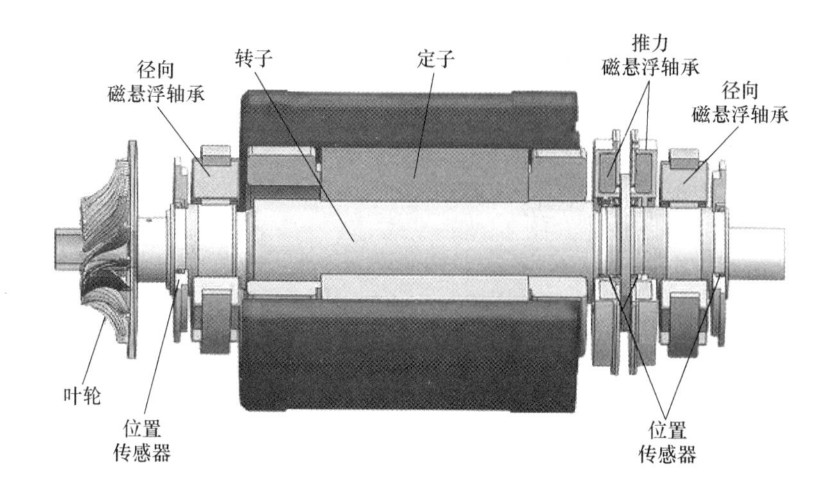

图 6-54　交流伺服电动机的结构

2. 伺服电动机的应用

操作项目：交流伺服电动机绕组绝缘老化的检修。

（1）学习目标。

1）了解伺服电动机的结构和铭牌数据的意义；

2）学会拆装伺服电动机的方法；

3）学会检测伺服电动机绝缘情况。

（2）工具仪器和设备。

1）伺服电动机 1 台；

2）绝缘电阻仪 1 台；

3）常用电工工具（扳手、锤子、轴承拉具、绝缘材料等）1 套。

（3）实训过程。

1）观察交流电动机的结构，抄录其铭牌数据；

2）用绝缘电阻仪测量伺服电动机绕组的绝缘情况，发现绝缘电阻小于要求，只准备拆开伺服电动机检查处理；

3）松开伺服电动机后盖螺钉，取下后盖；

4）取出编码器连接螺钉，脱开编码器和电动机轴之间的连接；

5）松开编码器，由于编码器和电动机轴之间是锥度齿合，其编码器时一般要使用专门工具，并且特别小心；

6）松开安装做的联机螺钉，取下安装座，露出电动机绕组；

7）检查电动机绕组的引出线的连接部分就发现绝缘电阻已经老化，重新连接处理；

8）装好安装座，固定编码器，装上端盖；

9）用绝缘电阻仪测量伺服电动机绕组是否符合要求。

（4）实训报告（见表6-6）。

表6-6　实训报告

序号	项目要求	实训要求和结果	备　注
1	实训项目名称		
2	学习目标		
3	工具、仪器和设备		
4	名牌数据记录		
5	分析数据结果		
6	简述步骤和注意事项		

6.3.2　步进电动机的应用

1. 步进电动机的结构

步进电动机包括定子和转子两部分，其结构如图6-55所示。定子有6个均匀分布的磁场，每两个相对的磁极上绕有一相控制绕组。转子是一个带齿的铁心，没有绕组。转子可以看作是一个两齿的铁心，实际的转子铁心外圆周围有很多小齿，转子和定子都由带齿的硅钢片叠成。

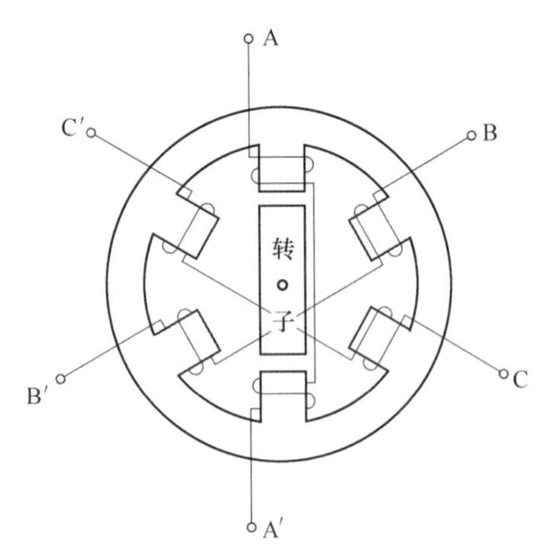

图6-55　步进电动机的结构

在步进电动机中，控制绕组的通电状态每切换一次叫作一拍，上述三相一次通电的方式称为三相单三拍运行。若A、B两相绕组同时通电，则转子将转到A、B两相中间的位置上，此位置处A、B两相磁极对转子齿的吸引力相平衡。这种按AB-BC-CA顺序通电的方式称为三相双三拍运行，“单”和“双”的区别在于每一拍是一相绕组通电还是两相绕组通电。单三拍和双三拍方式的步距角都是60。若将两种运行方式组合起来，即按A-AB-B-BC-C-CA的顺序依次通电，则步距角就变成30，这种方式称为三相六拍运行。

步进电动机的特点如下：

（1）步距误差。

单相通电时，步距误差取决于定子和转子的分齿精度、各相定子的错位角度的精度；多相通电时，还与各相电流的大小、磁路性能等因数有关。

（2）最高起动频率和最高工作频率。

最高起动频率：空载时，步进电动机由静止突然起动，并不失步地进入稳速运行，所允许的起动频率。最高起动频率与步进电动机的惯性J有关，J增大则最高起动频率下降。最高工作频率：步进电动机连续运行时所能接受的最高频率。它与步距角一起决定执行部件的最大运动速度。与负载惯量有关，也与定子相数、通电方式、控制电路的功放级等因数有关。

（3）输出的转矩——频率特性。

由于绕组本身是感性负载，输入频率越高，励磁电流就越小。频率高，磁通量变化加剧，涡流损失加大。因此，输入频率增高，输出力矩降低。最高工作频率的输出力矩只能达到低频转矩的 40%～50%。

2. 步进电动机的应用

实训项目：步进电动机的工作方式。

（1）学习目标。

1）观察步进电动机的结构，抄录步进电动机的铭牌数据；

2）通过试验进一步理解步进电动机的工作过程，观察电动机的步距角；

3）进一步理解步进电动机转速、步距角、信号频率、控制方式之间的关系。

（2）主要工具仪器和设备。

1）步进电动机	一台
2）直流稳压电源	一台
3）万用表	一块
4）转速表	一块
5）低频信号发生器	一台
6）脉冲分配器	二台
7）脉冲放大器	一台
8）角位移测量仪	一台

（3）实训过程。

1）观察步进电动机的结构，抄录步进电动机的名牌数据。

2）按图 6-56 连接电路。

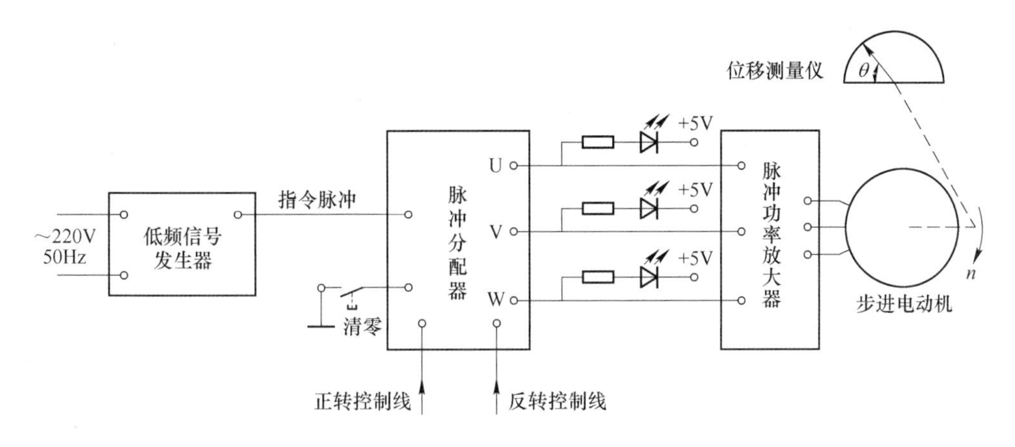

图 6-56　步进电动机运行图

3）让低频信号发生器预热 5min。

4）将低频信号发生器的输出信号调至一给定的有效值及频率，按下按钮，步进电动机转动。

5）观察步进电动机的转动，3 个发光二极管交替的规律。

6）有位移测量步进电动机的步距角。

7）降低低频信号发生器输出的频率，重复以上步骤，更换另一脉冲分配器，重复以上步骤。

（4）实训报告（见表 6-7）。

表 6-7　实训报告

序号	项　目　要　求	情况记录	备注
1	实训项目名称		
2	学习目标		
3	工具、仪器和设备		
4	记录数据结果		
5	分析信号频率变化时，步进电动机的变化情况		
6	分析当控制方式变化时，步进电动机的步距角机转速的变化情况		

【任务实施】

任务完成后，由指导教师对本任务完成情况进行评价：

（1）安全意识（20 分）；

（2）熟悉控制电动机的主要部件和作用（60 分）；

（3）职业规范和 6S 管理（20 分）。

【知识小结】

通过对控制电动机研究，其品种、规格很多，作用、结构及工作原理各有不同，因而有多种分类方法，结构也各有差异。其主要技术数据有额定电流、额定电压及绝缘强度、机械和电气寿命等。通过完成本任务，对常用控制电动机的基本结构主要有一个整体的感性认识，并对一些主要部件的功能、作用及安装方法有初步的认识。

【项目总结】

常用 S7-200 SMART、MCGS 及控制电动机在电气控制系统中的应用非常广泛，对于从业人员的专业性和规范性要求非常严格，操作时的安全规范甚至会直接关系到作业人员的生命安全，因此在作业时一定要遵守相应的安全要求。本项目在认识常用控制电动机的分类方法、工作原理及结构的基础上，主要强调了如何做好充分的安全保障措施，以确保自己和他人的人身安全。在完成本项目的 3 个任务后，应该达到以下能力要求：能够使用 S7-200 SMART PLC 实现对三相异步电动机的星－三角起动控制，学生必须先对 S7-200 SMART 的硬件结构和工作原理有基本了解，知道 STEP 7-Micro/WIN SMART 编程软件的使用。本项目根据这一要求设计了任务 6.1，通过完成此任务中的两个子任务，可以使学生掌握 S7-200 SMART PLC 的基本应用。任务 6.2 让学生了解组态的相关知识，在认识 MCGS 组态软件的基础上，掌握触摸屏 TPC7062K 和 PLC 的综合应用。任务 6.3 主要是拓展学生的知识面，让学生了解伺服电动机和步进电动机的相关知识，伺服电动机和步进电动机在自动化领域应用非常广泛，对有能力的学生可以在此基础上进行深入学习。

【思考与练习题】

1. 填空题

（1）STEP 7-Micro/WIN SMART 是 S7-200 SMART 控制器的________、________和操作软件。

（2）MCGS（Monitor and Control Generated System）是一套基于 Windows 平台的，用于快速构造和生成上位机________的组态软件系统。

（3）当 CPU 处于________模式时，用户可对程序进行编辑并将其下载至 PLC，但会有一定的限制。

（4）CPU 反复执行一系列任务。这种任务循环执行称为________。用户程序的执行与否取决于 CPU 是处于________还是 RUN 模式。在 RUN 模式下，执行程序；在 ________下，不执行程序。

（5）执行 CPU 自检诊断时，CPU 确保________、程序存储器________和所有扩展模块正确工作。

（6）CPU 在正常扫描周期中不会读取________。而当程序访问模拟量输入时，将立即从设备中读取模拟量值。

（7）在扫描周期的执行阶段，CPU 执行主程序，从________开始并继续执行到最后一个指令。在主程序或中断例程的执行过程中，使用________ 指令可立即访问输入和输出。

（8）如果在程序中使用子例程，则子例程作为________的一部分进行存储。主程序、另一个子例程或中断例程调用子例程时，执行子例程。从主程序调用时，子例程的嵌套深度是________ 级，从中断例程调用时嵌套深度是________级。

（9）局部存储器有一个局部范围，局部存储器仅在相关________内可用，其他程序实体无法访问。

（10）在 LAD 程序中，逻辑的基本元素用________、________和方框表示。构成完整电路的一套互联元素被称为程序段。

2. 选择题

（1）下列哪项属于双字寻址？（　　）

A. QW1　　B. V10　　C. IB0　　D. MD28

（2）只能使用字寻址方式来存取信息的寄存器是（　　）。

A. S　　B. I　　C. HC　　D. AI

（3）定时器预设值 PT 采用的寻址方式为（　　）。

A. 位寻址　　B. 字寻址　　C. 字节寻址　　D. 双字寻址

（4）下列哪项属于字节寻址？（　　）

A. VB10　　B. VW10　　C. ID0　　D. I0. 2

（5）CPU 逐条执行程序，将执行结果放到（　　）。

A. 输入映像寄存器　　B. 输出映像寄存器

C. 中间寄存器　　D. 辅助寄存器

3. 判断题

（1）借助读取绝对位置功能，用户可以读取 SINAMIC V90 驱动器当前位置值。（ ）

（2）通过增强的通信对话框，可从手动输入的 IP 地址选择设备。（ ）

（3）借助读取绝对位置功能，用户可以读取 SINAMIC V90 驱动器当前位置值。（ ）

（4）用户程序的执行与否取决于 CPU 是处于 STOP 模式还是 RUN 模式。（ ）

（5）读取输入就是 CPU 将物理输入的状态复制到过程映像输入寄存器中。（ ）

（6）执行程序中的控制逻辑时，CPU 执行程序指令，并将值存储到不同存储区。（ ）

（7）写入输出就是将存储在过程映像输出寄存器中的值写入到物理输出。（ ）

（8）MCGS 具有操作简便、可视性好、可维护性强、高性能、高可靠性等突出特点。（ ）

（9）在每个扫描周期结束时，CPU 会将存储在输出映像寄存器中的值写入数字量输出。（ ）

（10）如果在程序中使用中断，则与中断事件相关的中断例程将作为程序的一部分进行存储。（ ）

4. 分析及简答题

（1）请描述如何创建一个 MCGS 组态项目？

（2）在 S7-200 SMART 中如何建立通信和下载程序？

项目 7　三菱 PLC 的基础知识及应用

学习本项目的主要目的是了解 PLC 的基本硬件结构及工作原理，熟悉 GX Developer 编程软件的使用，掌握三相异步电动机的起动控制方法。

【知识目标】

(1) 了解 PLC 的硬件结构及工作原理。

(2) 认识 FX 系列 PLC 的型号、安装与接线方法。

(3) 熟悉 GX Developer 编程软件的使用。

(4) 培养学生良好的安全意识和职业素养。

【能力目标】

要能够使用三菱 PLC 实现对三相异步电动机的典型起动控制，学生必须先对三菱的硬件结构和工作原理有基本了解，知道 GX Developer 编程软件的使用。本项目根据这一要求设计了任务 7.1 掌握 PLC 的工作原理，熟悉 PLC 的应用领域。任务 7.2 掌握 FX_{2N} 系列 PLC 的安装以及接线，熟悉 GX Developer 编程软件的使用。任务 7.3 基于三菱 PLC 的三相异步电动机的典型控制。

任务 7.1　三菱 PLC 的基础知识

【学习目标】

应知：

(1) 了解 PLC 控制系统与继电器接触器控制系统。

(2) 了解常用的 PLC 结构及工作原理。

(3) 熟悉 PLC 的应用领域。

应会：

掌握 PLC 的工作原理。

【学习指导】

学习 PLC 的定义、了解 PLC 控制系统的优势与 PLC 的应用领域，明白 PLC 的工作原理。

要实现三相异步电动机起动的 PLC 控制，必须了解 PLC 的定义、了解 PLC 控制系统的优势与 PLC 的应用领域，明白 PLC 的工作原理。

【知识学习】

7.1.1　三菱 PLC 的定义

PLC 是可编程序控制器（Programmable Controller）的简称。实际上可编程序控制器的英文缩写为 PC，为了与个人计算机（Personal Computer）相区别，人们就延用最初用于逻辑控制的可编程序控制器（Programmable Logic Controller）的名称简称为 PLC。

PLC 的历史不长，但其发展极为迅速。为了确定它的性质，国际电工委员会（International Electrical Committee）于 1982 年颁布了 PLC 标准草案第 1 稿，1987 年 2 月颁布了第 3 稿，对 PLC 作了如下定义：

“PLC 是一种数字运算操作的电子系统，专为在工业环境下应用而设计。它采用可编程序的存储器，用来在其内部存储执行逻辑运算、顺序控制、定时、计数和算术运算等操作指令，并通过数字式或模拟式的输入和输出，控制各种类型的机械或生产过程。PLC 及其相关设备，都应按易于与工业控制系统形成一个整体，易于扩展其功能的原则设计。”

7.1.2　三菱 PLC 控制系统与继电器接触器控制系统的比较

1. 组成的器件不同

继电器接触器控制系统是由许多硬件继电器接触器组成的，而 PLC 则是由许多“软继电器”组成的。传统的继电器接触器控制系统本来有很强的抗干扰能力，但其用了大量的机械触点，因物理性能疲劳、尘埃的隔离性及电弧的影响，系统可靠性大大降低。PLC 采用无机械触点的逻辑运算微电子技术，复杂的控制由 PLC 内部运算器完成，故寿命长、可靠性高。

2. 触点的数量不同

继电器接触器的触点数较少，一般只有 4~8 对，而“软继电器”可供编程的触点数有无限对。

3. 控制方法不同

继电器接触器控制系统通过元器件之间的硬接线来实现，控制功能就固定在电路中。PLC 控制功能是通过软件编程来实现的，只要改变程序，功能即可改变，控制灵活。

4. 工作方式不同

在继电器接触器控制电路中，当电源接通时，电路中各继电器都处于受制约状态。在 PLC 中，各“软继电器”都处于周期性循环扫描接通中，每个“软继电器”受制约接通的时间是短暂的。

7.1.3　常用的 PLC 简介

随着 PLC 市场的不断扩大，PLC 生产已经发展成为一个庞大的产业，主要厂商集中在一些欧美国家及日本。美国与欧洲一些国家的 PLC 是在相互隔离情况下独立研究开发的，产品有比较大的差异；日本则是从美国引进的，对美国的 PLC 产品有一定的继承性。另外，日本的主推产品定位在小型 PLC 上，而欧美则以大中型 PLC 为主。

1. 美国的 PLC 产品

美国 PLC 厂商著名的有 A-B 公司、通用电气（GE）公司、莫迪康（MODICON）公司、德州仪器（TI）公司和西屋公司等。其中 A-B 公司是美国最大的 PLC 制造商，产品约占美国 PLC 市场的一半。A-B 公司的产品规格齐全、种类丰富，其主推的产品为大、中机型的 PLC-5 系列。该系列为模块式结构，CPU 模块为中型的 PLC 有 PLC-5/10、PLC-5/12、PLC-5/14、PLC-5/25；CPU 模块为大型的 PLC 有 PLC-5/11、PLC-5/20、PLC-5/30、PLC-5/40、PLC-5/60。A-B 公司的小型机产品有 SLC-500 系列等。

GE 公司的代表产品是 GE-I、GE-III、GE-VI 等系列，分别为小型机、中型机及大型机，CE-VI/P 最多可配置 4000 个 I/O 点。德州仪器（TI）公司的小型机产品有 510、520 等，中型机有 5TI 等，大型 PLC 产品有 PM550、530、560、565 等系列。莫迪康公司生产 M84 系列小型机，M484 系列中型机、M584 系列大型机。M884 是增强型中型机，具有小型机的结构、大型机的控制功能。

2. 欧洲的 PLC 产品

德国的西门子（SIEMENS）公司、AEG 公司和法国的 TE 公司是欧洲著名的 PLC 制造商。德国西门子的电子产品以性能精良而久负盛名。在大、中型 PLC 产品领域与美国 A-B 公司齐名。

西门子 PLC 的主要产品有 S5 及 S7 系列，其中 S7 系列是近年来开发的代替 S5 的新产品。S7 系列含 S7-200、S7-300 及 S7-400 系列。其中 S7-200 是微型机，S7-300 是中、小型机，S7-400 是大型机。S7 系列机性价比较高，近年来在中国市场的占有份额有不断上升之势。

3. 日本的 PLC 产品

日本 PLC 产品在小型机领域颇具盛名。某些用欧美中型或大型机才能实现的控制，日本小型机就可以解决。日本有许多 PLC 制造商，如三菱、欧姆龙、松下、富士、日立和东芝等，在世界小型机市场上，日本产品约占 70%的份额。

三菱公司的 PLC 是较早进入中国市场的产品。其小型机 F1/F2 系列是 F 系列的升级产品，早期在我国的销量也不小。F1/F2 系列加强了指令系统，增加了特殊功能单元和通信功能，比 F 系列有了更强的控制能力。继 F1/F2 系列之后，20 世纪 80 年代，三菱公司又推出了 FX 系列，在容量、速度、特殊功能、网络功能等方面都有了全面的加强。FX_2 系列是在 20 世纪 90 年代推出的高功能整体式小型机，它配有各种通信适配器和特殊功能单元，FX_{2N}系列是近几年推出的高功能整体式小型机，它是 FX_2 系列的换代产品。近年来三菱公司还不断推出了满足不同要求的微型 PLC，如 FX_{0S}、FX_{1S}、FX_{0N}、FX_{1N}等系列的产品。本书以三菱 FX_{2N}系列机型介绍 PLC 的应用技术。

欧姆龙（OMRON）公司的 PLC 产品的大、中、小、微型规格齐全。微型机以 SP 系列为代表，小型机有 P 型、H 型、CPM1A、CPM2A 系列及 CPM2C、CQM1 系列等。中型机有 C200H、C200HS、C200HG、C200HE 及 CS1 等系列。

松下公司的 PLC 产品中，FP0 为微型机，FP1 为整体式小型机，FP3 为中型机，FP5/FP10、FP10S、FP20 为大型机。

4. 我国的 PLC 产品

中国有许多厂家及科研院所从事 PLC 的研制及开发工作，产品如中国科学院自动化研究所的 PLC-0088、北京联想计算机集团公司的 GK-40、上海机床电器厂的 CKY-40、上海起重电器厂的 CF-40MR/ER、苏州机床电器厂的 YZ-PC-001A、原机电部北京工业自动化研究所的 MPC-001/20 和 KB20/40、杭州机床电器厂的 DKK02、天津中环自动化仪表公司的 DJK-S-84/86/480、上海自立电子设备的 KKI 系列、上海香岛机电制造有限公司的 ACMY-S80 和 ACMY-5256、无锡华光电子工业有限公司（合资）的 SR-10 和 SR-20/21 等。

7.1.4　三菱 PLC 的应用领域

三菱 PLC 的应用非常广泛，例如：电梯控制、防盗系统的控制、交通分流信号灯控制、楼宇供水自动控制、消防系统自动控制、供电系统自动控制、喷水池自动控制及各种生产流水线的自动控制等，其应用情况大致可归纳为如下几类。

1. 开关量逻辑控制

开关量逻辑控制是 PLC 最基本、最广泛的应用领域，取代传统的继电器接触器线路，实现逻辑控制、顺序控制，既可用于单台设备的控制，又可用于多机群控及自动化流水线，如注塑机、印刷机、订书机械、组合机床、磨床、包装生产线和电镀流水线等。

2. 模拟量控制

PLC 利用 PID（Proportional Integral Derivative）算法可实现闭环控制功能。例如温度、速度、压力及流量等的过程量的控制。

3. 运动控制

PLC 可以用于圆周运动或直线运动的定位控制。近年来许多 PLC 厂商在自己的产品中增加了脉冲输出功能，配合原有的高速计数器功能，使 PLC 的定位控制能力大大增加。此外许多 PLC 品牌具有位置控制模块，如可驱动步进电动机或伺服电动机的单轴或多轴位置控制模块。使 PLC 广泛地用于各种机械、机床、机器人和电梯等场合。

4. 数据处理

现代 PLC 具有数学运算、数据传送、数据转换、排序、查表和位操作等功能，可以完成数据的采集、分析及处理。这些数据除可以与储存在储存器中的参考值比较，在完成一定的控制操作外，也可以利用通信功能传送到别的智能装置，或将它们打印制表。数据处理一般用于大型控制系统，如无人控制的柔性制造系统；也可用于过程控制系统，如造纸、冶金和食品工业中的一些大型控制系统。

5. 通信及联网

PLC 通信含 PLC 间的通信及 PLC 与其他智能设备之间的通信。随着计算机控制的发展，工厂自动化网络发展得很快，各 PLC 厂商都十分重视 PLC 通信功能，纷纷推出各自的网络系统。新近生产的 PLC 无论是网络接入能力还是通信技术指标都得到了很大加强，这使得 PLC 在远程及大型控制系统中的应用能力大大增加。

7.1.5　三菱 PLC 的组成

PLC 系统的实际组成与微型计算机基本相同，它也是由硬件系统和软件系统两大部分组成的。

1. PLC 的硬件系统

PLC 的硬件系统就是指构成它的各个结构部件，是有形实体，PLC 组成框图如图 7-1 所示。

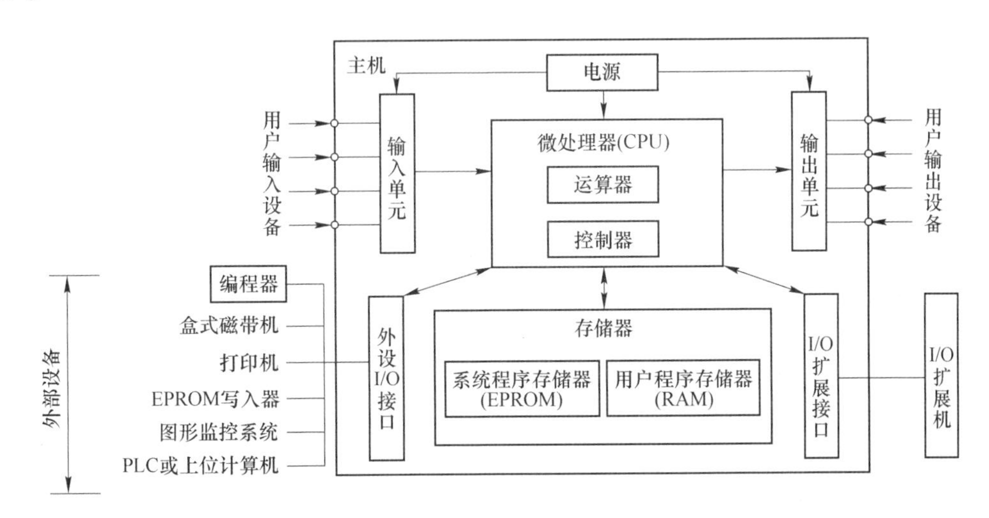

图 7-1　PLC 组成框图

PLC 的硬件系统由主机、I/O 扩展机（单元）及外部设备组成。主机和扩展机采用微型计算机的结构形式，其内部由运算器、控制器、存储器、输入单元、输出单元以及接口等部分组成。运算器和控制器集成在一片或几片大规模集成电路中，称为微处理器（或微处理机、中央处理器），简称为 CPU。存储器主要有系统程序存储器（EPROM）和用户程序存储器（RAM）。

主机内各部分之间均通过总线连接。总线有电源总线、控制总线、地址总线和数据总线。输入、输出单元是 PLC 与外部输入信号、被控设备连接的转换电路，通过外部接线端子可直接与现场设备相连。例如将按钮、行程开关、继电器触点和传感器等接至输入端子，通过输入单元把它们的输入信号转换成微处理器能接受和处理的数字信号。输出单元则接受经过微处理器处理过的数字信号，并把这些信号转换成被控设备或显示设备能够接受的电压或电流信号，经过输出端子的输出以驱动接触器线圈、电磁阀、信号灯和电动机等执行装置。

编程器是 PLC 重要的外围设备，一般 PLC 都配有专用的编程器。通过编程器可以输入程序并可以对用户程序进行检查、修改、调试和监视，还可以调用和显示 PLC 的一些状态和系统参数。目前在许多 PLC 控制系统中可以用通用的计算机加上适当的接口和软件进行编程。

2. PLC 的软件系统

PLC 的软件系统是指 PLC 所使用的各种程序的集合。包括系统程序（或称为系统软件）和用户程序（或称为应用软件）。系统程序主要包括系统管理和监控程序以及对用户程序进行编译处理的程序，各种性能不同的 PLC 系统程序会有所不同。系统程序在出厂前已被固化在 EPROM 中，用户不能改变。用户程序是用户根据生产过程和工艺要求而编制的程序，通过编程器或计算机输入到 PLC 的 RAM 中，并可以进行修改或删除。

7.1.6 三菱 PLC 的工作原理

1. 循环扫描工作方式

PLC 用户程序的执行采用的是循环扫描工作方式。即 PLC 对用户程序逐条顺序执行，直至程序结束，然后再从头开始扫描，周而复始，直至停止执行用户程序。PLC 有两种基本工作方式，即运行（RUN）模式和停止（STOP）模式，PLC 基本的工作模式如图 7-2所示。

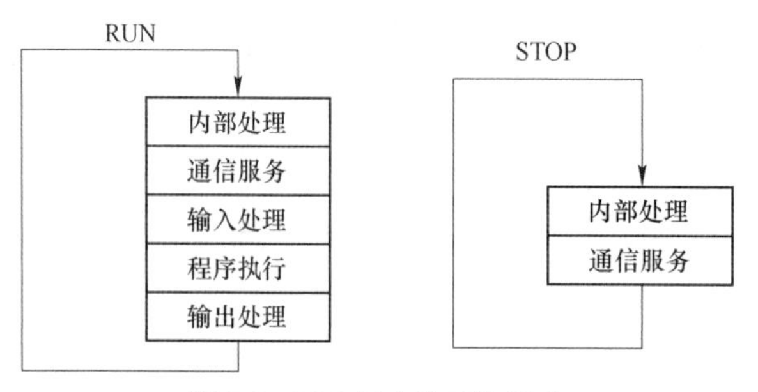

图 7-2 PLC 基本的工作模式

（1）运行模式。

在运行模式下 PLC 对用户程序的循环扫描过程，一般分为 3 个阶段进行，即输入处理阶段、程序执行阶段和输出处理阶段。PLC 的工作过程如图 7-3 所示。

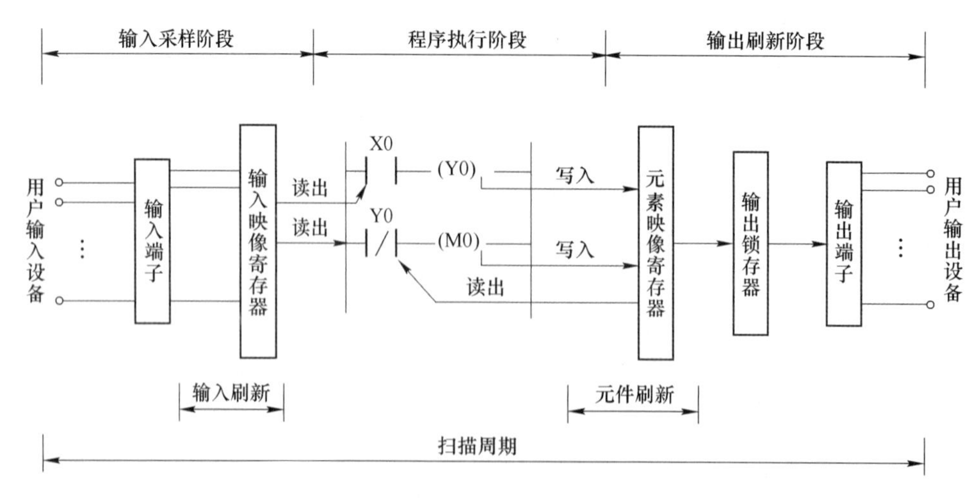

图 7-3 PLC 的工作过程

1）输入处理阶段。

输入处理阶段又称为输入采样阶段。PLC 在此阶段，以扫描方式顺序读入所有输入端子的状态—接通/断开（ON/OFF），并将其状态存入输入映像寄存器。接着转入程序执行阶段，在程序执行期间，即使输入状态发生变化，输入映像寄存器内容也不会变化，这些变化只能在一个工作周期的输入采样阶段才被读入刷新。

2）程序执行阶段。

在程序执行阶段，PLC 对程序按顺序进行扫描。如果程序用梯形图表示，则总是按先上后下、先左后右的顺序进行扫描。每扫描一条指令时，所需的输入状态或其他元素的状态分别由输入映像寄存器和元素映像寄存器中读出，然后进行逻辑运算，并将运算结果写入到元素映像寄存器中。也就是说程序执行过程中，元素映像寄存器内元素的状态可以被后面将要执行到的程序所应用，它所寄存的内容也会随程序执行的进程而变化。

3）输出处理阶段。

输出处理阶段又称为输出刷新阶段。在此阶段，PLC 将元素映像寄存器中所有输出继电器的状态—接通/断开，转存到输出锁存电路，再驱动被控对象（负载），这就是 PLC 的实际输出。

PLC 重复地执行上述三个阶段，这三个阶段也是分时完成的。为了连续地完成 PLC 所承担的工作，系统必须周而复始地依一定的顺序完成这一系列的具体工作，这种工作方式称为循环扫描工作方式。PLC 执行一次扫描操作所需的时间称为扫描周期，其典型值为 1~100ms。一般来说，一个扫描过程中，执行指令的时间占了绝大部分。

（2）停止模式。

在停止模式下，PLC 只进行内部处理和通信服务工作。在内部处理阶段，PLC 检查 CPU 模块内部的硬件是否正常，进行监控定时器复位等工作。在通信服务阶段，PLC 与其他的带 CPU 的智能装置通信。

2. 输入/输出滞后时间

由于 PLC 采用循环扫描工作方式，即对信息采用串行处理方式，这必然带来了输入/输出的响应滞后问题。

输入/输出滞后时间又称为系统响应时间，是指从 PLC 外部输入信号发生变化的时刻起至它控制的有关外部输出信号发生变化的时刻之间的时间间隔。它由输入电路的滤波时间、输出模块的滞后时间和因扫描工作方式产生的滞后时间三部分组成。

（1）输入模块的滤波电路用来滤除由输入端引入的干扰噪声，消除因外接输入触点动作时产生抖动引起的不良影响。滤波时间常数决定了输入滤波时间的长短，其典型值为 10ms。

（2）输出模块的滞后时间与模块开关元器件的类型有关，继电器型约为 10ms；晶体管型一般小于 1ms；双向晶闸管型在负载通电时的滞后时间约为 1ms；负载由通电到断电时的最大滞后时间约为 10ms。

（3）由扫描工作方式产生的滞后时间最大可达两个多扫描周期。

输入/输出滞后时间对于一般工业设备是完全允许的，但对于某些需要输出对输入做出快速响应的工业现场，可以采用快速响应模块、高速计数模块以及中断处理等措施来尽量减小响应时间。

【任务实施】

任务完成后，由指导教师对本项任务完成情况进行评价：

（1）安全意识（20 分）；

（2）掌握 PLC 的组成结构，熟悉其工作原理（60 分）；

（3）职业规范和环境保护（20 分）。

【知识小结】

熟悉 PLC 的基本认识，了解 PLC 的应用领域，对 PLC 控制系统与继电器接触器控制系统的优劣有充分的认识。掌握 PLC 的组成结构及工作原理。

任务 7.2　三菱 PLC 编程语言与编程软件的使用

【学习目标】

应知：

（1）了解 PLC 的常用编程语言以及 PLC 的编程方法。

（2）熟悉 FX_{2N} 系列 PLC 的安装以及接线。

应会：

（1）掌握 FX_{2N} 系列 PLC 的安装以及接线。

（2）熟悉编程软件的使用。

【学习指导】

了解 PLC 的常用编程语言以及 PLC 的编程方法，熟悉 FX_{2N} 系列 PLC 的安装以及接线。熟悉编程软件的使用。

要实现三相异步电动机起动的 PLC 控制，了解 PLC 的常用编程语言以及 PLC 的编程方法，熟悉 FX_{2N} 系列 PLC 的安装与接线以及熟悉编程软件的使用非常必要。

【知识学习】

7.2.1　三菱 PLC 的编程语言

PLC 是按照程序进行工作的。程序就是用一定的语言把控制任务描述出来。国际电工委员会（IEC）在 1994 年 5 月在 PLC 标准中推荐的常用语言有：梯形图（Ladder Diagram）、指令表（Intruction List）、顺序功能图（Sequential function chart）和功能块图（Function block diagram）等。

1. 梯形图

梯形图基本上沿用电气控制图的形式，采用的符号也大致相同。如图 7-4（a）所示，梯形图的两侧平行竖线为母线，其间由许多触点和编程线圈组成的逻辑行。应用梯形图进行编程，只要按梯形图逻辑行顺序输入到计算机中去，计算机就可自动将梯形图转换成 PLC 能接受的机器语言，存入并执行。

2. 指令表

指令表类似于计算机汇编语言的形式，用指令的助记符来进行编程。它通过编程器按照指令表的指令顺序逐条写入 PLC 并可直接运行。指令表的指令助记符比较直观易懂，编程也简单，便于工程人员掌握，因此得到广泛的应用。但要注意不同厂家制造的 PLC，所使用的指令助记符有所不同，即对同一梯形图来说，用指令助记符写成的语句表也不相同。图 7-4（a）梯形图对应的指令表如图 7-4（b）所示。

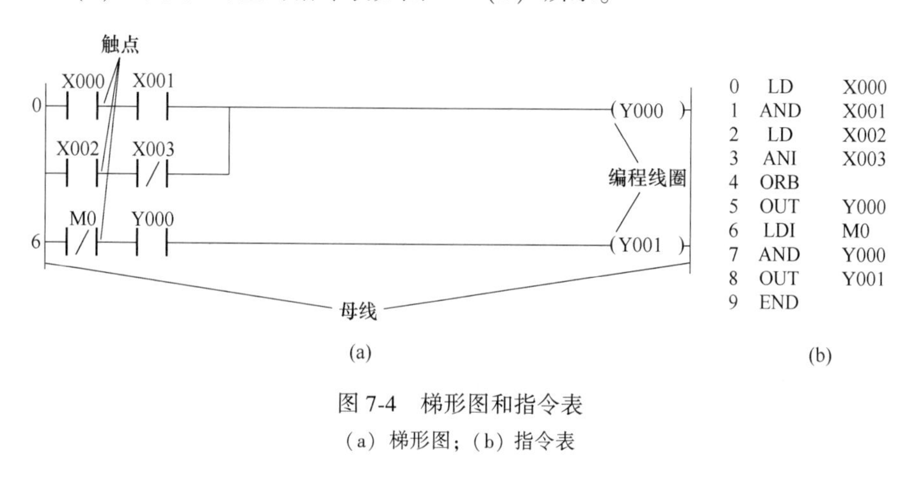

图 7-4　梯形图和指令表

（a）梯形图；（b）指令表

3. 顺序功能图

顺序功能图应用于顺序控制类的程序设计，包括步、动作、转换条件、有向连线和转换 5 个基本要素。顺序功能图编程方法是将复杂的控制过程分成多个工作步骤（简称为步），每个步又对应着工艺动作，把这些步依据一定的顺序要求进行排列组合成整体的控制程序。顺序功能图如图 7-5 所示。

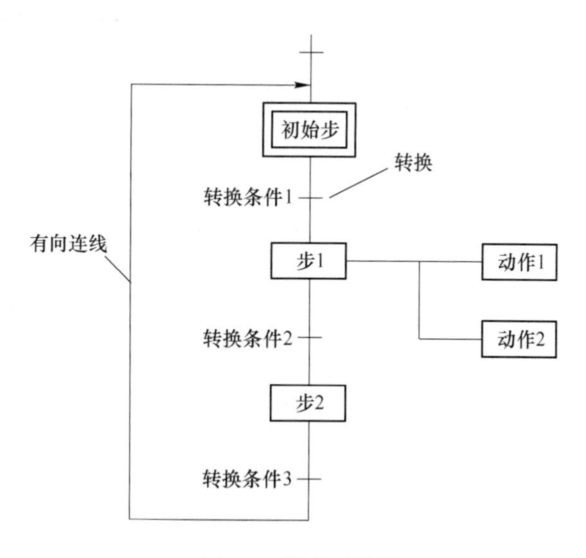

图 7-5　顺序功能图

4. 功能块图

功能块图是一种类似于数字逻辑电路的编程语言，熟悉数字电路的技术人员比较容易掌握。该编程语言用类似与门、或门的方框来表示逻辑运算关系，方框的左侧为逻辑运算的输入变量，右侧为输出变量，输入端、输出端的小圆圈表示“非”运算，信号自左向右流动。功能块图如图 7-6 所示。

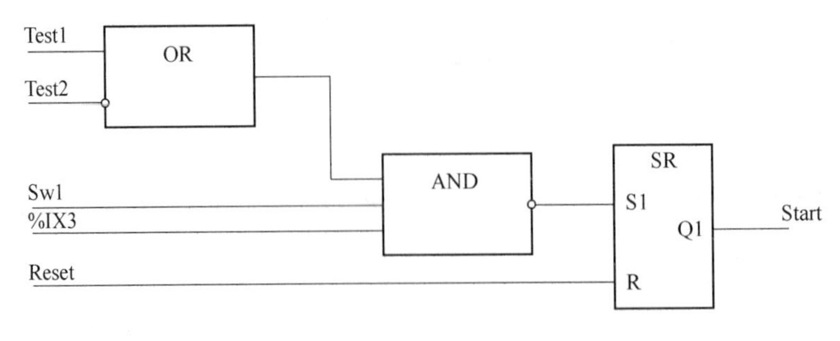

图 7-6　功能块图

7.2.2　三菱 PLC 的编程方法

在设计 PLC 程序时，可以根据自己的实际情况采用以下不同的方法。

1. 经验法

经验法是运用自己的或者借鉴他人的已经成熟的实例进行设计。可以对已有相近或者类似的实例按照控制系统的要求进行修改，直到满足控制系统的要求。在工作中应不断积累经验和收集资料，从而丰富设计经验。

2. 解析法

PLC 的逻辑控制实际上就是逻辑问题的综合。可以根据组合逻辑或者时序逻辑的理论，并运用相应的解析方法，对其进行逻辑关系求解，依求解的结果编制梯形图或直接编写指令。解析法比较严谨，可以避免编程的盲目性。

3. 图解法

图解法是依照画图的方法进行 PLC 程序设计，常见的方法有梯形图法、时序图（波形图）法和流程图法。

（1）梯形图法是最基本的方法，无论是经验法还是解析法，在把控制系统的要求等价为梯形图时就要用到梯形图法。

（2）时序图（波形图）法适合于时间控制电路，先把对应信号的波形画出来，再依照时间顺序用逻辑关系去组合，就可以把控制程序设计出来。

（3）流程图法是用框图表示 PLC 程序的执行过程及输入条件与输出之间的关系。在使用步进指令编程的情况下，采用该方法设计很方便。

图解法和解析法不是彼此独立的，解析法要画图，图解法也要列解析式，只是两种方法的侧重点不一样。

4. 技巧法

技巧法是在经验法和解析法的基础上，运用技巧进行编程，以提高编程质量。还可以使用流程图做工具，将巧妙的设计形式化，进而编制所需要的程序。该方法是多种编程方法的综合应用。

5. 计算机辅助设计

计算机辅助设计是利用 PLC 通过上位链接单元与计算机实现链接，运用计算机进行编程。该方法需要有相应的编程软件。

7.2.3　FX_{2N}系列三菱 PLC 的安装及接线

PLC 应安装在环境温度为 0~55℃，相对湿度 35%~89%、无粉尘和油烟、无腐蚀性及可燃性气体的场合中。

PLC 的安装固定常有两种方式：一是直接利用机箱上的安装孔，用螺钉将机箱固定在控制柜的背板或面板上；其二是利用 DIN 导轨安装，这需先将 DIN 导轨固定好，再将 PLC 及各种扩展单元卡上 DIN 导轨。安装时还要注意在 PLC 周围留足散热及接线的空间。图 7-7 即是 FX_{2N}机及扩展设备在 DIN 导轨上的安装。

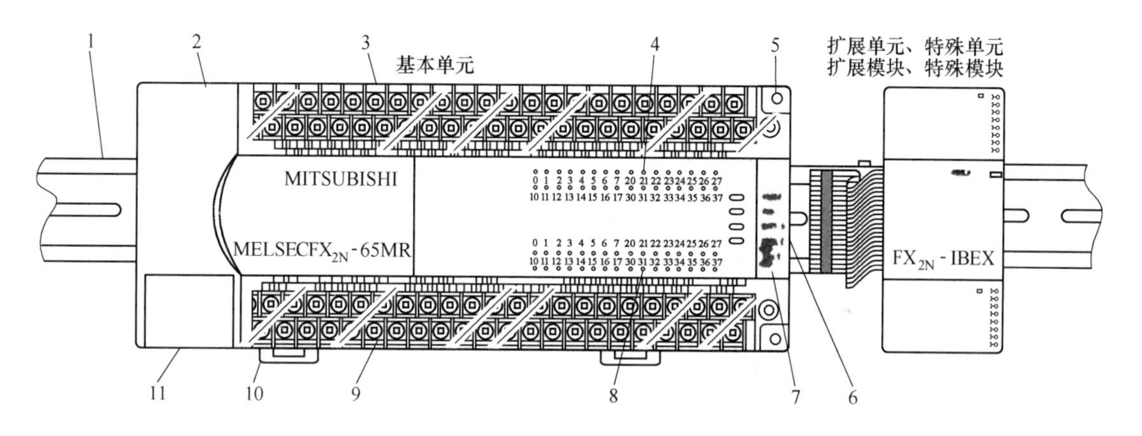

图 7-7　FX_{2N}机及扩展设备在 DIN 导轨上的安装图

1—DIN 导轨；2—面板盖；3—电源、辅助电源，输入信号用装卸式端子台；4—输入口指示灯；5—安装孔；6—扩展单元、扩展模块、特殊单元、特殊模块接线插座盖板面板盖；7—电源、运行、错误指示灯；8—输出口指示灯；9—输出用装卸式端子台；10—DIN 导轨装卸中卡子；11—外转设备接线插座盖板

PLC 在工作前必须正确地接入控制系统。与 PLC 连接的主要有 PLC 的电源接线、输入输出器件的接线、通信线和接地线等。

1. 电源接入及端子排列

PLC 基本单元的供电通常有两种情况：一是直接使用工频交流电，通过交流输入端子连接，对电压的要求比较宽松，100~250V 均可使用。二是采用外部直流开关电源供电，一般配有直流 24V 输入端子。采用交流供电的 PLC 内自带直流 24V 内部电源，为输入器件及扩展模块供电。FX_{2N}系列 PLC 大多为 AC 电源，DC 输入形式。图 7-8 为 FX_{2N}-48M 的接线端子排列图，上部端子排中标有 L 及 N 的接线位为交流电源相线及中线的接入点。图 7-9 为 AC 电源、DC 输入型机电源配线图。

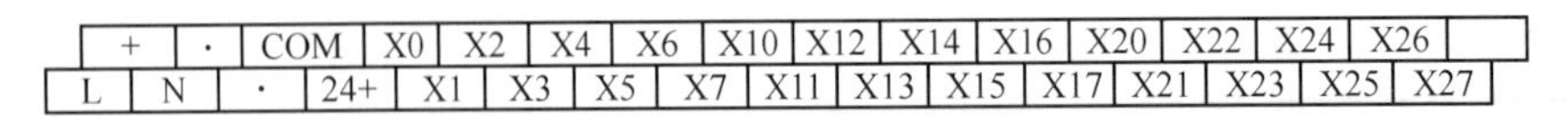

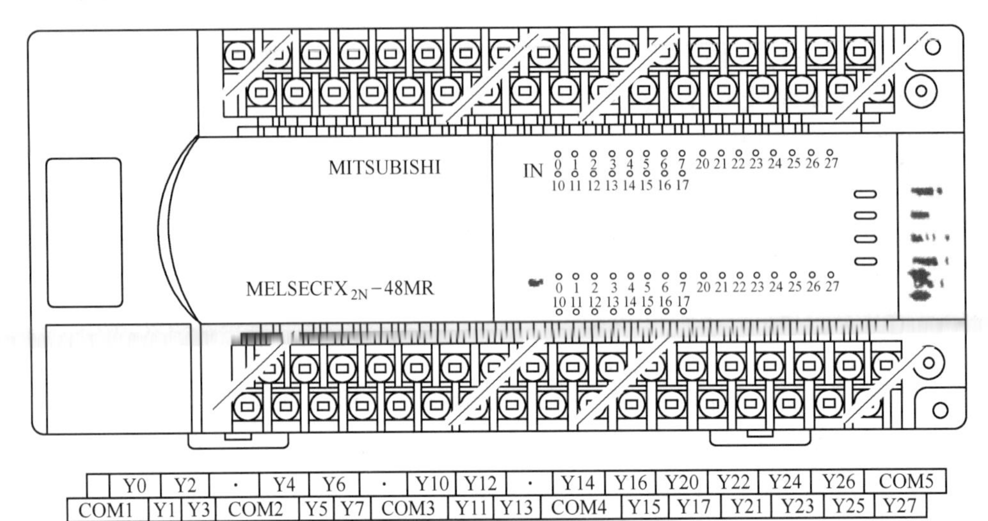

图 7-8　FX_{2N}-48M 的接线端子排列图

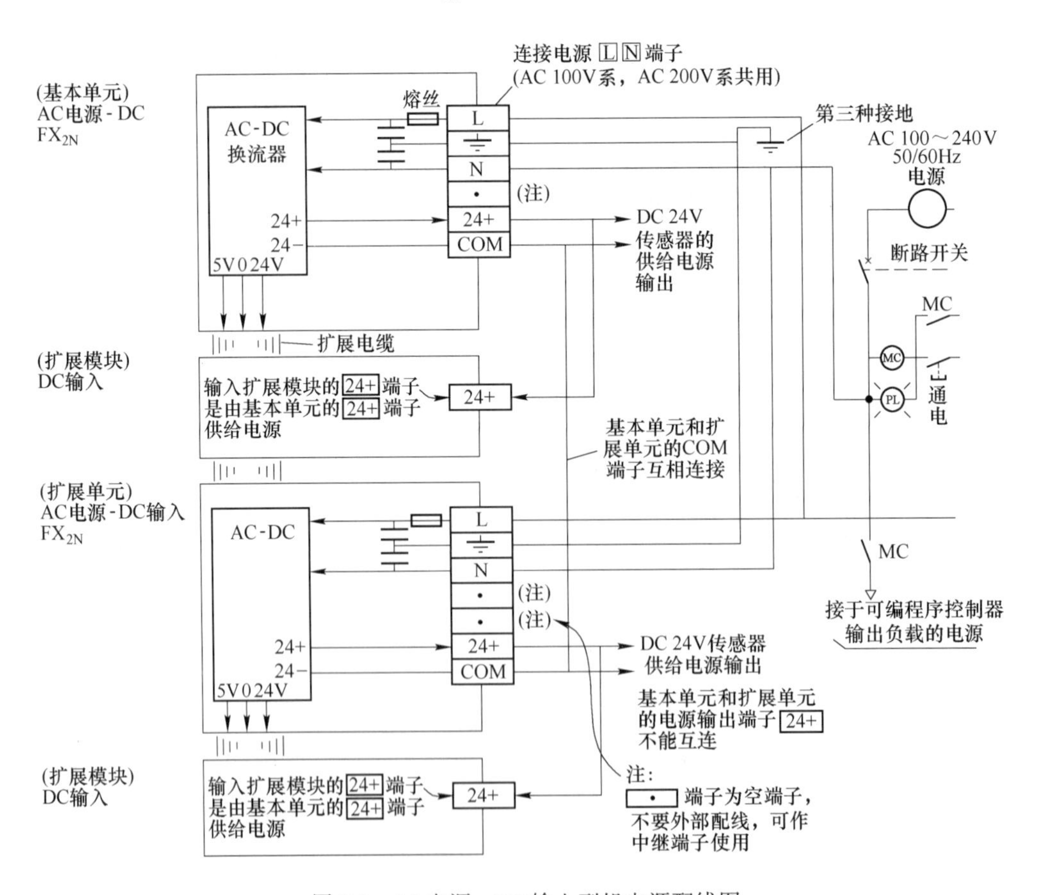

图 7-9　AC 电源、DC 输入型机电源配线图

2. 输入口器件的接入

PLC 的输入口连接输入信号，器件主要有开关、按钮及各种传感器，这些都是触点类型的器件。在接入 PLC 时，每个触点的两个接头分别连接一个输入点及输入公共端。由图 7-8 可知 PLC 的开关量输入接线点都是螺钉接入方式，每一位信号占用一个螺钉。图 7-8 中上部为输入端子，COM 端为公共端，输入公共端在某些 PLC 中是分组隔离的，在 FX_{2N}中是连通的。开关、按钮等器件都是无源器件，PLC 内部电源能为每个输入点大约提供 7mA 工作电流，这也就限制了电路的长度。有源传感器在接入时须注意与机内电源的极性配合。模拟量信号的输入须采用专用的模拟量工作单元。图 7-10 为输入器件的接线图。

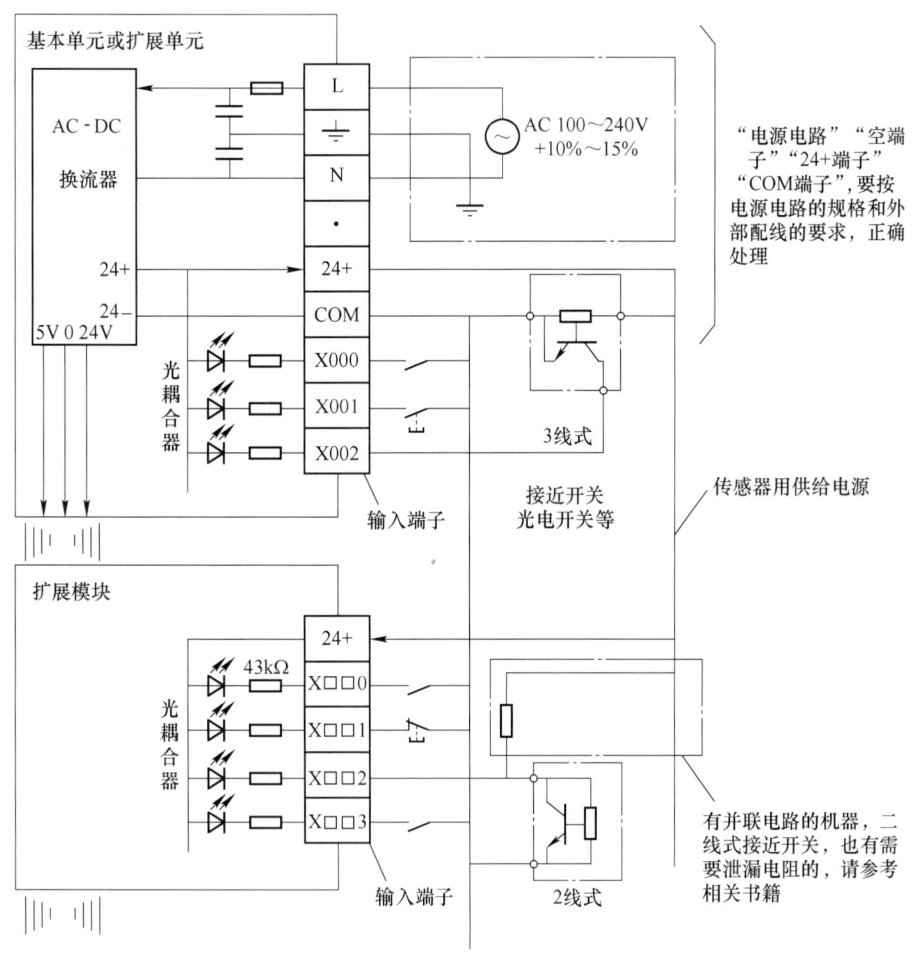

图 7-10　输入器件的接线图

3. 输出口器件的接入

PLC 的输出口上连接的器件主要是继电器、接触器和电磁阀的线圈。这些器件均采用 PLC 外的专用电源供电，PLC 内部不过是提供一组开关接点。接入时线圈的一端接输出点螺钉，一端经电源接输出公共端。图 7-8 中下部为输出端子，由于输出口连接线圈种类多，所需的电源种类及电压不同，输出口公共端常分为许多组，而且组间是隔离的。PLC 输出口的电流定额一般为 2A，大电流的执行器件须配装中间继电器。图 7-11 是输出器件为继电器时输出器件的连接图。

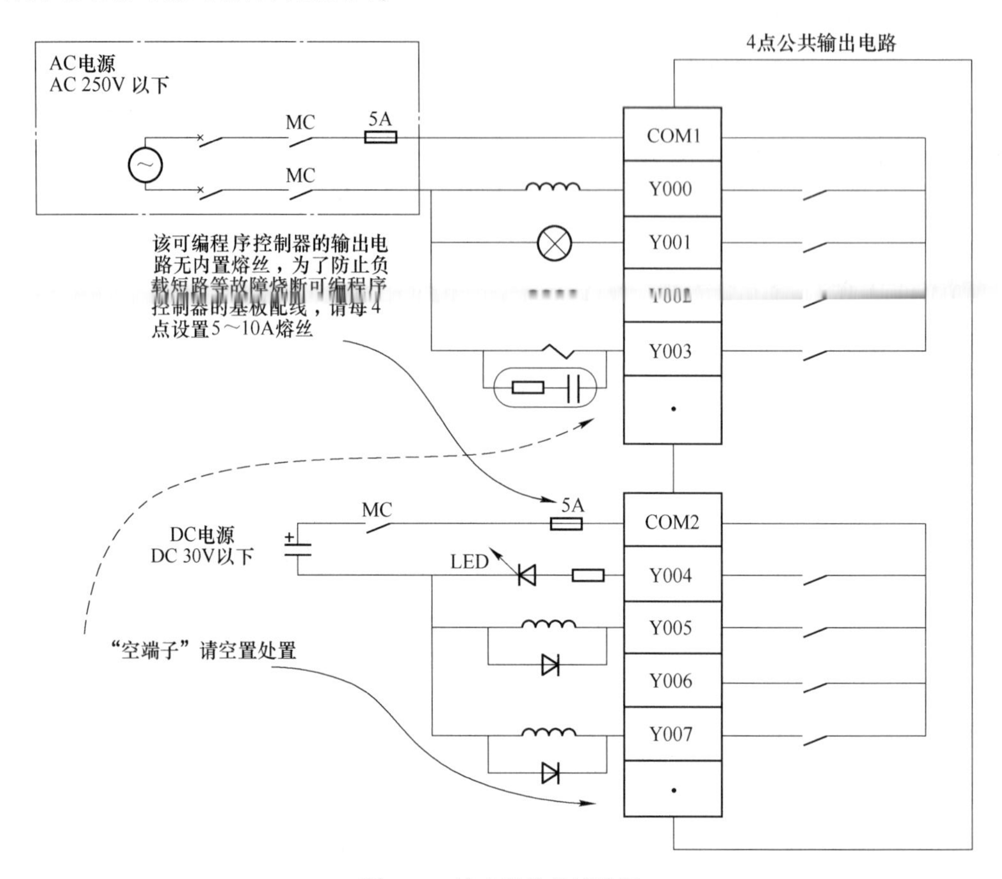

图 7-11　输出器件的接线图

4. 通信线的连接

PLC 一般设为专用的通信接口，通常为 RS485 接口或 RS422 接口，FX_{2N} 型 PLC 为 RS422 接口。与通信接口的接线常采用专用的接插件连接。

7.2.4　GX Developer 编程软件的界面

用鼠标双击桌面上的“GX Developer”图标，即可启动 GX Developer 编程软件的界面，如图 7-12 所示。GX Developer 的界面由项目标题栏、菜单栏、快捷工具栏、编辑窗口和管理窗口等部分组成。在调试模式下，可打开远程运行窗口、数据监视窗口等。

1. 菜单栏

GX Developer 共有 10 个菜单，每个菜单又有若干个菜单项。许多菜单项的使用方法和目前文本编辑软件的同名菜单项的使用方法基本相同。多数使用者一般很少直接使用菜

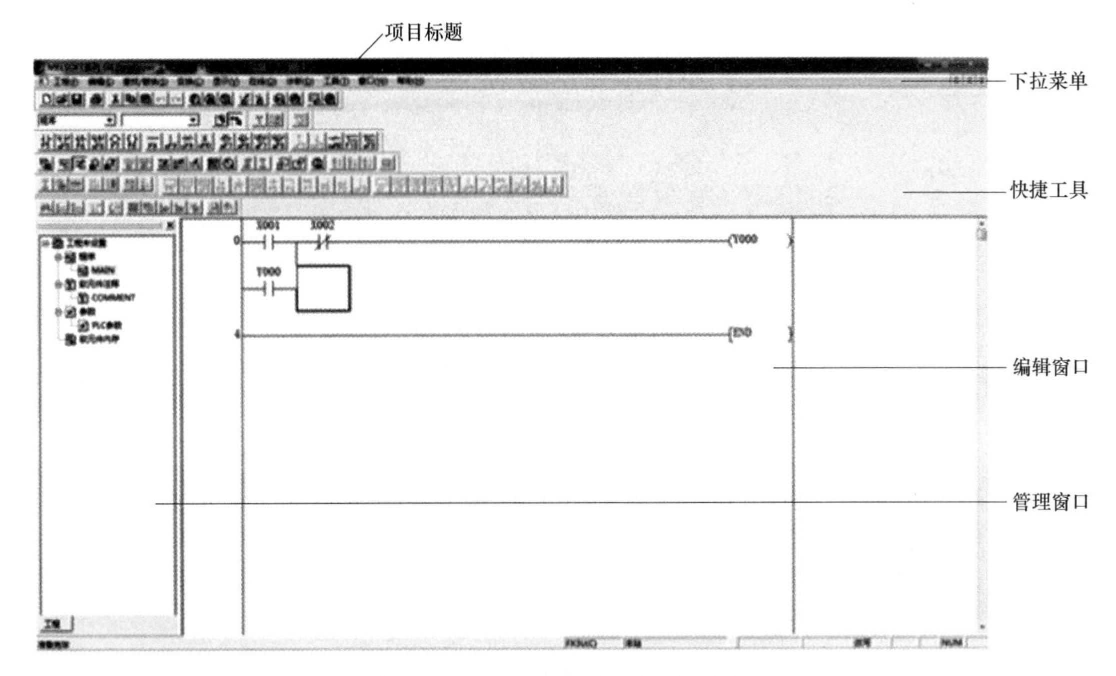

图 7-12　GX Developer 编程软件的界面

单项，而是使用快捷工具。常用的菜单项都有相应的快捷按钮，GX Developer 的快捷键直接显示在相应菜单项的右边。

2. 快捷工具栏

GX Developer 共有 8 个快捷工具栏，即标准、数据切换、梯形图标记、程序、注释、软元器件内存、SFC 和 SFC 符号工具栏。用鼠标选取“显示”菜单下的“工具条”命令，即可打开这些工具栏。常用的有标准、梯形图标记、程序工具栏，将鼠标停留在快捷按钮上片刻，即可获得该按钮的提示信息。

3. 编辑窗口

PLC 程序是在编辑窗口进行输入和编辑的，其使用方法和众多的编辑软件相似。

4. 管理窗口

管理窗口实现项目管理、修改等功能。

7.2.5　工程的创建和调试范例

1. 系统的启动与退出

要想启动 GX Developer，可用鼠标双击桌面上的图标。图 7-13 为打开的 GX Developer 窗口。

用鼠标选取“工程”菜单下的“关闭工程”命令，即可退出 GX Developer 系统。

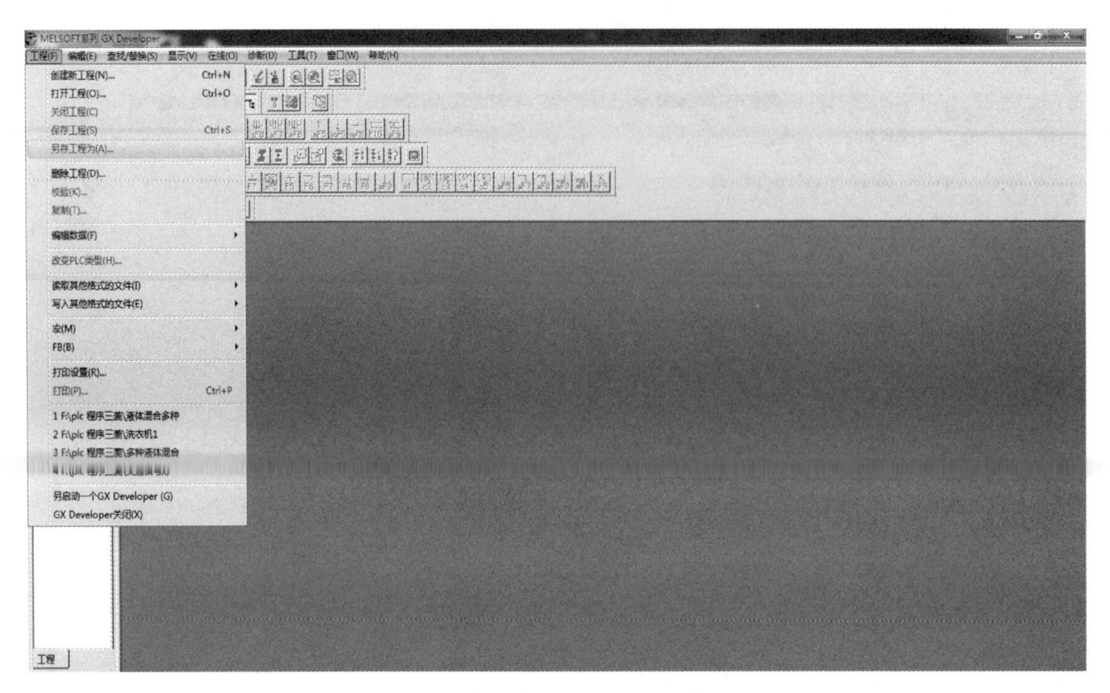

图 7-13　打开的 GX Developer 窗口

2. 文件的管理

(1) 创建新工程。

选择“工程”→“创建新工程”菜单项，或者按<Ctrl+N>组合键操作，在出现的“创建新工程”对话框中选择 PLC 类型，如选择 FX_{2N} 系列 PLC 后，单击“确定”按钮，如图 7-14 所示。

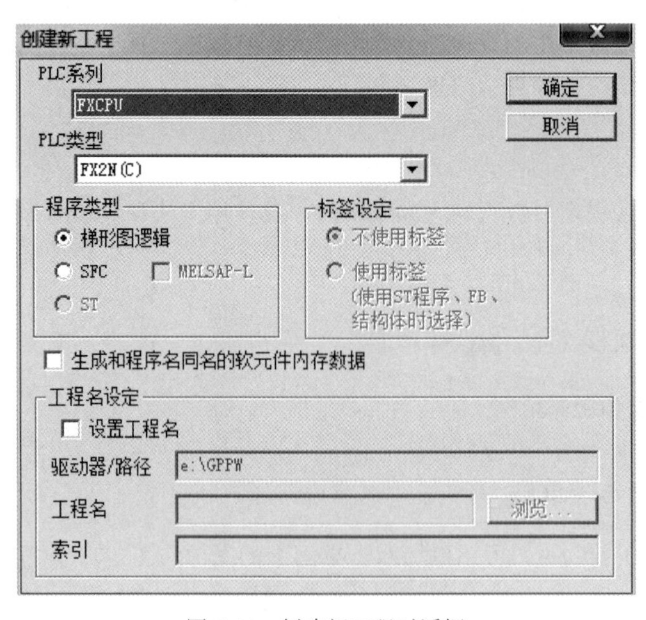

图 7-14　创建新工程对话框

（2）打开工程。

打开一个已有工程，选择“工程”→“打开工程”菜单或按<Ctl+O>组合键，在出现的“打开工程”对话框中选择已有工程，单击“打开”按钮，如图 7-15 所示。

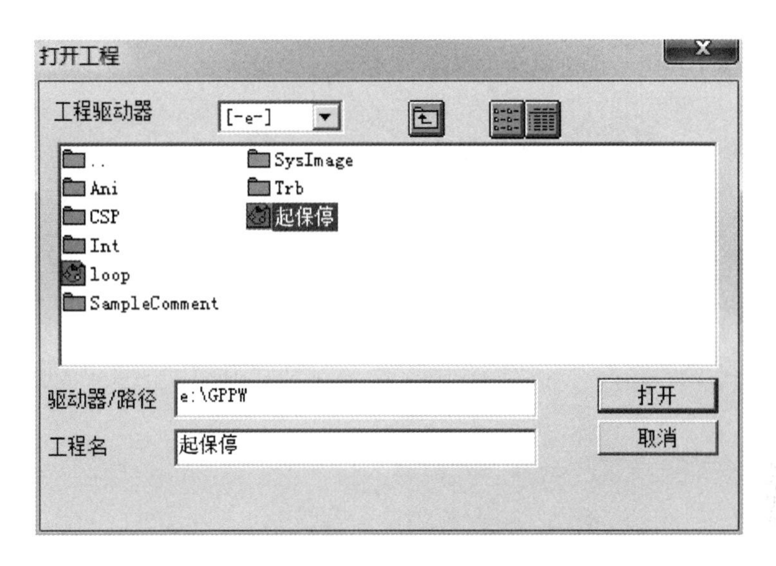

图 7-15　打开工程对话框

（3）文件的保存和关闭。

保存当前 PLC 程序，注释数据以及其他在同文件名下的数据。操作方法是：执行“工程”→“保存工程”菜单操作或<Ctrl+S>组合键操作即可。将已处于打开状态的 PLC 程序关闭，操作方法是执行“工程”→“关闭工程”菜单命令即可。

3. 编程操作

（1）输入梯形图。

使用“梯形图标记”工具条，输入梯形图如图 7-16 所示，或通过执行菜单“编辑”→“梯形图标记”，编辑操作如图 7-17 所示。将已编好的程序输入到计算机。

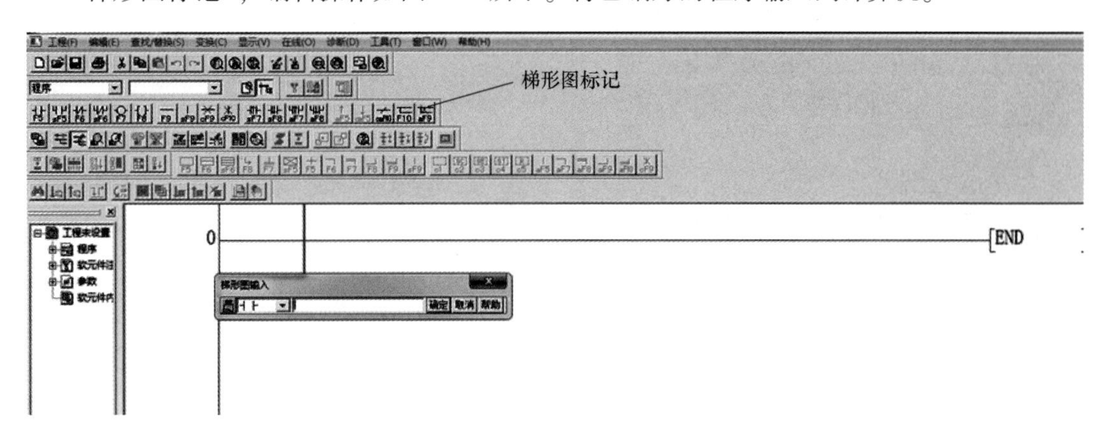

图 7-16　输入梯形图

（2）编辑操作。

通过执行“编辑”菜单栏中的指令，对输入的程序进行修改和检查，如图 7-17 所示。

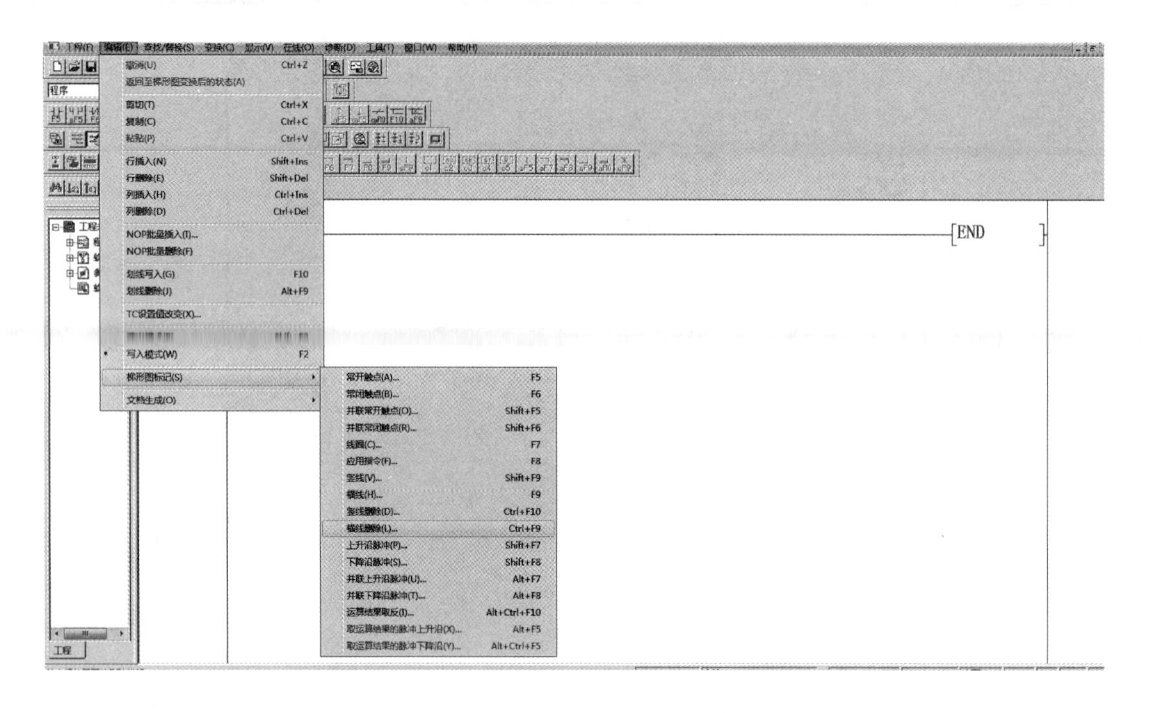

图 7-17　编辑操作

（3）梯形图的转换及保存操作。

编辑好的程序先通过执行菜单“变换”→“变换”操作或按<F4>键变换后，才能保存。变换操作如图 7-18 所示。在变换过程中显示梯形图变换信息，如果在不完成变换的情况下关闭梯形图窗口，新创建的梯形图将不被保存。

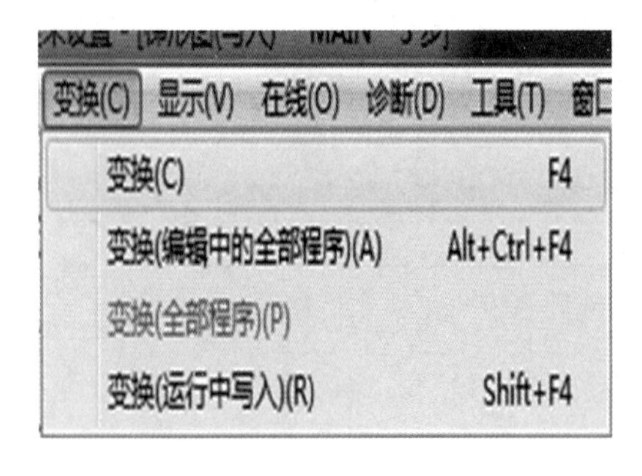

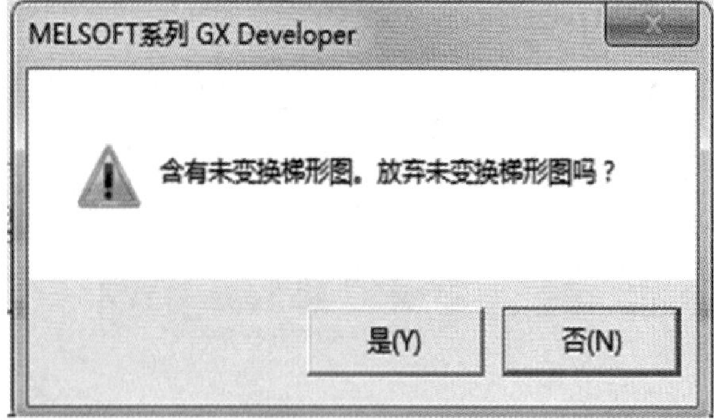

图 7-18　变换操作

4. 程序调试及运行

(1) 程序的检查。

执行菜单“诊断”→“诊断”命令，进行程序检查，诊断操作如图 7-19 所示。

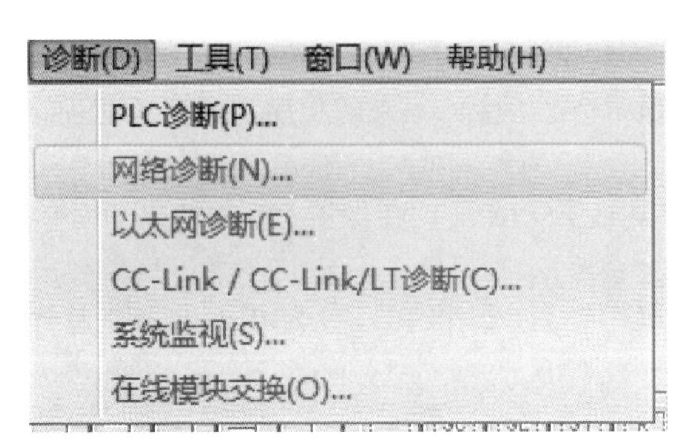

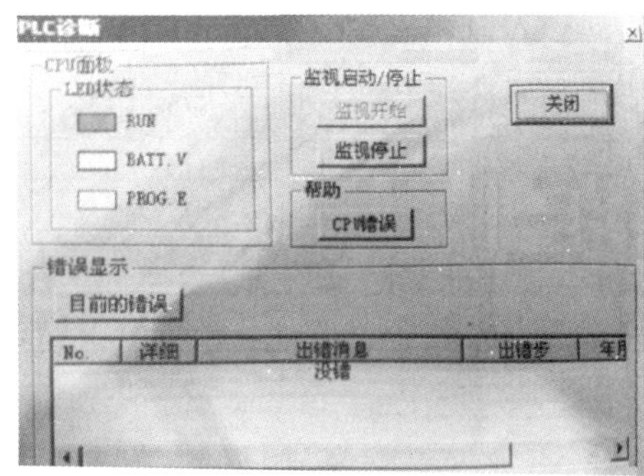

图 7-19　诊断操作

(2) 程序的写入。

PLC 在 STOP 模式下，执行菜单“在线”→“PLC 写入”命令，出现“PLC 写入”对话框，如图 7-20 所示，选择“参数+程序”，再单击“执行”按钮，完成将程序写入 PLC。

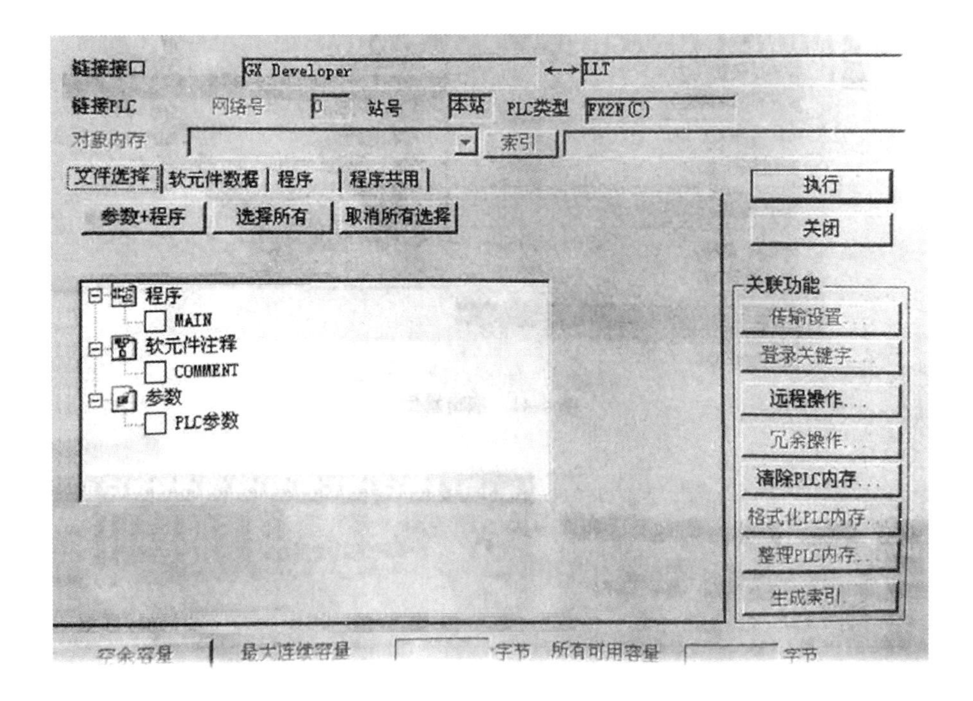

图 7-20　程序的写入操作

（3）程序的读取。

PLC 在 STOP 模式下，执行菜单“在线”→“PLC 读取”命令，将 PLC 中的程序发送到计算机中。

传送程序时，应注意以下问题：

1）计算机的 RS 232C 端口及 PLC 之间必须用指定的缆线及转换器连接。

2）PLC 必须在 STOP 模式下才能执行程序传送。

3）执行完“PLC 写入”后，PLC 中的程序将被丢失，原来的程序将被读入的程序所替代。

4）在“PLC 读取”时，程序必须在 RAM 或 E^2PROM 内存保护关断的情况下读取。

（4）程序的运行及监控。

1）运行：执行菜单“在线”→“远程操作”命令，将 PLC 设为 RUN 模式，程序运行，如图 7-21 所示。

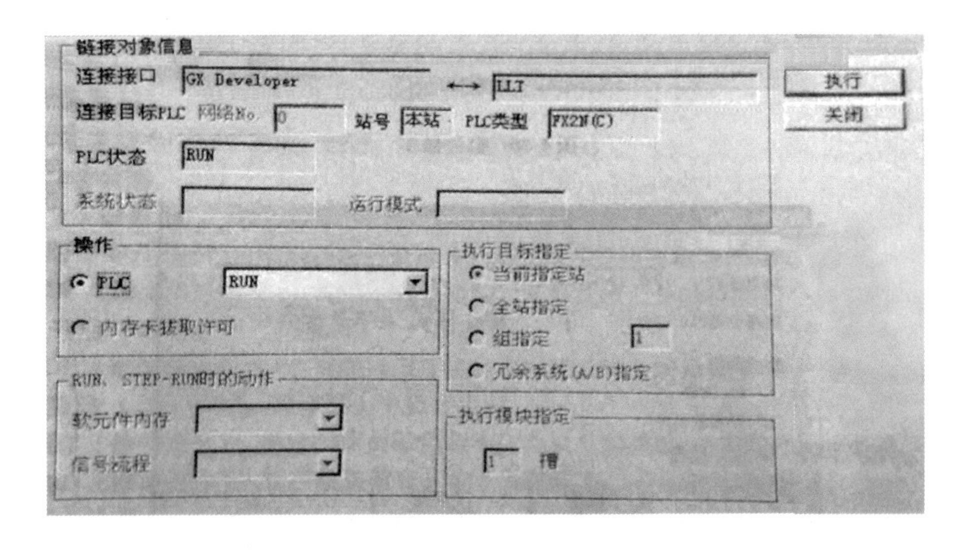

图 7-21　远程操作

2）监控。执行程序运行后，再执行菜单“在线”→“监视”命令，可对 PLC 的运行过程进行监控。结合控制程序，操作有关输入信号，观察输出状态，监控操作如图 7-22所示。

（5）程序的调试。

程序运行过程中出现的错误有两种。

1）一般错误：运行的结果与设计的要求不一致，需要修改程序。先执行菜单“在线”→“远程操作”命令，将 PLC 设为 STOP 模式，再执行菜单“编辑”→“写模式”命令，再从上面第（3）步开始执行（输入正确的程序），直到程序正确。

2）致命错误：PLC 停止运行，PLC 上的 ERROR 指示灯亮，需要修改程序。先执行菜单“在线”→“清除 PLC 内存”命令，如图 7-23 所示，将 PLC 内的错误程序全部清除后，再从上面第 3）步开始执行（输入正确的程序），直到程序正确。

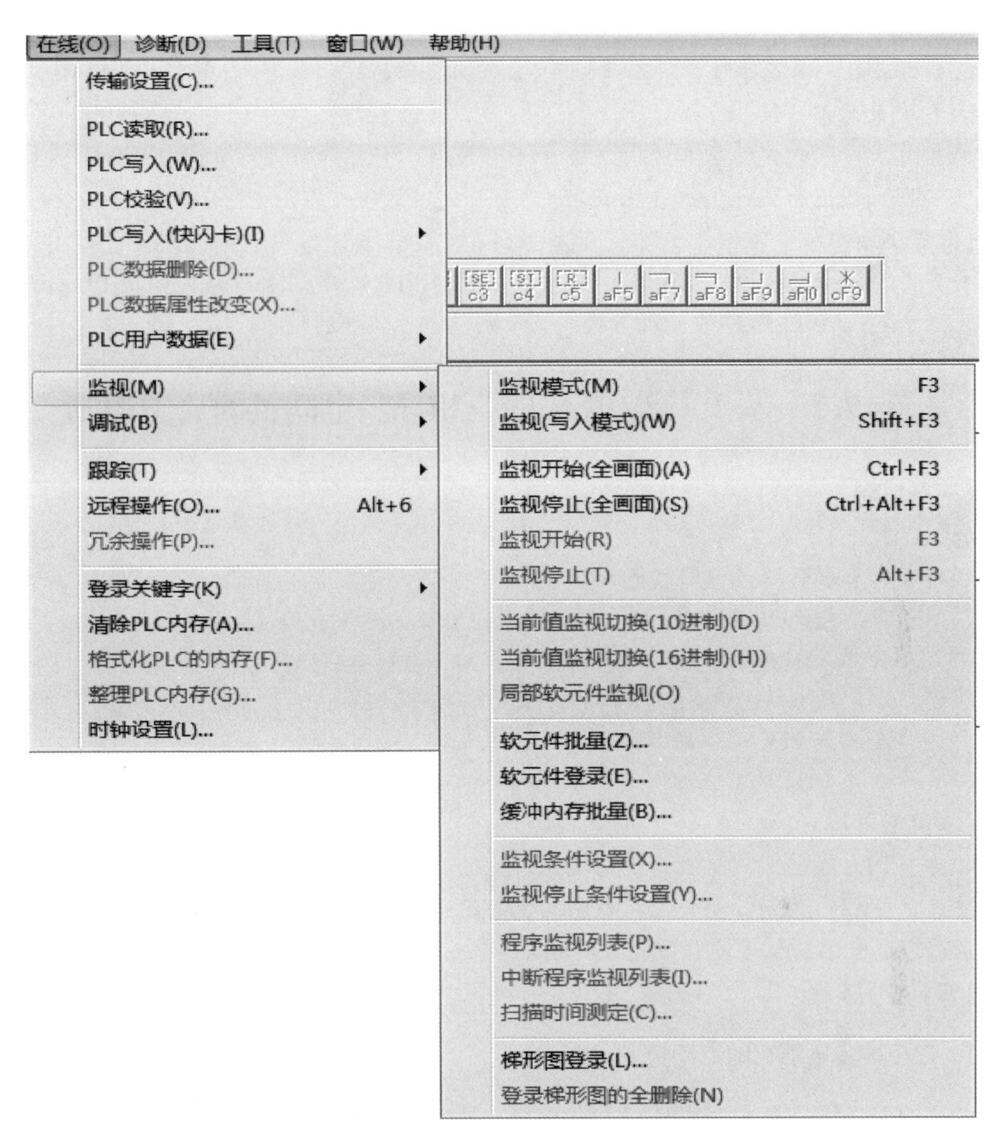

图 7-22　监控操作

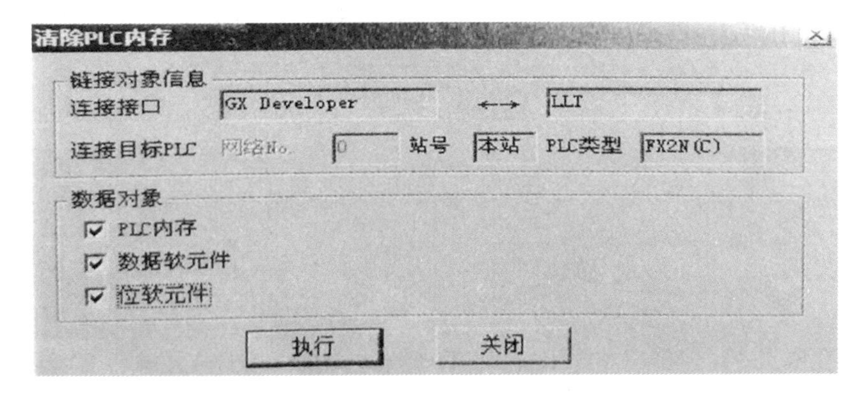

图 7-23　清除 PLC 内存操作

【任务实施】

任务完成后，由指导教师对本项任务完成情况进行评价：

（1）安全意识（20 分）；

（2）掌握编程软件的基本使用方法（60 分）；

（3）职业规范和环境保护（20 分）。

【知识小结】

要实现三相异步电动机起动的 PLC 控制，了解 PLC 的常用编程语言以及 PLC 的编程方法，熟悉 FX_{2N} 系列 PLC 的安装与接线以及熟悉编程软件的使用。

任务 7.3　基于三菱 PLC 的三相异步电动机的典型控制

【学习目标】

应知：

（1）了解电动机起停的电气线路原理图。

（2）学会三菱 PLC 的基本指令。

（3）学会用 PLC 控制三相交流异步电动机的运行。

应会：

（1）学会三菱 PLC 的基本指令。

（2）学会用 PLC 控制三相交流异步电动机的运行。

【学习指导】

学会用 PLC 控制三相交流异步电动机的运行。

要实现用 PLC 控制三相交流异步电动机的运行，必须了解三菱 PLC 的基本指令，然后再进行 I/O 分配，程序编写仿真与调试。

【知识学习】

7.3.1　三相异步电动机的点动控制

图 7-24 所示为三相异步电动机点动运行电路，SB_1 为起动按钮，KM 为交流接触器。起动时，合上 QS1，引入三相电源。按下 SB_1，KM 线圈得电，主触头闭合，电动机 M 接通电源直接起动运行；松开 SB_1，KM 线圈断电，KM 常开主触头释放，三相电源断开，电动机 M 停止运行。

任务要求：用 PLC 来实现图 7-24 所示的三相异步电动机点动运行控制电路，其控制时序图如图 7-25 所示。

利用 PLC 基本指令中的逻辑取指令、输出指令及结束指令和编程元器件中的输入继电器及输出继电器可实现上述控制要求。

1. 基本指令

（1）LD 取指令：逻辑运算开始指令，用于与左母线连接的常开触点。

（2）LDI 取反指令：逻辑运算开始指令，用于与左母线连接的常闭触点。

（3）LDP 取上升沿指令：与左母线连接的常开触点的上升沿检测指令，仅在指定操

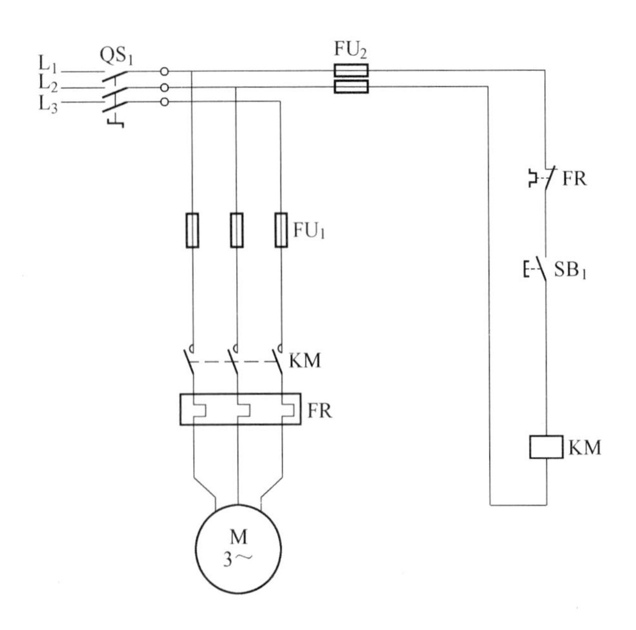

图 7-24　三相异步电动机点动运行电路

作元器件的上升沿 OFF→ON 时接通 1 个扫描周期。

（4）LDF 取下降沿指令：与左母线连接的常开触点的下降沿检测指令，仅在指定操作元器件的下降沿 ON→OFF 时接通 1 个扫描周期。

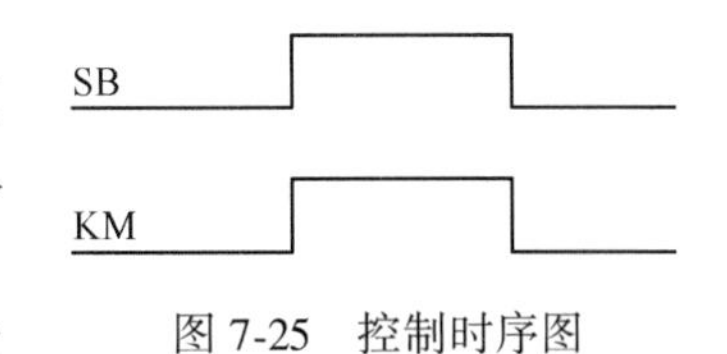

图 7-25　控制时序图

（5）OUT 输出指令：驱动线圈的输出指令，将运算结果输出到指定的继电器。

（6）END 结束指令：程序结束指令，表示程序结束，返回起始地址。

2. 操作步骤

（1）I/O 输入输出分配表。

分析上述项目控制要求可确定 PLC 需要 1 个输入点，1 个输出点，其 I/O 分配表见表 7-1。

表 7-1　I/O 分配表

输　入			输　出		
输入继电器	输入元器件	作用	输出继电器	输出元器件	作用
X000	SB_1	起动按钮	Y000	KM	运行交流接触器

（2）硬件接线。

三相异步电动机点动控制的主电路保留，控制电路即 PLC 的外部硬件接线图如图 7-26所示。

（3）编程。

梯形图及指令表如图 7-27 所示。

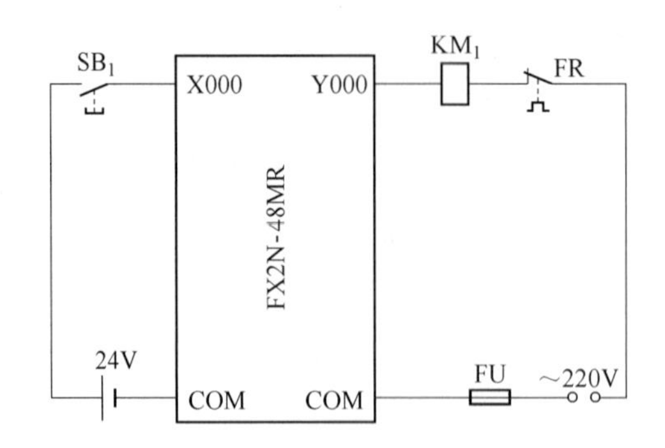

图 7-26　PLC 的外部接线图

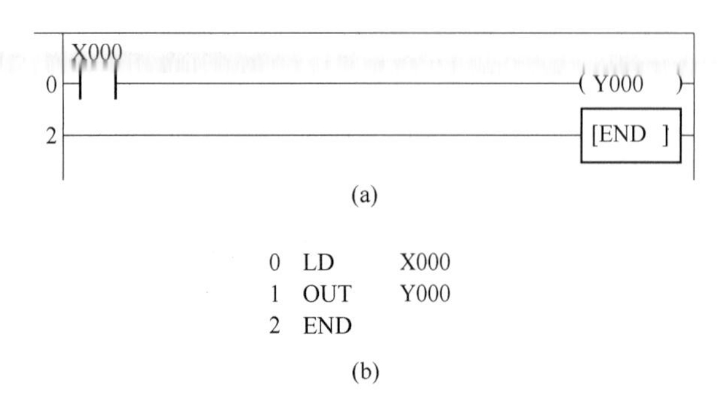

(a)

0　LD　X000
1　OUT　Y000
2　END

(b)

图 7-27　梯形图及指令表
(a) 梯形图；(b) 指令表

7.3.2　三相异步电动机的连续控制

图 7-28 所示为三相异步电动机的连续运行电路。起动时，合上 QS_1，引入三相电源。

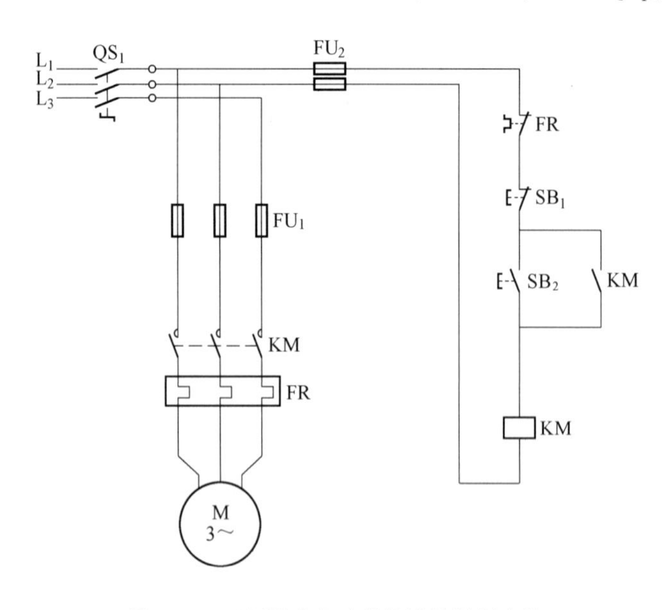

图 7-28　三相异步电动机的连续运行电路

按下 SB_2，交流接触器 KM 线圈得电，主触头闭合，电动机接通电源直接起动。同时与 SB_2 并联的常开辅助触头闭合，使接触器线圈有两条路通电。这样即使手松开 SB_2，接触器 KM 的线圈仍可通过自己的辅助触头继续通电，保持电动机的连续运行。

任务要求用 PLC 来实现图 7-28 所示的三相异步电动机的连续运行控制电路，其控制时序图如图 7-29 所示。

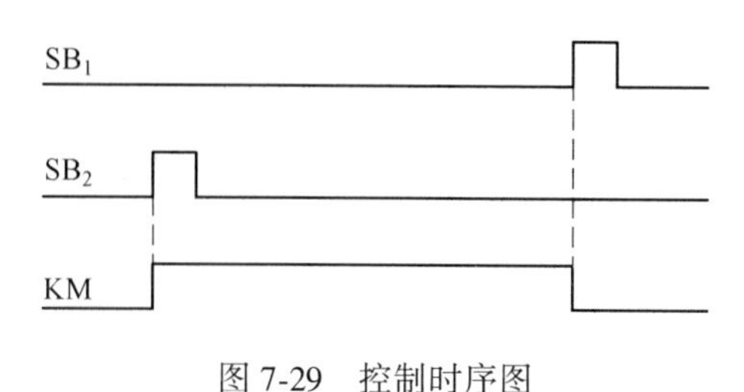

图 7-29　控制时序图

1. 知识学习

（1）基本指令及其功能 AND、ANI、ANDP、ANDF、OR、ORI、ORP、ORF、SET、RST。

1）指令功能。

①AND 与指令：常开触点串联指令，把指定操作元器件中的内容和原来保存在操作器里的内容进行逻辑“与”，并将逻辑运算的结果存入操作器。

②ANI 与非指令：常闭触点串联指令，把指定操作元器件中的内容取反，然后和原来保存在操作器里的内容进行逻辑“与”，并将逻辑运算的结果存入操作器。

③ANDP 上升沿与指令：上升沿检测串联连接指令，仅在指定操作元器件的上升沿 OFF ON 时接通 1 个扫描周期。

④ANDF 下降沿与指令：下降沿检测串联连接指令，仅在指定操作元器件的下降沿 ON OFF 时接通 1 个扫描周期。

⑤OR 或指令；常开触点并联指令，把指定操作元器件中的内容和原来保存在操作器里的内容进行逻辑“或”并将这一逻辑运算的结果存入操作器。

⑥ORI 或非指令：常闭触点并联指令，把指定操作元器件中的内容取反，然后和原来保存在操作器里的内容进行逻辑“或”，并将运算结果存入操作器。

⑦ORP 上升沿或指令：上升沿检测并联连接指令，仅在指定操作元器件的上升沿 OFF→ON 时接通 1 个扫描周期。

⑧ORF 下降沿或指令：下降沿检测并联连接指令，仅在指定操作元器件的下降沿 ON →OFF 时接通 1 个扫描周期。

⑨SET 置位指令或称自保持指令：指令使被操作的目标元器件置位置“1”并保持。

⑩RST 复位指令或称解除指令：指令使被操作的目标元器件复位置“0”并保持清零状态。

2）编程实例。

AND、ANI、ANDP、ANDF、OR、ORI、ORP、ORF、SET、RST 指令在编程应用时的梯形图、指令表和时序图如图 7-30 所示。

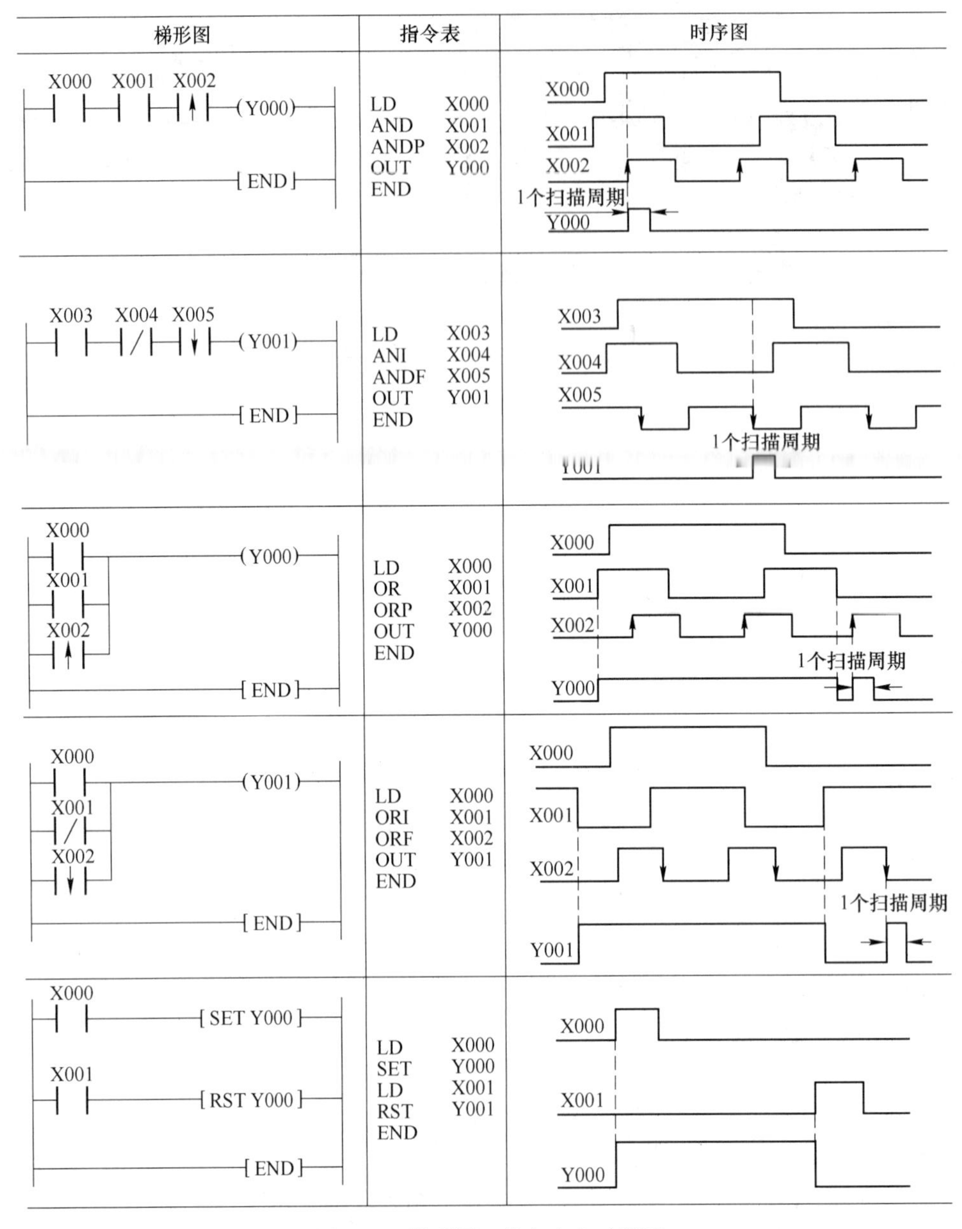

图 7-30　梯形图、指令表和时序图

3）指令使用说明。

①AND、ANI、ANDP、ANDF 指令都是指单个触点串联连接的指令，串联次数没有限制，可反复使用。

②OR、ORI、ORP、ORF 指令都是指单个触点并联连接的指令，并联次数没有限制，可反复使用。

③对同一操作元器件，SET、RST 指令可以多次使用，且不限制使用顺序，但最后执行者有效。

（2）编程元器件 M、C。

1）辅助继电器 M。

FX_{2N}系列 PLC 内部有很多辅助继电器 M，辅助继电器和 PLC 外部无任何直接联系只能由 PLC 内部程序控制。其常开/常闭触点只能在 PLC 内部编程使用，且可以使用无限次，但是不能直接驱动外部负载。外部负载只能由输出继电器触点驱动。FX_{2N}系列 PLC 的辅助继电器分为通用辅助继电器、断电保持辅助继电器和特殊辅助继电器。

辅助继电器采用 M 和十进制共同组成编号。在 FX_{2N}系列 PLC 中，除了输入继电器 X 和输出继电器 Y 采用八进制外，其他编程元器件均采用十进制。

①通用辅助继电器。

M0～M499 共 500 点是通用辅助继电器。通用辅助继电器在 PLC 运行时，如果电源突然断电，则全部线圈均断开。当电源再次接通时，除了因外部输入信号而变为接通的以外，其余的仍将保持断开状态，它们没有断电保护功能。通用辅助继电器常在逻辑运算中作为辅助运算、状态暂存、移位等。

M0～M499 可以通过编程软件的参数设定改为断电保持辅助继电器。

②断电保持辅助继电器。

M500～M3071 共 2572 个断电保持辅助继电器。与普通辅助继电器不同的是具有断电保持功能，即能记忆电源中断瞬间的状态，并在重新通电后再现其状态。它之所以能在电源断电时保持其原有的状态，是因为电源中断时它们用 PLC 中的锂电池保持自身映像寄存器中的内容。其中，M500～M1023 共 524 点可以通过编程软件的参数设定改为通用辅助继电器。

③特殊辅助继电器。

M8000～M8255 共 256 点为特殊辅助继电器。根据使用方式可分为触点型和线圈型两大类。

a. 触点型：其线圈由 PLC 自行驱动，用户只能利用其触点。

M8000：运行监视器在 PLC 运行时接通，M8001 与 M8000 相反逻辑。

M8002：初始脉冲，只在 PLC 开始运行的第一个扫描周期接通，M8003 与 M8002 相反逻辑。

M8011：10ms 时钟脉冲。

M8012：100ms 时钟脉冲。

M8013：1s 时钟脉冲。

M8014：1min 时钟脉冲。

b. 线圈型：由用户程序驱动线圈后，PLC 执行特定的动作。

M8030：使 BATTLED 锂电池欠电压指示灯熄灭。

M8033：PLC 停止时输出保持。

M8034：禁止全部输出。

M8039：定时扫描方式。

2）计数器 C。

FX_{2N}系列 PLC 提供了两类计数器，一类为内部计数器，它是 PLC 在执行扫描操作时间对内部信号等进行计数的计数器，要求输入信号的接通或断开时间应大于 PLC 的扫描周期；另一类是高速计数器，其响应速度快，因此，对于频率较高的计数就必须采用高速计数器。在此章中仅介绍内部计数器。

内部计数器分为 16 位加计数器和 32 位加/减计数器两类，计数器采用 C 和十进制共同组成编号。

①16 位加计数器。

C0～C199 共 200 点是 16 位加计数器，其中 C0～C99 共 100 点为通用型，C100～C199 共 100 点为断电保持型，即断电后能保持当前值，待通电后继续计数。这类计数器为递加计数，应用前先对其设置某一设定值，当输入信号上升沿个数累加到设定值时，计数器动作，其常开触点闭合、常闭触点断开。16 位加计数器的设定值为 1～32767，设定值可以用常数 K 或者通过数据寄存器 D 来设定。

16 位加计数器的工作过程如图 7-31 所示。图中计数输入 X000 是计数器的工作条件，X000 每次驱动计数器 C0 的线圈时，计数器的当前值加 1。“K5”为计数器的设定值。当第 5 次执行线圈指令时，计数器的当前值和设定值相等，输出触点就动作。Y000 为计数器 C0 的工作对象，在 C0 的常开触点接通时置 1。而后即使计数器输入 X000 再动作，计数器的当前值保持不变。由于计数器的工作条件 X000 本身就是断续工作的。外电源正常时，其当前值寄存器具有记忆功能，因而即使是非掉电保持型的计数器也需复位指令才能复位。图 7-31 中 X001 为复位条件。当复位输入 X001 在上升沿接通时，执行 RST 指令，计数器的当前值复位为 0，输出触点也复位。

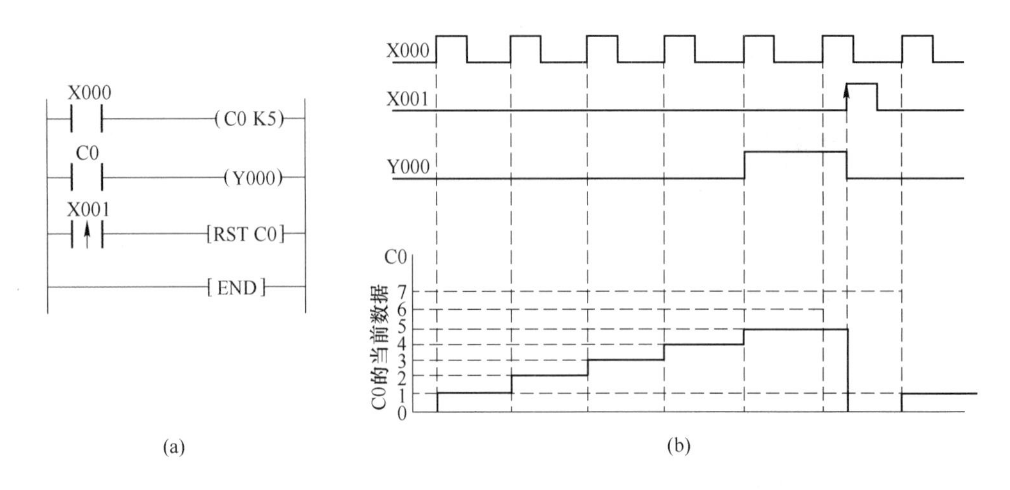

图 7-31　16 位加计数器的工作过程

（a）程序；（b）控制时序图

②32 位加/减计数器。

C200～C234 共有 35 点，其中 C200～C219 共 20 点为通用型，C220～C234 共 15 点为断电保持型。这类计数器与 16 位加计数器除位数不同外，还在于它能通过控制实现加/减双向计数。32 位加/减计数器的设定值为-214783648～+214783647。

C200～C234 是加计数还是减计数，分别由特殊辅助继电器 M8200～M8234 设定。对应的特殊辅助继电器被置 1 时为减计数，被置 0 时为加计数。计数器的设定值与 16 位计数器一样，可直接用常数 K 或间接用数据寄存器 D 的内容作为设定值。在间接设定时，要用编号紧连在一起的两个数据计数器。

32 位加/减计数器的工作过程如图 7-32 所示。X012 用来控制 M8200，X012 闭合时为减计数方式，否则为加计数方式。X013 为复位信号，X013 的常开触点接通时，C200 被复位。X014 作为计数输入驱动 C200 线圈进入加计数或减计数。计数器设定值为-5。当计数器的当前值由-6 增加为-5 时，其触点置 1，由-5 减少为-6 时，其触点置 0。

2. 操作步骤

（1）I/O 输入/输出分配表。

由上述控制要求可确定 PLC 需要 2 个输入点，1 个输出点，其 I/O 分配表见表 7-2。

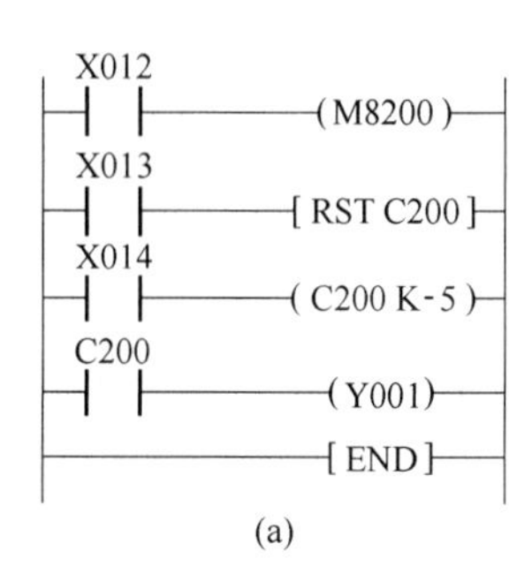

(a)

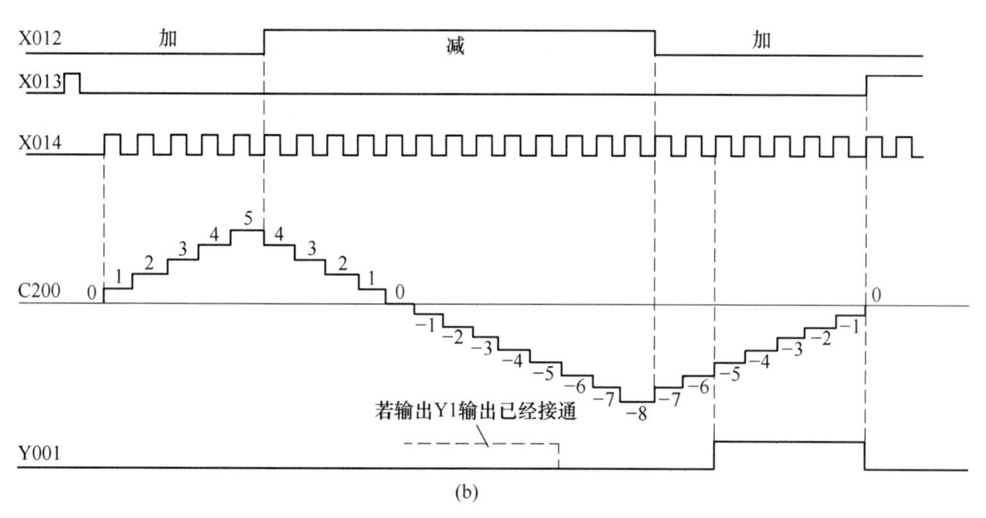

(b)

图 7-32　32 位加/减计数器的工作过程

（a）程序；（b）控制时序图

表 7-2　I/O 分配表

输　　入			输　　出		
输入继电器	输入元器件	作用	输出继电器	输出元器件	作用
X000	SB_1	停止按钮	Y000	KM	运行用交流接触器
X001	SB_2	起动按钮			

（2）硬件接线。

三相异步电动机连续控制的主电路保留，控制电路即 PLC 的外部硬件接线图如图 7-33所示。

（3）编程。

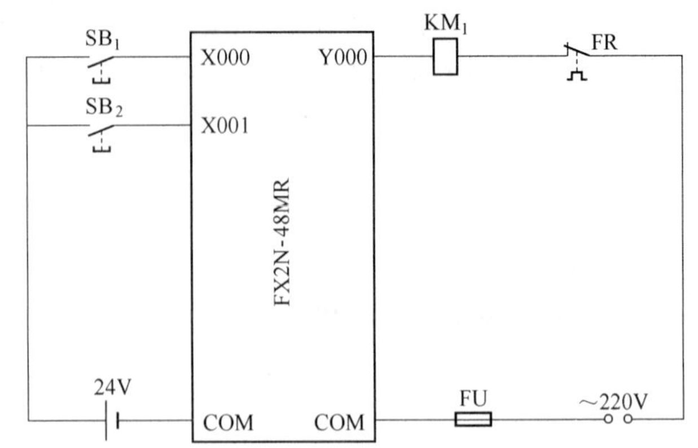

图 7-33　PLC 的外部硬件接线图

根据表 7-2 及图 7-29 控制时序图所示，当按钮 SB_2 被按下时，输入继电器 X001 接通，输出继电器 Y000 置 1，交流接触器 KM 线圈得电，这时电动机连续运行。此时即便按钮 SB_2 被松开，输出继电器 Y000 仍保持接通状态，这就是“自锁”或“自保持功能”；当按下停止按钮 SB_1 时，输出继电器 Y000 置 0，电动机停止运行。从以上分析可知满足电动机连续运行控制要求，需要用到起动和复位控制程序。可以通过下面方案来实现 PLC 控制电动机连续运行电路的要求。梯形图及指令表如图 7-34 所示。

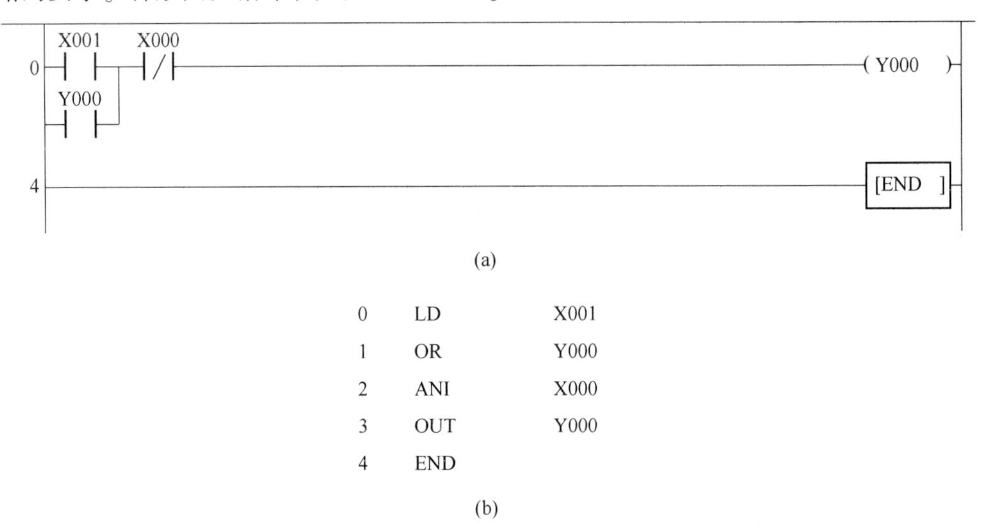

(a)

0	LD	X001
1	OR	Y000
2	ANI	X000
3	OUT	Y000
4	END	

(b)

图 7-34　PLC 控制电动机连续运行电路方案

（a）梯形图；（b）指令表

图 7-34 所示电路又称为起-保-停电路，它是梯形图中最基本的电路之一。起-保-停电路在梯形图中的应用极为广泛，其最主要的特点是具有“记忆”功能。

7.3.3　三菱 PLC 在三相异步电动机中的正反转控制

1. 指令认识

（1）块指令与堆栈指令。

1）ORB 块或指令：两个或两个以上的触点串联电路之间的并联。

2）ANB 块与指令：两个或两个以上的触点并联电路之间的串联。

3）MPS 进栈指令：将运算结果数据压入栈存储器的第一层栈顶，同时将先前送入的数据依次移到栈的下一层。

4）MRD 读栈指令：将栈存储器的第一层内容读出且该数据继续保存在栈存储器的第一层，栈内的数据不发生移动。

5）MPP 出栈指令：将栈存储器中的第一层内容弹出且该数据从栈中消失，同时将栈中其他数据依次上移。

（2）指令使用说明。

1）几个串联电路块并联连接或几个并联电路块串联连接时，每个串联电路块或并联电路块的开始应该用 LD、LDI、LDP 或 LDF 指令。

2）ORB 指令和 ANB 指令均为不带操作元器件的指令，可以连续使用，但使用次数不超过 8 次。

3）MPS 指令用于分支的开始处；MRD 指令用于分支的中间段；MPP 指令用于分支的结束处。

4）MPS 指令、MRD 指令及 MPP 指令均为不带操作元器件的指令，其中 MPS 指令和 MPP 指令必须配对使用。

5）由于 FX_{2N} 只提供了 11 个栈存储器，因此 MPS 指令和 MPP 指令连续使用的次数不得超过 11 次。

2. 三相异步电动机的正反转控制

在实际生产中，很多情况下都要求电动机既能正转又能反转，其方法是改变任意两条电源线的相序，从而改变电动机的转向。本小节学习用三菱 FX 系列 PLC 实现电动机的正反转。

（1）控制要求。

起动时，合上 QS_1，引入三相电源，按下正转控制按钮 SB_2，KM_1 线圈得电，其常开触点闭合，电动机正转并实现自锁。当需要反转时，按下反转控制按钮 SB_3，KM_1 线圈断电，KM_2 线圈得电，KM_2 的常开触点闭合，电动机反转并实现自锁，按钮 SB_1 为总停止按钮。具有短路保护 FU 和电动机过载保护 FR 等必要的保护措施，电气原理图如图 7-35 所示。

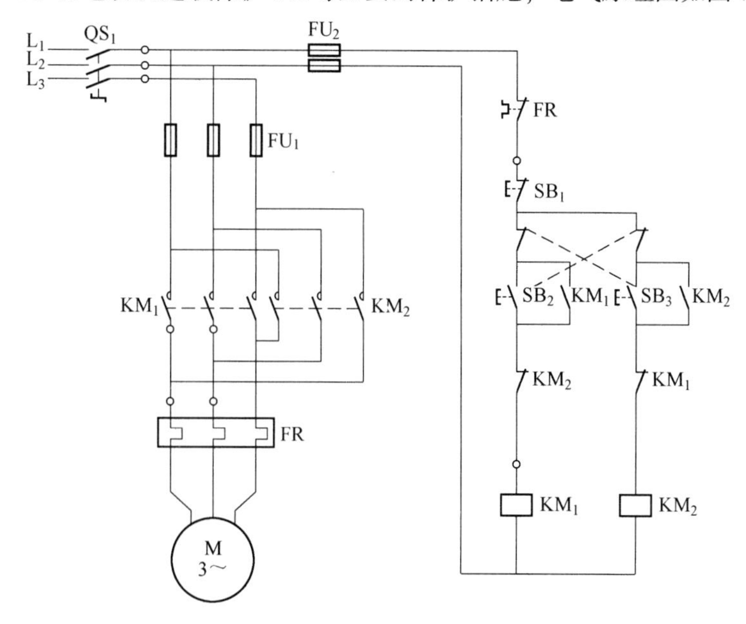

图 7-35　三相异步电动机正反转运行电路

（2）I/O（输入/输出）分配表。

由上述控制要求可确定 PLC 需要 3 个输入点，两个输出点，其 I/O 分配表见表 7-3。

表 7-3　I/O 分配表

输　入			输　出		
输入继电器	输入元器件	作用	输出继电器	输出元器件	作用
X000	SB_1	停止按钮	Y000	KM_1	正转运行交流接触器
X001	SB_2	正转起动按钮	Y001	KM_2	反转运行交流接触器
X002	SB_3	反转起动按钮			

（3）硬件接线。

三相异步电动机正反转控制的主电路保留，控制电路即 PLC 的外部硬件接线图，如图 7-36 所示。

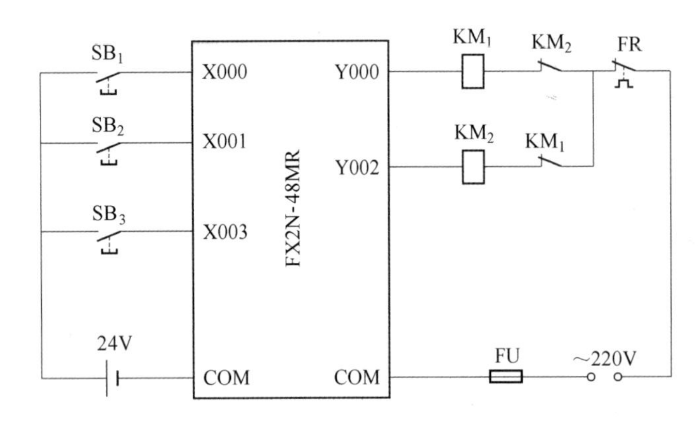

图 7-36　PLC 的外部硬件接线图

（4）编程与调试。

梯形图及指令表如图 7-37 所示。

0　X001　X000　X002　Y001　(Y000)
　Y000
6　X002　X000　X001　Y000　(Y001)
　Y001
12　[END]

(a)

```
0   LD    X001
1   OR    Y000
2   ANI   X000
3   ANI   X002
4   ANI   Y001
5   OUT   Y000
6   LD    X002
7   OR    Y001
8   ANI   X000
9   ANI   X001
10  ANI   Y000
11  OUT   Y001
12  END
```

(b)

图 7-37　PLC 控制梯形图

（a）梯形图；（b）指令表

1）主电路按图 7-35 所示的主电路接线。

2）PLC 按图 7-36 所示接线。

3）打开 GX Developer 软件将图 7-37 PLC 控制梯形图程序输入到软件上。

4）将 PLC 程序编译无误后下载到 PLC。

5）使 PLC 处于运行状态。

6）按下正转起动按钮 SB_2，观察 PLC 的输出点 Y_1，观察电动机的正转运行。

7）按下反转起动按钮 SB_3，观察 PLC 的输出点 Y_2，观察电动机的运行。

8）按下停止按钮 SB_1，观察 PLC 的输出点 Y_1，观察电动机是否停止。

9）按下反转起动按钮 SB_3，观察 PLC 的输出点 Y_2，观察电动机的反转运行。

10）按下正转起动按钮 SB_2，观察 PLC 的输出点 Y_1，观察电动机的正转运行。

11）按下停止按钮 SB_1，观察 PLC 的输出点 Y_2，观察电动机是否停止。

7.3.4　两台电动机顺序起动逆序停止的三菱 PLC 控制

1. 指令说明

（1）定时器指令 T。

PLC 中的定时器 T 相当于继电器控制系统中的通电型时间继电器，它可以提供无限对常开常闭延时触点。定时器中有一个设定值寄存器一个字长，一个当前值寄存器 一个字长和一个用来存储其输出触点的映像寄存器一个二进制位，这 3 个量使用同一地址编号，定时器采用 T 与十进制数共同组成编号，如 T0、T98、T199 等。

FX_{2N}系列中定时器可分为通用定时器、积算定时器两种。它们是通过对一定周期的时钟脉冲计数实现定时的，时钟脉冲的周期有 1ms、10ms、100ms 三种，当所计脉冲个数达到设定值时触点动作。设定值可用常数 K 或数据寄存器 D 来设置。

1）通用定时器。

①100ms 通用定时器 T0～T199 共 200 点，其中 T192～T199 为子程序和中断服务程序

专用定时器。这类定时器是对 100ms 时钟累积计数，设定值为 1~32767，所以其定时范围为 0.1~3276.7s。

②10ms 通用定时器 T200~T245 共 46 点。这类定时器是对 10ms 时钟累积计数，设定值为 1~32767，所以其定时范围为 0.01~327.67s。

2）积算定时器。

①1ms 积算定时器（T246~T249）共 4 点，是对 1ms 时钟脉冲进行累积计数，定时的时间范围为 0.001~32.767s。

②100ms 积算定时器（T250~T255）共 6 点，是对 1ms 时钟脉冲进行累积计数，定时的时间范围为 0.1~3276.7s。

（2）几种延时控制方法。

延时控制就是利用 PLC 的定时器和其他元器件构成各种时间控制，这是各类控制系统经常用到的功能。在 FX_{2N} 系列 PLC 中定时器是通电延时型，定时器的输入信号接通后，定时器的当前值计数器开始对其相应的时钟脉冲进行累积计数，当该值与设定值相等时，定时器输出，其常开触点闭合，常闭触点断开。下面介绍几种延时控制的方法。

1）通电延时接通控制。

在图 7-38 中，当输入信号 X001 接通时，内部辅助继电器 M100 接通并自锁，同时接

(a)

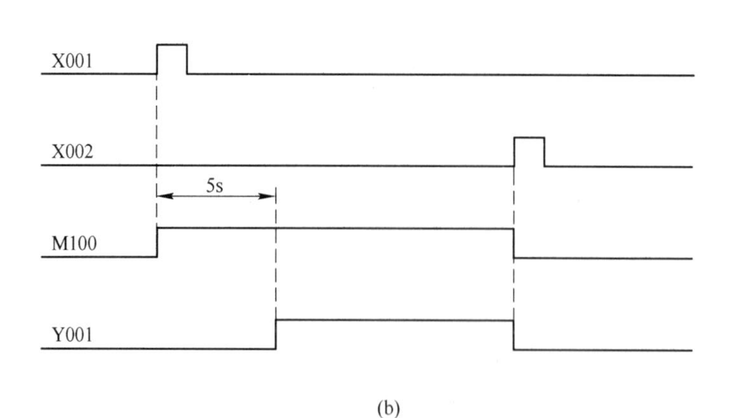

(b)

图 7-38　通电延时接通控制程序

（a）梯形图；（b）时序图

定时器 T200，T200 的当前值计数器开始对 10ms 的时钟脉冲进行累积计数。当该计数器累积到设定值 500 时（从 X001 接通到此刻延时 5s），定时器 T200 的常开触点闭合，输出继电器 Y001 接通。当输入信号 X002 接通时，内部辅助继电器 M100 断电，其常开触点断开，定时器 T200 复位，定时器 T200 的常开触点断开，输出继电器 Y001 断电。

2）通电延时断开控制。

在图 7-39 中，当输入信号 X001 接通时，输出继电器 Y001 和内部辅助继电器 M100 同时接通并均实现自锁，内部辅助继电器 M100 的常开触点接通定时器 T0，T0 的当前值计数器开始对 100ms 的时钟脉冲进行累积计数。当该计数器累积到设定值 200 时（从 X001 接通到此刻延时 20s），定时器 T0 的常闭触点断开，输出继电器 Y001 断电。输入信号 X002 可以在任意时刻接通，内部辅助继电器 M100 断电，其常开触点断开，定时器被复位。

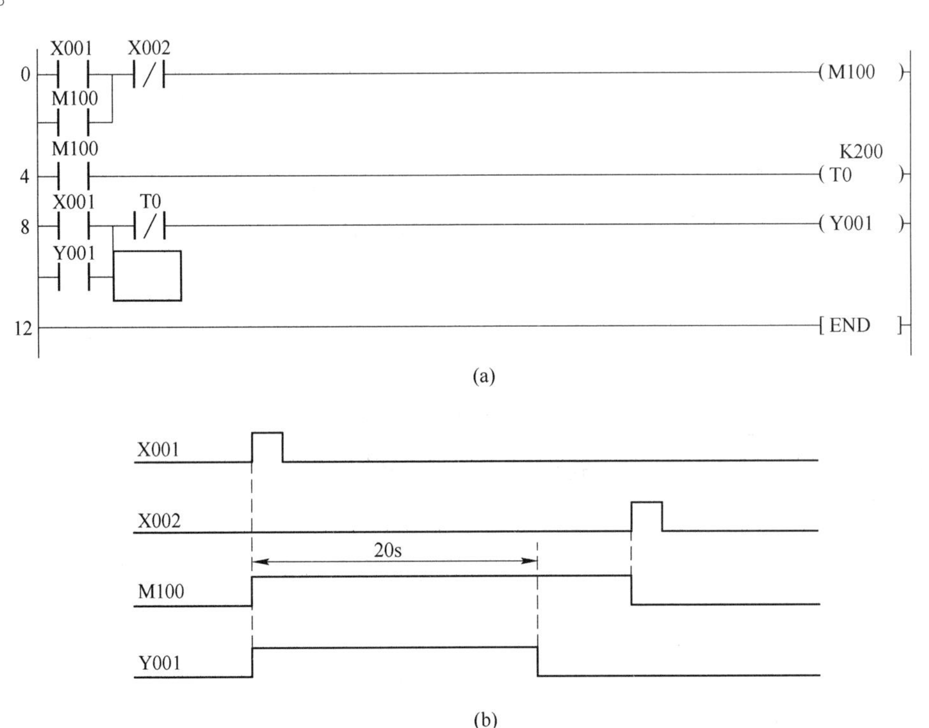

图 7-39　通电延时断开控制程序

（a）梯形图；（b）时序图

3）断电延时断开控制。

在继电器接触器控制方式中经常用到断电延时，而三菱 PLC 中的定时器只有通电延时功能，可以利用软件的编制实现断电延时，如图 7-40 所示。

当输入信号 X001 接通时，输出继电器 Y001 和内部辅助继电器 M100 同时接通并均实现自锁。当输入信号 X002 接通时，内部辅助继电器 M100 断电，其常闭触点闭合此时输出继电器 Y001 保持通电，定时器 T1 接通，T1 的当前值计数器开始对 100ms 的时钟脉冲进行累积计数。当该计数器累积到设定值 50 时从 X002 接通到此刻延时 5s，定时器 T1 的常闭触点断开，输出继电器 Y001 断电，Y001 的常开触点断开，定时器 T1 也被复位。这

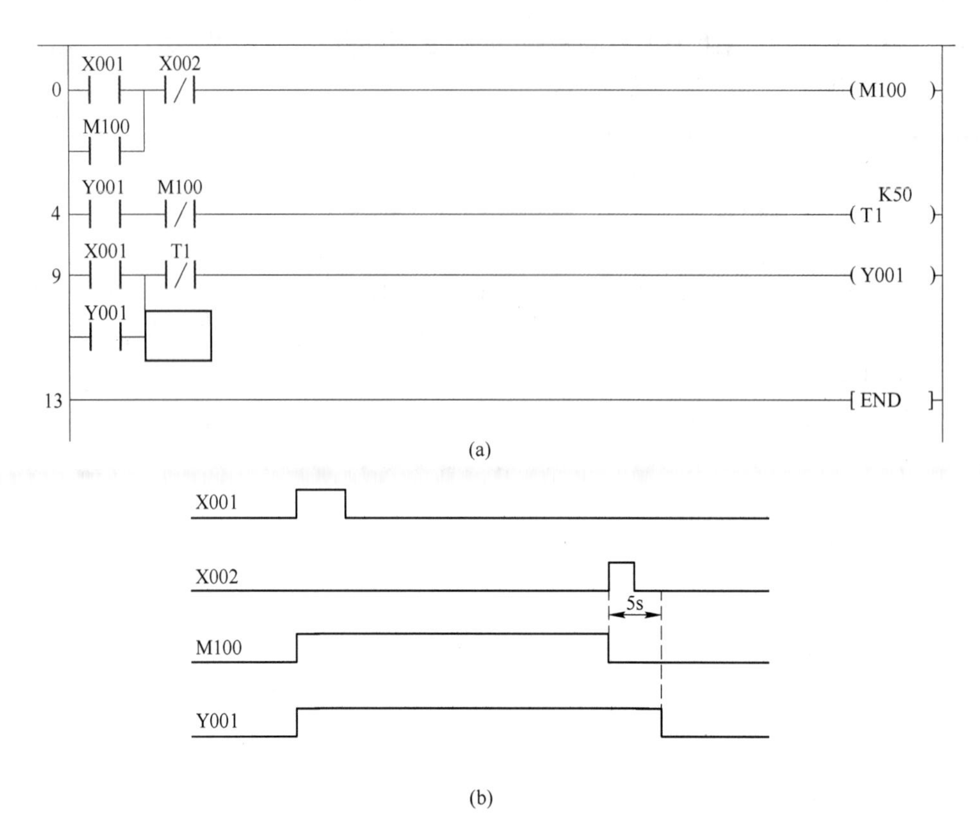

图 7-40　断电延时断开控制程序

（a）梯形图；（b）时序图

样就实现了在按下停止按钮 X002 后输出继电器 Y001 延时 5s 断开的功能。

4）断电延时接通控制。

断电延时接通电路在控制系统中应用也很多，图 7-41 所示为利用软件来实现断电延时接通功能的控制程序。

(a)

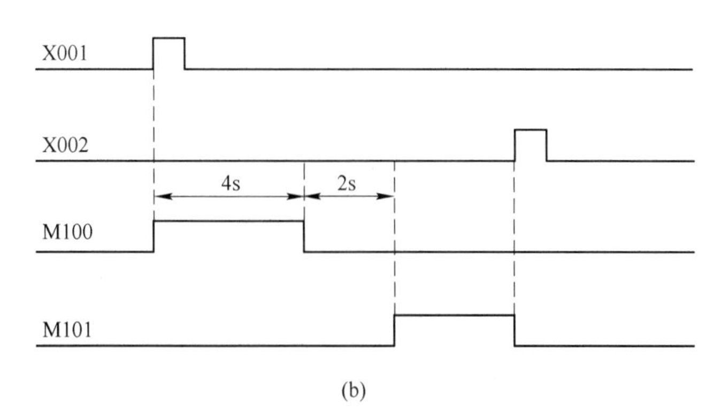

(b)

图 7-41　断电延时接通功能的控制程序

（a）梯形图；（b）时序图

当输入信号 X001 接通时，定时器 T0 和内部继电器 M100 同时接通并由 M100 实现自锁，T0 的当前值计数器开始对 100ms 的时钟脉冲进行累积计数。当该计数器累积到设定值 40 时从 X001 接通到此刻延时 4s，定时器 T0 的常开触点闭合，定时器 T1 和内部继电器 M101 实现自锁。同时 T0 的常开触点断开，内部辅助继电器 M100 断开，定时器 T0 被复位。当 T1 延时到设定值 2s 时，T1 的常开触点闭合，输出继电器 Y001 接通并实现自锁；T1 的常闭触点断开，M101 断开，T1 被复位。当输入信号 X002 接通时，输出继电器 Y001 断开。

5）通电延时接通、断电延时断开控制。

在图 7-42 中，当输入信号 X001 接通时，内部辅助继电器 M100 接通并自锁，同时定时器 T1 接通开始延时，2s 后定时器 T1 的常开触点闭合，输出继电器 Y001 置位；当输入信号 X002 接通时，内部辅助继电器 M100 断开，同时定时器 T1 复位，定时器 T2 接通此时输出继电器 Y001 的常开触点闭合，M100 的常闭触点闭合开始延时，4s 后定时器 T2 的常开触点闭合，输出继电器 Y001 被复位。

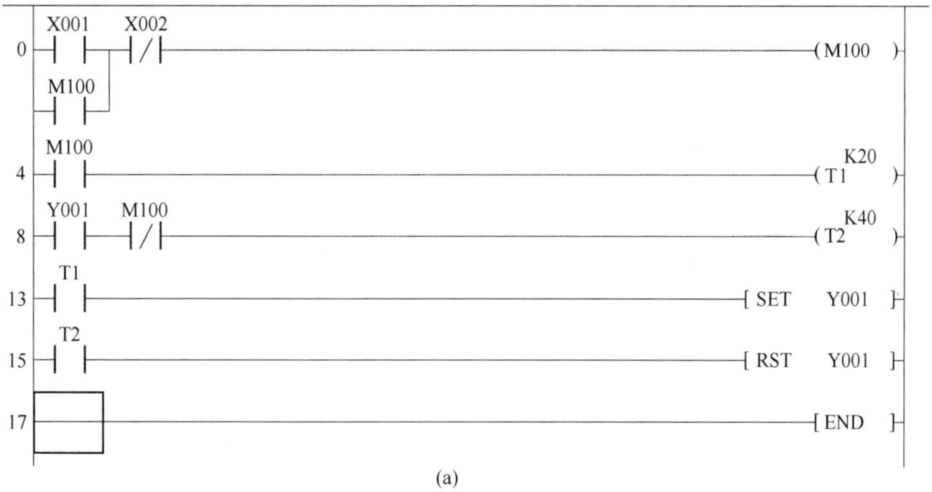

0　X001　X002　(M100)
　M100
4　M100　(T1 K20)
8　Y001　M100　(T2 K40)
13　T1　[SET Y001]
15　T2　[RST Y001]
17　[END]

(a)

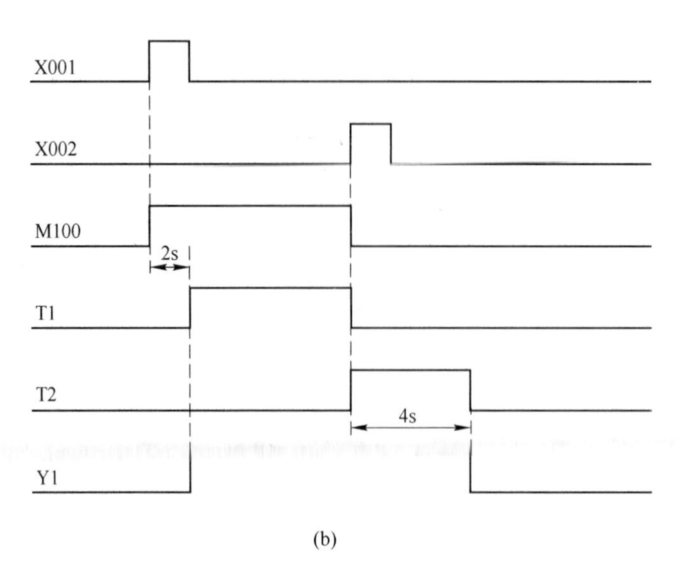

(b)

图 7-42　通电延时接通、断电延时断开控制程序
(a) 梯形图；(b) 时序图

2. 两台电动机的顺序起动逆序停止控制

工业生产机械时常需要两台或多台电动机按先后顺序起动，并且按顺序或逆序停止。

(1) 控制要求。

按下起动按钮 SB_2，第一台电动机 M_1 开始运行，5s 之后第二台电动机 M_2 开始运行；按下停止按钮 SB_3，第二台电动机 M_2 停止运行，10s 之后第一台电动机 M_1 停止运行；SB_1 为紧急停止按钮，当出现故障时，只要按下 SB_1，两台电动机均立即停止运行，电气原理图如图 7-43 所示。

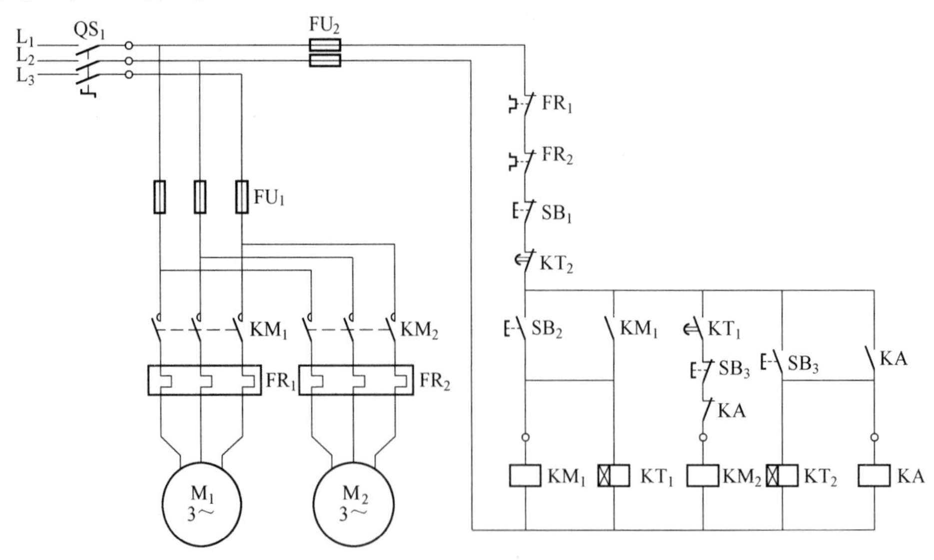

图 7-43　两台电动机顺序起动逆序停止控制电路图

（2）I/O 输入/输出分配表。

由上述控制要求可确定 PLC 需要 3 个输入点，两个输出点，其 I/O 分配表见表 7-4。

表 7-4　I/O 分配表

输　入			输　出		
输入继电器	输入元器件	作用	输出继电器	输出元器件	作用
X000	SB_1	紧急停止按钮	Y000	KM_1	电动机 M_1 运行用交流接触器
X001	SB_2	起动按钮	Y002	KM_2	电动机 M_2 运行用交流接触器
X002	SB_3	停止按钮			

（3）硬件接线。

两台电动机顺序起动逆序停止控制的主电路保留，控制电路即 PLC 的外部硬件接线图如图 7-44 所示。

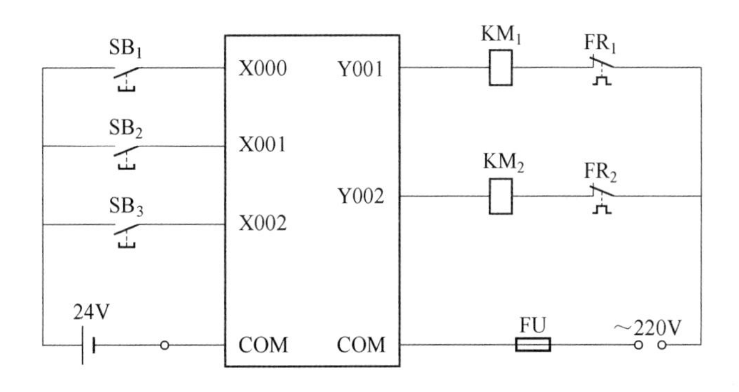

图 7-44　PLC 外部硬件接线图

（4）编程与调试。

1）主电路按图 7-43 所示的主电路接线。

2）PLC 按图 7-44 所示接线。

3）打开 GX Developer 软件将图 7-45 PLC 控制梯形图程序输入到软件上。

4）将 PLC 程序编译无误后下载到 PLC。

5）使 PLC 处于运行状态。

6）按下起动按钮 SB_2，观察定时器 T0 的计数值及 PLC 的输出点 Y1，观察电动机 1 的运行，定时器时间 T0 到观察 PLC 的输出点 Y2，观察电动机 2 的运行，体会定时器的作用。

7）按下停止按钮 SB_3，观察定时器 T1 的计数值及 PLC 的输出点 Y2，观察电动机 2 的运行，定时器 T1 时间到观察 PLC 的输出点 Y1，观察电动机 1 的运行。

8）按下停止按钮 SB_1，观察 PLC 的输出点 Y1、Y2，观察电动机 1、2 是否停止。

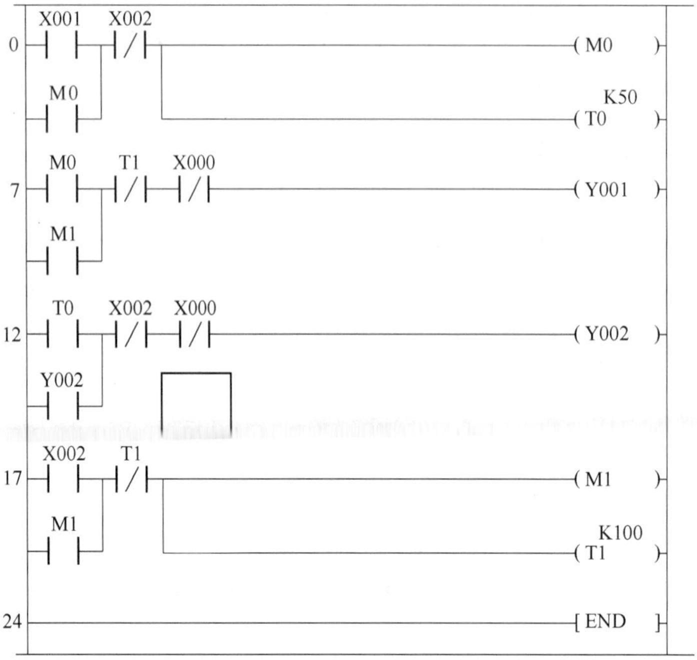

步	指令	元件	常数
0	LD	X001	
1	OR	M0	
2	ANI	X002	
3	OUT	M0	
4	OUT	T0	K50
7	LD	M0	
8	OR	M1	
9	ANI	T1	
10	ANI	X000	
11	OUT	Y001	
12	LD	T0	
13	OR	Y002	
14	ANI	X002	
15	ANI	X000	
16	OUT	Y002	
17	LD	X002	
18	OR	M1	
19	ANI	T1	
20	OUT	M1	
21	OUT	T1	K100
24	END		

(a)　　　　(b)

图 7-45　PLC 控制梯形图

（a）梯形图；（b）指令表

7.3.5　三相异步电动机Y-△ 降压起动控制

1. 指令认识

在编程时，经常会遇到多个线圈同时受一个或一组触点控制，如果在每个线圈的控制电路中都串入同样的触点，将占用很多存储单元。MC 和 MCR 指令可以解决这一问题。使用主控指令的触点称为主控触点，它在梯形图中一般垂直使用，主控触点是控制某段程序的总开关。

（1）MC 主控指令：用于公共串联触点的连接。执行 MC 后，左母线移到 MC 触点的后面。其操作元器件是 Y、M。

（2）MCR 主控复位指令：它是 MC 指令的复位指令，即利用 MCR 指令恢复原左母线的位置。

2. 三相异步电动机的Y-△降压起动控制

电机运转时定子绕组接成三角形的三相异步电动机在需要降压起动时，可采用Y-△降压起动的方法进行空载或轻载起动。其方法是起动时先将定子绕组连成星形接法，待转速上升到一定程度，再将定子绕组的接线改接成三角形，使电动机进入全压运行。

（1）控制要求。

KM_1 为电源接触器，KM_2 为△联结接触器，KM_3 为Y联结接触器，KT 为起动时间继电器。其工作原理是：起动时合上电源开关 QS，按起动按钮 SB_2，则 KM_1、KM_3 和 KT 同时吸合并自锁，这时电动机接成星形起动。随着转速升高，电动机电流下降，KT 延时达到整定值，其延时断开的常闭触点断开，其延时闭合的常开触点闭合，从而使 KM_3 断电释放，KM_2 通电吸合自锁，这时电动机换接成三角形正常运行。停止时只要按下停止按钮 SB_1，KM_1 和 KM_2 相继断电释放，电动机停止，电气原理图如图 7-46 所示。

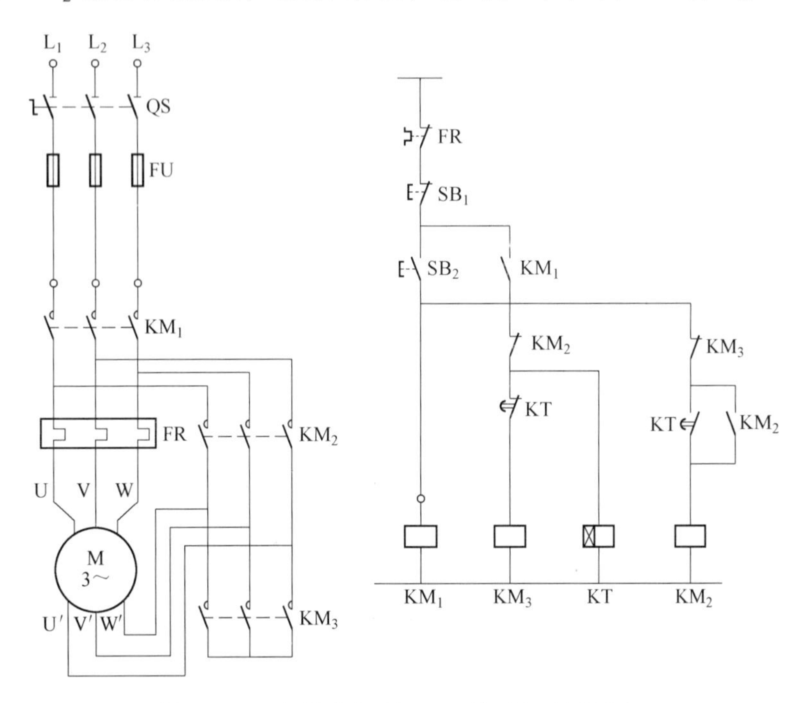

图 7-46　三相异步电动机Y-△降压起动原理图

（2）I/O（输入/输出）分配表。

由上述控制要求可确定 PLC 需要两个输入点，3 个输出点，其 I/O 分配表见表 7-5。

表 7-5　I/O 分配表

输　入			输　出		
输入继电器	输入元器件	作用	输出继电器	输出元器件	作用
X001	SB_1	停止按钮	Y001	KM_1	电源接触器
X002	SB_2	起动按钮	Y002	KM_2	△联结接触器
			Y003	KM_3	Y联结接触器

（3）硬件接线。

Y-△降压起动控制主电路保留，控制电路即 PLC 的外部硬件接线如图 7-47 所示。

（4）编程与调试。

1）主电路按图 7-46 所示的主电路接线。

2）PLC 按图 7-47 所示接线。

3）打开 GX Developer 软件分别将图 7-48 PLC 控制梯形图程序输入到软件上。

4）将 PLC 程序编译无误后下载到 PLC。

SB1
SB2
X000
X001
Y001
Y002
Y003
FX2N-48MR
KM1
KM2
KM3
KM3
KM2
FR
24V
COM
COM
FU
~220V

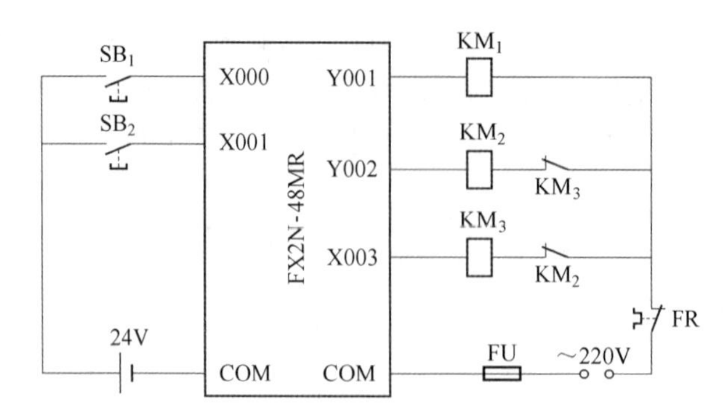

图7-47　PLC的外部硬件接线图

5）使PLC处于运行状态。

6）按下起动按钮SB_2，观察PLC的输出点Y1、Y3，观察电动机的运行。

7）定时器时间到，再观察PLC的输出点Y3、Y2变化，观察电动机的运行。

8）按下停止按钮SB_1，观察PLC的输出点Y1、Y2，观察电动机是否停止。

0
X002
X001
M0
M0
Y001
5
M0
T0
Y003
K30
T0
11
T0
X001
Y002
Y004
15
END

图7-48　PLC控制梯形图

【任务评价】

任务完成后，由指导教师对本任务完成情况进行评价：

（1）安全意识（20分）。

（2）掌握三菱PLC的Y-△降压起动梯形图编程和硬件接线（60分）。

（3）职业规范和环境保护（20分）。

【知识小结】

多个线圈同时受一个或一组触点控制的电路中，每个线圈的控制电路中都串入同样的触点，MC和MCR指令可以解决占用很多存储单元的问题。通过完成本任务，掌握MC和MCR指令的应用。根据Y-△降压起动电路原理图，进行PLC硬件接线、I/O表分配、硬件接线、软件编程。

【项目总结】

三菱PLC在电气控制系统中应用非常广泛，要能够使用三菱PLC实现对三相异步电动机的典型控制，学生必须先对三菱 PLC 的硬件结构基本了解，学会硬件电气连接，知道 GX Developer 编程软件的使用，并能够根据项目需要，完成程序编写与调试。本项目根据这一要求设计了任务 7.1 掌握 PLC 的基础知识，熟悉 PLC 的应用领域。任务 7.2 三菱 PLC 编程语言与编程软件的使用。任务 7.3 完成基于三菱 PLC 的三相异步电动机的典型控制。

【思考与练习题】

1. 填空题

（1）继电器接触器控制系统是由许多硬件组成的，面 PLC 则是由许多________组成。
（2）三菱 PLC 系统主要由________、________两大部分组成。
（3）FX_{2N}的定时器时钟脉冲周期有________、________和________ 3 种。
（4）定时器设定值可用________或________来设置。
（5）ORB（块或指令）是两个或两个以上的触点________电路之间的________。
（6）ANB（块与指令）是两个或两个以上的触点________电路之间的________。
（7）堆栈指令有________、________、________。
（8）三菱 PLC 的编程语言主要有________、________、________、________。

2. 选择题

（1）FX_{2N}-48MR-001 为（　　）输出。
A. 继电器　B. 晶体管　C. 晶闸管
（2）系统程序存储器为（　　）。
A. EPROM　B. RAM　C. CPU
（3）下列不属于 PLC 的特点的是（　　）。
A. 通用性好，适应性强　B. 可靠性高，抗干扰能力强
C. 安装、调试和维修工作量大
（4）PLC 的软件系统由系统程序和（　　）两大部分组成。
A. 用户程序　B. 循环程序　C. 子程序　D. 中断程序
（5）以下对 PLC 工作原理特点描述不正确的是哪个？（　　）
A. 串行处理　B. 并行处理　C. 循环扫描

3. 判断题

（1）每个定时器都有一定的定时范围。（　　）
（2）ANDF 为下降沿指令。（　　）
（3）变址寄存器 V 和 Z 是两个 16 位的寄存器。（　　）
（4）三菱 PLC 有两种基本的运行模式。（　　）
（5）计数器的触点可以无限次使用。（　　）

4. 分析及简答题

（1）辅助继电器主要分为哪些？
（2）画出三相异步电动机连续运行的控制电路，分析其工作原理。
（3）思考如何实现长时间延时控制？

参 考 文 献

[1] 冯泽虎 . 电机与电气控制技术 [M]. 北京：高等教育出版社，2018.
[2] 任艳君 . 电机与拖动 [M]. 北京：机械工业出版社，2011.
[3] 田淑珍 . 工厂电气控制与 PLC 应用技术 [M]. 北京：机械工业出版社，2015.
[4] 赵全利 . 西门子 S7-200 PLC 应用教程 [M]. 北京：机械工业出版社，2014.
[5] 廖常初 . S7-200 SMART PLC 应用教程 [M]. 北京：机械工业出版社，2019.
[6] 张玲 . 电机控制技术项目教程 [M]. 北京：机械工业出版社，2014.
[7] 赵红顺 . 常用电气控制设备 [M]. 上海：华东师范大学出版社，2008.
[8] 赵俊生 . 电气控制与 PLC 技术 [M]. 北京：电子工业出版社，2009.
[9] 卓建华 . PLC 基础及综合应用 [M]. 成都：西南交通大学出版社，2015.
[10] 李江全 . 组态控制技术实训教程（MCGS）[M]. 北京：机械工业出版社，2018.
[11] 廖常初 . PLC 控制基础及应用 [M]. 北京：机械工业出版社，2014.
[12] 张伟林 . 电气控制与 PLC 应用 [M]. 北京：人民邮电出版社，2012.